DIDÁCTICA DE LA MATEMÁTICA

SANTIAGO VALIENTE BARDERAS

DIDÁCTICA DE LA MATEMÁTICA

El libro de los recursos

editorial
LA MURALLA, S.A.

COLECCIÓN

AULA ABIERTA

Dirección: M.ª Antonia Casanova

Dibujos interiores: Yuri Antonio Valiente.

Constancia, 33 - 28002 Madrid
ISBN: 84-7133-698-7
Depósito Legal: M-22.023-2000
Imprime: Ibérica Grafic, S.A. (Madrid)

ÍNDICE GENERAL

PRÓLOGO

Cuando me gradué en una escuela formadora de docentes, a finales de los años 60, ya había comprendido que la Didáctica es la materia de los recursos. Recursos, modos, formas, procedimientos y estrategias son la esencia en el proceso enseñanza-aprendizaje; por medio de ellos vitalizamos en el educando conceptos, procedimientos y actitudes, haciendo que la Matemática le sea comprendida, en su preciso nivel de entendimiento, pues el recurso didáctico es toda acción del maestro usada intencionalmente como un acercamiento al conocimiento, lo hace comprensible en la actividad docente y es algo que, como auxiliar, ayuda a su legibilidad porque permite promover su intuición, aceptación evidente y, en el mejor de los casos, su comprensión.

Por esto que me acabo de exigir como noción, que no como definición, he dado a la presente obra la orientación de una guía de recursos didácticos los cuales permean toda la acción docente, vitalizan el espacio de la clase y dan ritmo al tiempo en que el proceso educativo se realiza.

No puedo ir más allá de lo que como convicción tengo acerca de la didáctica y por ello he puesto énfasis en tres ideas fundamentales:

– los métodos
– los recursos
– los apoyos.

En los métodos me aboco a dar ejemplos de cómo usarlos y cuál usar convenientemente en un determinado momento. En los recursos me dejo llevar por mi experiencia, mis lecturas y las ideas que he venido recibiendo durante tres décadas en infinidad de foros; las depuro, las reconstruyo, las cribo en el cedazo de la didáctica y dejo que lo demás lo haga el profesor cuando a mí me las rescata. En los apoyos recurro a una buena variedad de formas que, puedo constatar, son necesarias, pues le imprimen versatilidad en el decurso de una clase: me refiero, por ejemplo, a maquetas, al uso de instrumentos como la calculadora elemental, a láminas, dados, barajas, cordeles y nomogramas, entre otros.

Estas tres vertientes de contenido, que yo creo fundamentales, las he compartido en variadas formas entre quienes he podido, aunque jamás en una forma tan sistemática y comprometida como lo hago ahora, salvo en el caso especial del juego matemático, del cual algo ya he escrito y he mostrado en diversos cursos y conferencias.

Una vez más mi compromiso con el Centro de Apoyo Curricular de la Escuela Normal Superior de México en donde muchas actividades y recursos se pensaron, premeditaron y permitieron ser el espacio de creación y recreación de cursos, cursillos, ponencias, artículos para revistas especializadas, conferencias, publicaciones e investigaciones.

Como esta obra no pretende ser un texto, el lector puede comenzar por donde mejor le plazca, aunque lo más recomendable sería por el índice, pues ello le permitiría ir directamente al centro de su mayor interés que, con toda seguridad, es el que a mí también me gusta más.

S. V. B.
Centro de Apoyo Curricular de la
Escuela Normal Superior de México

CAPÍTULO 1

DIDÁCTICA. LAS FORMAS PARA GUIAR

1. DIDÁCTICA DE LA MATEMÁTICA. UNA INTRODUCCIÓN

El problema con el cual se enfrenta la Pedagogía de todos los tiempos es el de definir a la didáctica o bien, si se quiere eludir esto, el de conceptualizarla. Como hoy escribimos esto, y nuestras razones pedagógicas son de aquí y ahora, establecemos que:

> «Didáctica es el conjunto de normas, criterios, recursos y medios con los que la práctica docente se realiza».

No se escribe didáctica para la teoría de la enseñanza, sino para la enseñanza misma. No se escribe una norma para teorizar; no es concebible dar un criterio cualquiera, más que cuando éste emana de la experiencia docente. No se construye un recurso ni se usa un medio más que para usarlo con toda la contundencia posible y sacarle jugo en todas sus posibilidades.

Lo que la experiencia pedagógica ha dejado a través de su historia es que ésta habla de:

Objetivos
Métodos
Recursos
Motivación
Evaluación
Planificación
La clase.

El cómo se usen o definan, aparte de ser un problema filosófico de orden epistemológico, ontológico, praxiológico y teleológico, encaja dentro del criterio de las ideologías y definen la actitud del maestro frente al grupo y frente al conjunto magisterial en sus demandas, en sus aspiraciones y en sus acciones prácticas.

Cuando se delimita qué es lo que se quiere, se está definiendo un objetivo, el que es normativo y obliga al conjunto de acciones involucradas en su consecución.

Cuando se determina qué es lo que se va a enseñar estamos metidos en el campo de los contenidos y éstos son, cada día, más difíciles de precisar en lo individual y más claros de determinar en lo general, dados los rumbos que va tomando la historia de la humanidad, en lo científico, en lo filosófico y en lo artístico.

Todo hombre dedicado a enseñar, sea o no profesor, imprime voluntad, actitud, energía y tiempo en la actividad profesional que desempeña. Esto es, la enseñanza es un rasgo de la actividad humana que se desarrolla en el espacio y en el tiempo: en el espacio pedagógico y en el tiempo histórico-cultural. Esto significa que la educación queda sujeta a las determinantes de la sociedad, de la historia, de la política, de la economía, de la cultura toda, y es actividad concreta cuyo sustento ideológico está en la superestructura social y la determina la sociedad en su conjunto dadas las «reglas del juego» establecidas entre las clases sociales mediante normas constitucionales.

2. La didáctica como teoría general

La Didáctica es la teoría general de la enseñanza.

Ampliando, entendemos por Pedagogía al conjunto de medios, procedimientos y recursos de la actividad humana cuyos esfuerzos van dirigidos a educar. La Pedagogía es la ciencia de la actividad educativa que tiene como objeto de estudio fundamental el llamado proceso de enseñanza-aprendizaje como una actividad institucional y es, a su vez, la ciencia del conocimiento científico puesto en términos de su difusión.

La Pedagogía tiende al estudio del orden teórico de la acción docente y ésta, en la práctica, se reconoce como educación.

Aunque la palabra Pedagogía viene del griego (*paidós*: niño, muchacho y *ago*: conducir, guiar), en su acepción general y moderna implica la actividad general de la enseñanza-aprendizaje del ser humano, en forma intencionada, institucionalizada y realizada bajo la dirección de especialistas. En la actualidad se conviene más en hablar de la Ciencia de la Educación que de la Pedagogía.

En un primer plano o plano macro, la Pedagogía estudia las teorías, tendencias y concepciones relevantes de la actividad pedagógica en una época y en un lugar determinado, poniendo énfasis en los efectos, el sustento social, la naturaleza de la propuesta y su apoyo filosófico en relación a la acción educativa y a las leyes generales de su desarrollo.

Cuando hablamos de lo pedagógico nos introducimos en tres vertientes:

- el hecho pedagógico
- la teoría educativa
- la política de la educación.

Por supuesto, las tendencias que se han dado en Pedagogía siempre se pueden bipolar, ya que unas resultan meros disfraces de alguna de dos tendencias diametralmente opuestas y antagónicas en las que los supuestos filosóficos, particularmente los epistemológicos, también son contradictorios. No es el motivo central de esta obra su análisis, aunque aparezcan sus representaciones para hacer alusiones a ella a su debido tiempo.

La Pedagogía es una ciencia de la sociedad, que alude al hombre y a su desarrollo cultural y es una ciencia a la cual se llega por vía de la observación y de la experimentación. Por ello establecemos el siguiente cuadro:

Clasificación de las ciencias	I. Filosóficas	Lógica Dialéctica
	II. Matemáticas	Matemática Lógica matemática
	III. Ciencias naturales	Astronomía, Geología, Física, Geografía Química, Biología, Mecánica, Antropología, etc.
	IV. Ciencias sociales	Historia, Lingüística, Arqueología, Psicología, Etnografía, Arte, Derecho, Pedagogía, etc.

A su vez, la ciencia de la educación se clasifica en:

Ciencia de la Educación	I. Ontología pedagógica II. Axiología pedagógica III. Teleleogía pedagógica IV. Didáctica V. Organización educativa VI. Administración educativa

De la clasificación del cuadro anterior, saquemos a la Didáctica como un segundo punto de referencia a partir del cual basamos nuestro estudio.

Recordemos: Se conoce como Didáctica *la teoría general de la enseñanza*. Se la reconoce porque, en rigor, se preocupa del cómo se realiza el proceso educativo, en particular de cómo enseñar (palabra derivada del latín: *insignare* = señalar); esto es, de cómo el educador incide pedagógicamente sobre el educando y éste sobre aquél.

En la Didáctica se dan los contenidos de la enseñanza y sus características, modos, procedimientos, formas, actos y, por supuesto, los métodos.

Aquí vale la pena hacer un paréntesis para establecer, bajo nuestro criterio, algo acerca del método.

Bajo un criterio general, ya que la ciencia es una y única, el método también lo es. Esto quiere decir que sólo existe un método, el método científico y de éste, el método dialéctico se presenta como una forma más general de expresión. En la práctica social lo que se conoce como métodos no son más que las distintas formas en las que se utiliza al método científico para efectos de la investigación especial de cada una de las ciencias particulares, las que conforman a la *ciencia*. En realidad se está hablando así de procedimientos científicos como formas amplias de actuar en la consecución de los conocimientos.

Para que una ciencia sea tal, debe tener su propio espacio de desarrollo, un objeto propio de estudio y una forma metódica de investigación de sus verdades (leyes particulares en que se manifiestan los fenómenos que estudia esa ciencia particular y que puede ser sólo de tres tipos: de la *naturaleza*, de la *sociedad* y del *pensamiento*).

Pero se acostumbra a distinguir entre didáctica y metódica. La primera se desenvuelve, fundamentalmente, entre los contenidos y sus condicionamientos; en cambio, la metódica determina la forma en que se hace efectiva la transmisión del conocimiento.

Por todo lo que acabamos de referir, se apreciará que el método se usa para dos cuestiones fundamentales:

- Investigar una verdad
- Enseñar una verdad.

La Didáctica se divide en:

- Didáctica general
- Didáctica especial.

La Didáctica general hace referencia a disposiciones generales como son:

- formas de la enseñanza
- recursos en la enseñanza
- objetivos
- contenidos.

La Didáctica especial incide sobre casi todos estos elementos, pero va a las particularidades de cada asignatura del conocimiento:

Didáctica especial

1. Objetivos de la asignatura/área
2. Contenidos de la asignatura/área
3. Métodos de niveles y ciclos en relación a la asignatura/área
4. La clase
5. La didáctica de la clase
6. La tarea
7. Los medios y materiales didácticos en la asignatura/área
8. La evaluación de la asignatura/área
9. El aprendizaje de la asignatura/área
10. Leyes del aprendizaje de la asignatura/área

La Didáctica puede, para fines de la presentación del conocimiento, manifestarse en:

- Didáctica empírica
- Didáctica experimental.

La primera es la que resulta de la aplicación del conocimiento en forma intencionada en el aula y es producto de la observación de los buenos o malos resultados que en ella se obtienen. La segunda es el resultado del análisis en el laboratorio pedagógico (el aula, el club, la excursión, etc.) de la aplicación de las técnicas y recursos diversos en espera de resultados para seleccionar los que mejores rendimientos ofrezcan, aunque ellos no sean generalizables.

La palabra Didáctica proviene del griego διδακτική, de κός didáctico, arte de enseñar, y didáctico, del griego διδακτικός, de διδάσκω, enseñar.

La Pedagogía es, como hemos visto, una ciencia social que estudia las leyes más generales del proceso enseñanza-aprendizaje. La Pedagogía estudia en términos macros lo denominado pedagógico y en esto cabe todo lo relacionado o vinculado al proceso deliberado e intencionado por el cual unas generaciones determinan (imponen) en otras, normas, reglas, procesos culturales, formas de expresión existencial, historia, lengua, propósitos, aspiraciones, etc.; esto es, la sociedad en su conjunto se reproduce culturalmente legando sus concepciones a las generaciones más jóvenes, moldeando a las generaciones adultas y definiendo un criterio propio de civilización. Se la reconoce también como Ciencia de la Educación que, en efecto, es un término más amplio y reconocible.

En un sentido muy concreto, fácilmente aprehensible, la ciencia de la educación tiene un propósito de primer plano y es el de moldear –delinear, diríamos hoy– un perfil claro del tipo de ser humano que la sociedad desea bajo la pretensión de desarrollarlo integral y armónicamente. Por esto cada país define ese sujeto de acuerdo con su historia, cultura, aspiraciones y entorno geosocial y establece objetivos precisos y metas definidas para llegar a ellos.

Un sistema educativo moderno utiliza materiales de información vigentes para educar e instruir a sus jóvenes generaciones y, en el fondo, incidir en el educando en el desarrollo de:

- competencias
- hábitos
- habilidades
- capacidades
- destrezas
- actitudes.

3. En torno a la didáctica de la matemática

En toda didáctica particular, caso concreto de la didáctica de la matemática, se consideran contenidos fundamentales:

- Objetivos
- Planificación
- Métodos
- Procedimientos
- Recursos didácticos
- Evaluación
- Motivación.

Sin embargo, todavía no hemos dado una definición completa de lo que es didáctica. Comprometámonos, pues: Entendemos por Didáctica *la teoría general de la enseñanza que se apoya en el estudio de una rama particular de la Ciencia de la Educación (de la Pedagogía), y las leyes generales en que se desarrolla el proceso enseñanza-aprendizaje como fenómeno central de toda instrucción y educación.*

El pedagogo alemán Wolfgang Ratke (1571-1635) conocido como el latinizado Ratichius, fue el primero en usar la palabra didáctica en términos de una teoría de la enseñanza (antes se usaba el concepto de arte de enseñar, dándole la acepción de técnica a la palabra arte). Juan Amos Comenio (1592-1670) fue quien la dejó como palabra con categoría pedagógica cuando la usó como título en su *DIDÁCTICA MAGNA*.

En diversos foros he sostenido que la didáctica de la matemática debe tender a ser àrma de lucha ideológica y de comprensión y aprehensión de la realidad, que utilizada adecuadamente por el maestro lleve a «abrirle los ojos» a su alumno, pues es costumbre arraigada entender esta ciencia como meramente instrumental y aséptica. La verdad es que este instrumento de trabajo puesto en manos de un maestro inquieto le puede servir para hacerle llegar a sus pupilos ejemplos claros de cómo se dan los fenómenos de la naturaleza, de la sociedad y del pensamiento.

4. El papel del docente

Mucho es lo que se espera de un docente; acaso ya no la sumisión, la actitud de mártir ni la dedicación a ultranza mediante un sacrificio ingenuo, establecido por definición.

Hoy día, visto como un profesional más, dedicado por su vocación a la formación de personalidades integrales, se le pide ser coherente en su discurso ante los sujetos del grupo con su actuación frente a él; capaz de ser hábil para observar los avances y los entorpecimientos en las tareas escolares; auspiciando la actividad del grupo en equipo, sin invalidar la individualidad; respetando los distintos papeles que se manifiestan en forma natural en cada uno de sus grupos de trabajo y con la habilidad suficiente par saber mostrar lo que es en realidad el conocimiento con interés para todos y en forma tal que sea de fácil acceso; ayudando a eliminar entorpecimientos innecesarios y poniendo otros intencionadamente que lleven a la búsqueda de vías y procedimientos no sospechados por sus alumnos; haciéndolos interactuar en torno a los convenios establecidos desde el primer contacto con ellos; respetando sus diversas y naturales personalidades y ayudando a que el proceso educativo sea siempre rico en contenidos y actividades.

Hacer suyo el concepto de que lo educativo es un acto de reflexión constante, de búsqueda de lo nuevo y aclaración de lo dudoso, evitando lo trivial, superfluo y vulgar; que la actividad de aula esté siempre llena de sorpresas que sean controlables y en constante búsqueda de lo desconocido; y que lo conocido no lo sea por repetición sino por convicción después de urgar entre lo que lo hace creíble y los caminos para hacerlo cierto; actuando todos en equipo ante un mismo problema, intentando resolver una contradicción; aprendiendo el alumno del maestro y el maestro de alumno y ambos de la realidad, como única fuente de conocimiento seguro.

El hecho de aprender es un conjunto bien eslabonado de interacciones del sujeto sobre el objeto de estudio. No todo lo que se ve se conoce, no todo lo que se conoce es real, no todo lo real es accesible al entendimiento, a menos que se use un método y se tenga un propósito para aprehenderlo. Por ello es importante revisar día a día nuestras concepciones acerca de lo que entendemos por aprendizaje, enseñanza, docencia, didáctica, objetivos, métodos y evaluación. Aprender que las técnicas son importantes, aunque es mucho más importante saber para qué se van a utilizar y en función de qué. Nuestra ceguera ante esto puede hacernos insensibles, acríticos y, peor aún, manipulados.

Cuando se habla de didáctica de los procesos educativos se infieren los usos de conocimientos teóricos, técnicos, instrumentales y analíticos ante los problemas que se quieren resolver en el entorno educativo. Esto presupone un compromiso ante los medios y las teorías, dado que éstas tienen siempre una gran carga ideológica que debemos conocer. No hay imparcialidades. El papel del profesor se debe asumir con conciencia del compromiso ante los que están a nuestro cargo. Por ello debemos estar atentos a toda crítica, si no destruimos la posibilidad de ser algo entre los demás y que los demás sean ante nuestro criterio establecido. Esto no es dogma, es claridad ante lo que pretendemos y así es posible una buena interacción entre el conocimiento teórico y la práctica docente. Una educación acrítica e inconsciente de sus propósitos y posibilidades puede dejarnos agobiados, frustrados y traducirse en agresiones y represiones, pues la realidad social y política tienen toda esta gama de sentimientos provocados por nuestras aspiraciones en choque permanente con los intereses en que se desarrollan todos los actores sociales.

Sin embargo, cuando somos capaces de encarar el aprendizaje de los conocientos de tal manera que sean válidos, interesantes, novedosos, sugestivos y útiles para nuestros alumnos, nuestra enseñanza tendrá un significado real y objetivo y así el que enseña aprende de la actividad escolar y por este acto es capaz de variar sus prácticas docentes, convirtiéndose en un promotor de aprendizajes significativos.

La educación no es un mero acto de otorgamiento de conocimientos; es una actividad integral que lleva a provocar el desarrollo de capacidades, de habilidades y de destrezas que lleven a la transformación del sujeto educante y del educador. Esta es la pareja dialéctica propia del proceso educativo: alumno-maestro, quienes interactúan con el conocimiento en la acción dialéctica sujeto-objeto en el proceso de búsqueda de la realidad, comprendida como una «aproximación progresiva hacia el objeto mediante la indagación y verificación de los hechos y las relaciones que se dan entre ellos».

La escuela es un centro de contradicciones entre el saber del maestro y su poder administrativo, apoyado en un discurso que tiene valor verbal e ideológico que entra en lucha contra el saber establecido y que se manifiesta como una lucha de ideologías, mediante abstracciones teóricas y como ejercicio práctico cotidiano, que es, a la vez, un reflejo de las contradicciones que se dan en el entorno social.

Así como es deseable que el maestro muestre el conocimiento organizado, sistematizado, como una fina abstracción formal del objeto de conocimiento y de sus relaciones y propiedades, es deseable que tengan presentes, en el acto mismo de educar, el papel que juegan los conocimientos en la dinámica educativa, en el desarrollo de las ideas que se van elaborado, los juicios de valor ante los hechos y su participación comprometida ante los sucesos más determinantes de la sociedad en que se desenvuelven.

En el trabajo en el aula el profesor debe ser cuidadoso con los aspectos formales y de contenido, pues la mayoría de los primeros inciden en los segundos. No es gratuito que se esté insistiendo en la educación grupal como la mejor forma de educación, pues ella lleva a la posibilidad del trabajo en equipo y al individual simultáneamente, siendo éstas formas de trabajo que permiten la cooperación y la competencia, la actividad crítica que se presenta en la defensa de opiniones personales y su enriquecimiento cuando se confrontan con las de los demás alumnos y con las de los colegas. Por ello es importante promover las contradicciones didácticas y guiar al alumno en la búsqueda de lo nuevo y lo correcto, eliminando dogmas, prejuicios, supuestos e imposiciones, que llevan, como es sabido, a totalitarismos académicos, al predominio de unos sobre las posibilidades de desarrollo de otros y al conformismo, auspiciando la participación organizada y democrática y evitando que el alumno se pierda en disquisiciones inútiles, muy dadas en esa edad, e invitándolo a que actúe manipulando los objetos del conocimiento, pues los jóvenes aprenden, fundamentalmente, haciendo cosas, interactuando con los objetos.

Una forma muy recomendable de trabajo en el aula es la de hacer modelos acerca de los objetos y procesos de la materia, pues es una forma de simplificación de los fenómenos, reproduciéndolos con menos elementos, y a una escala reducida en tamaño y en sus características más relevantes a fin de apreciar su comportamiento. A partir de esto podemos estudiar el fenómeno en sus rasgos esenciales. Esto, que es el recurso de la simulación, se presta como un gran auxiliar sumamente útil, cada vez que nos enfrentamos con un fenómeno muy complejo, a condición, evidentemente, de que sepamos distinguir cuáles son los aspectos fundamentales en la simulación.

Cuando en la actividad en el aula nos dedicamos a instrumentar e implementar la acción docente, estamos dentro del trabajo didáctico y las actividades de aprendizaje se convierten en modos, formas, medios, procedimientos y métodos que llevan al logro del aprendizaje, siempre y cuando sean acciones sitematizadas. Realizadas así, las acciones educativas se convierten en experiencias de aprendizaje significativas y satisfacen los objetivos y los contenidos programáticos. Estas experiencias de aprendizaje han de ser congruentes con:

a) los objetivos propuestos
b) el nivel de madurez de los alumnos
c) los intereses del grupo
d) la necesidad de promover nuevos aprendizajes.

Muchas son las formas que puede utilizar el profesor como variantes didácticas. Una de las más socorridas en la actualidad, aunque no es novedosa, es la del ejercicio operatorio. Por medio de esta variante didáctica se presenta al alumno una situación problemática, que le permita, en el proceso de resolución, sus conocimientos previos, su imaginación y creatividad, los conceptos y recursos obtenidos en la clase y su propia experiencia y por medio del análisis reflexivo llegar a su posible resolución bajo la guía atinada del maestro. Las ventajas del ejercicio operatorio son que permiten:

a) Utilizar la viabilidad de diversas estrategias de conocimiento.
b) Interiorizarse en el conocimiento por vía de la indagación y el descubrimiento de ciertos saberes.
c) Observar los diversos tiempos en que se construye el conocimiento en el alumno.
d) Distinguir en los tiempos pedagógicos el conflicto cognitivo, la contextualización y la generalización, el uso de herramientas de apoyo, la comprobación de resultados y la interpretación de los mismos.
e) Estimular y apoyar a la evaluación como proceso al ser observables la construcción de algunos contenidos y los entorpecimientos que sufrieron.
f) Dar dirección en cierto sentido definido y deseable a los aprendizajes.
g) Discurrir sobre el conocimiento como una actividad de reflexión y de cuestionamiento.
h) Estimular el estudio acerca de los sustentos teóricos del objeto que se estudia.
i) Buscar formas diversas de aplicación de los resultados obtenidos.

j) Buscar generalizaciones al problema, sus casos límites, sus casos típicos y las condiciones por las que el fenómeno no es realizable.

Un último aspecto al que quiero referirme en este apartado está vinculado con la actitud del alumno hacia la materia de estudio y las acciones que debemos desempeñar para lograr que ésta sea lo más positiva posible.

En principio es deseable que el alumnado tenga opinión favorable hacia la matemática y sus posibilidades utilitarias, recreativas, estéticas e intelectivas; la importancia que tiene en las acciones cotidianas en el trabajo, en el hogar, en la empresa y la sociedad en su conjunto y en la vida personal de cada ser. Por ello, la primera sesión con los alumnos debe ser eminentemente emocional y llena de información sobre lo que esta ciencia ha ayudado en la resolución de los problemas inherentes a muchas otras ramas de la ciencia, de la técnica y del arte, tratando de despertar el interés en el alumno. Enseguida es imprescindible que en las actividades de cada sesión estén presentes la mayor variedad posible y permitan llevar a experiencias de aprendizaje ricas, motivantes y diversificadas. El aprendizaje debe ser fructífero, carente de ambigüedades, nunca trivial e insulso o matizado por meras actividades carentes de sentido y significado ante las preferencias y aspiraciones del alumno; hacer ver que la opinión de algo no es mejor que su análisis concienzudo y reflexivo. Por ejemplo, la estimación es deseable y conveniente, pero nunca es mejor que la llegada al resultado en su verdadera magnitud; lo primero es un acercamiento necesario para emprender con intención y dirección el logro necesario a los valores que permiten que el problema sea resuelto.

El presentar problemas cuyos enunciados sean agradables, interesantes y motivadores permitirán despertar el interés en los alumnos; para esto se puede recurrir a veces a la anécdota, a la experiencia histórica, al planteamiento del problema como un juego, al relato, al uso que anticipadamente se le puede dar al resultado al que se vaya a llegar por necesidad y al auxilio de bosquejos, bocetos, gráficas, dibujos, láminas, vídeos o películas, evitando con ello que el alumno se quede en la mera curiosidad, para llevarlo a un interés estable y, de ser posible, permanente.

Es muy claro, en la perspectiva de los resultados de investigaciones realizadas al respecto, que el interés hacia el conocimiento es más intenso cuando éste parte de una situación cuyo enunciado es un problema, pues ello impele al estudiante a la búsqueda de los porqué, los cómo y los con qué. Pero ello no es suficiente por sí mismo, ya que el elemento motivador que puede dar el profesor debe estar en función del valor práctico del conocimiento que se obtenga y su aplicación en otros contextos y situaciones y que, por lo mismo, lo que le es útil a otros le puede ser valioso a él mismo. Por ello es importante establecer una estupenda introducción que estimule el interés hacia el nuevo conocimiento y saber mantenerlo a lo largo de toda la unidad a efecto de ir consolidando el conocimiento y éste se fije en la memoria del educando.

Es a partir de las experiencias de aprendizaje nuevas y desconocidas para los alumnos que se inicia el desarrollo del interés del alumno por la materia de conocimiento. Y cuando estas formas de motivación se complementan con la referencia a las viejas experiencias, al estudio de algunos hechos históricos que son ejemplo y resultan ejemplares en contraste con lo cotidiano y conocido; los ejemplos asombrosos y espectaculares pueden impactar pero no necesarimente llevan a despertar o a mantener el verdadero interés, pero el uso de experiencias anteriores, en las que ellos han participado y a través de ellas proceder al descubrimiento de nuevas relaciones sí es una acción legítima de motivación cuando de ellas se extraen referencias significativas, pues lo que les es completamente ajeno, inconexo y desvinculado por completo, más que una atracción les causa aversión. Es el miedo natural que todos sentimos por lo desconocido. Así que, nuevas experiencias y los conocimientos que traen aparejados son, en realidad, motivadores suficientes para ir construyendo los nuevos conocimientos, ya que la idea de aplicabilidad subyace como la ficha del rompecabezas que va dando idea de una conformación total a la que todos ansiamos llegar.

Enfrentado el concepto del aprendizaje por repetición, hasta finales de los años 60, con los aprendizajes por descubrimiento que se utilizan en las nuevas formas de adquisición de los aprendizajes, han llevado a una educación más dinámica, más comprometida y llena de interés. Esta forma de acción docente deja mayor libertad tanto al maestro como al alumno, pero obliga a una mayor participación de las partes, pues desde el principio se le van dando elementos al estudiante para que pueda construir el conocimiento con la atinada dirección del maestro, a efecto de que pueda explorar en lo nuevo y explotar sus posibilidades de descubrir las cosas que aparentemente le son inaccesibles. Así el profesor es un promotor y una guía en el hecho de aprender lo nuevo a partir de lo conocido y propiciar el ambiente necesario para que las diversas actividades de aprendizaje se logren, llevando al alumno a superar las contradicciones entre la opinión que tiene de las cosas y lo que en realidad son y evitando siempre dejarlo sólo a merced de lo que pueda suceder.

En fin, los nuevos enfoques en la enseñanza de la matemática dan una mayor importancia al aprendizaje que a la enseñanza y por ello se pone más énfasis en el alumnado y en el desarrollo de sus habilidades, destrezas y potencialidades.

Capítulo II

ENFOQUE. LAS FORMAS PARA ORIENTAR

1. Enfoque de las matemáticas en la escuela secundaria

Las matemáticas proveen a las personas de conceptos, procedimientos y formas de razonamiento, que les ayudan a entender lo que ocurre en su entorno, les permiten comprender otras disciplinas y el papel que juegan la información y la tecnología en el mundo actual.

La matemática es una parte importante de la riqueza cultural de la humanidad que debe ser compartida por todos. Desde esta perspectiva, la enseñanza de la matemática en los niveles básicos tiene como propósitos fundamentales:

- Transmitir al adolescente parte del acervo cultural de la sociedad.
- Desarrollar en los estudiantes nociones y conceptos que les sean útiles para comprender su entorno.
- Proporcionarles un conjunto de procedimientos e instrumentos del pensamiento que les permitan el acceso a otras áreas del conocimiento y de la actividad humana.

En la escuela secundaria el aprendizaje de las matemáticas deberá favorecer en el estudiante:

- La apreciación de su trabajo personal
- Su capacidad para explorar y buscar soluciones a problemas
- Su aptitud para comunicar, analizar y justificar sus afirmaciones.

El aprendizaje de la matemática no puede reducirse a la simple memorización de hechos y definiciones, ni a la práctica rutinaria de procedimientos. Es necesario que los contenidos se presenten a partir de situaciones y actividades con sentido, tales que permitan a los estudiantes generar conjeturas, analizarlas con sus compañeros y poner en juego, de manera consciente, los conocimientos adquiridos con anterioridad. Es importante que, al abordar y resolver un problema, el estudiante experimente la satisfacción personal que recompensa el esfuerzo realizado.

Dentro de las actividades que con el enfoque anterior diseñe el profesor, conviene distinguir las situaciones o problemas que describimos a continuación:

- Los problemas de exploración y búsqueda, necesarios para la formación de conceptos para el desarrollo de:
  * la capacidad de trabajo personal del estudiante
  * aptitudes para la investigación, la comunicación y justificación de sus afirmaciones.
- Los problemas de aplicaciones, que sirven para relacionar ciertos conceptos con su uso en la vida cotidiana, en las diversas disciplinas o en otras partes de la matemática misma, contribuyendo a una visión integral de ésta.
- Los ejercicios, cuyo objetivo es favorecer la apropiación de conocimientos básicos y que los estudiantes adquieran seguridad y destreza en el uso de ciertas técnicas y procedimientos.

Es prerrogativa, pero también responsabilidad del profesorado, elegir y organizar las actividades de su curso o ciclo en la forma que considere más conveniente para favorecer el aprendizaje. Para ello podrá apoyarse en su propia experiencia, en las sugerencias contenidas en el programa y en los textos de su preferencia. Las únicas limitaciones impuestas a lo anterior son:

- Que las actividades propuestas se adapten al grado de madurez y a los diferentes ritmos de aprendizaje de los estudiantes, teniendo en cuenta que algunos contenidos tardan en aprenderse y que esto se logra, a veces, en un solo año o a lo largo de un ciclo escolar.
- Que no se pierdan de vista los contenidos y objetivos básicos, ya que preparan a los estudiantes para acceder al siguiente nivel educativo.
- Que se retomen los conocimientos de los estudiantes para profundizar en ellos, producir nuevos conocimientos y aproximarse gradualmente a su expresión simbólica.

Todo esto permitirá que el alumno logre un aprendizaje más permanente, en cierta medida construido por él mismo y que no le ha sido dado de antemano, ya que parte del criterio de que la resolución de problemas es el punto de arranque por medio del cual construye el conocimiento matemático que le permite generar otros más, ya que puede poner en juego estrategias, habilidades, destrezas y los conocimientos que traía de cursos anteriores. Así concebido el aprendizaje matemático, el alumno puede hacer análisis, inducciones, generalizaciones, describir conjeturas y proponer problemas que puedan ser entendidos en contextos diferentes y resueltos mediante estrategias variadas, así como actividades que le lleven al análisis de procedimientos, a la asunción de actitudes positivas hacia el área y su utilidad en la vida, a la reflexión sobre conceptos y a la comprobación de panteamientos acerca de los problemas propuestos. Con esta concepción se pretende una matemática contextualizada y llena de significados en donde los objetos matemáticos se perciban en distintas situaciones en las que es necesaria la comunicación por medio de los signos y símbolos matemáticos que permitan leer e interpretar gráficas, tablas, esquemas, modelos, índices, tasas, etc., y donde es mucho más importante el significado que el símbolo y que le lleve a comprender, entender y comunicar las relaciones cuantitativas de su entorno.

Es de considerar que dentro del conjunto de los contenidos que estén propuestos, el maestro debe abordar con sus alumnos el mínimo básico para ser manejado con flexibilidad, pues puede hacer los cambios en los bloques que su experiencia, intereses y convicciones le dicten, ya que los contenidos pueden ser enriquecidos con la participación de los alumnos y las necesidades particulares de cada grupo; esto es, para dos grupos distintos a cargo de un mismo profesor, pudieran darse, de ser necesario, tratamientos diversos obligados por sus distintas realidades. Los contenidos deben ser de carácter nacional porque deben llevar a la pretensión de que todo maestro atienda a los contenidos mínimos básicos tales que la región propicie la información, el tono, el énfasis y la cantidad de lo que es deseable que el alumno de ese entorno haga suyo y le dé identidad.

Vale la pena dejar establecido desde ahora que en la implantación de los contenidos en todo currículo, intervienen tres razones fundamentales:

La primera queda determinada por los requerimientos sociales y los productos que la sociedad ha obtenido del avance tecnológico.

La segunda se apoya en el desarrollo de la propia matemática.

La tercera responde a los resultados en el campo de la investigación sobre matemática educativa.

Estas razones han obligado a determinar nuevos objetivos que se traducen ante el alumno en lograr una capacidad para comunicar ideas matemáticas, para resolver problemas y para aprender los conceptos y el conjunto de significados que le dan sustento a la matemática a fin de que sea competente y apto en sus actividades sociales, valore la matemática por su estructura interna y como instrumento para resolver problemas; en fin, lograr la autoestima y perseverancia en la comprensión de esta disciplina.

2. Otras ideas acerca del enfoque de los nuevos programas

En cuanto a su enfoque, existen muchas ideas interesantes que subyacen alrededor de los nuevos programas: las declaradas y las que se deben leer entre líneas. A las primeras me avoqué en el apartado anterior. Hablemos algo sobre las ideas «escondidas» que no necesariamente ocultas, ni malintencionadas. Ni mucho menos.

En principio, los contenidos pueden ser manejados de acuerdo a cierta flexibilidad; esto es, el profesor puede seleccionar su propia ruta curricular de ascenso del conocimiento, un itinerario específico que puede ser distinto al que emplee en otro grupo a su cargo. Esto es por dos motivos: las condiciones propias del grupo y el hecho de que el alumno, además de los saberes obtenidos en la escuela en sus grados anteriores, tiene los saberes que le da la información cotidiana, social y familiar y que no es posible, ni deseable, echar por la borda. La condición única que se impone es que los alumnos puedan llegar a los aprendizajes propuestos y así se cumplan los objetivos educativos. El profesor deberá anticipar cómo dirigirá el aprendizaje y qué antecedentes deberá tener el alumno para lograrlos.

Otra idea, derivada de ésta, es la de cambiar las prácticas docentes tradicionales, en ocasiones excesivamente lineales y con apoyos extremadamente artificiosos. La vida es la mejor fuente del conocimiento matemático y está saturada de ejemplos que pueden ser utilizados adecuadamente en el aula. La propia sociedad evoluciona junto con sus hombres. Ayudemos a que las etapas que debe cumplir cada hombre y cada mujer, a partir de las diversas necesidades que debe satisfacer, las encuentre sintetizadas, ordenadas y analizadas en el aula, entendida ésta como un laboratorio de experiencias cotidianas y problemáticas, en la cual, por fortuna, a nadie se le hace daño.

En efecto, el aula debe ser un laboratorio de conocimientos, de discusión de ideas, decididos a que, cuando ahí no se encuentren las respuestas, tener la determinación de salir de ella, a la calle, a la tienda, al teatro, a la fábrica y a cualquier lugar donde se encuentren los datos que requerimos y necesitan nuestros alumnos.

Todo nuevo conocimiento es una confrontación con experiencias previas. El discutirlas con sentido y con un propósito evitará que nos quedemos girando siempre en los mismos contextos y evitando, con esto, actitudes dogmáticas y apreciaciones erróneas.

La estructuración de los nuevos contenidos permite que los alumnos manipulen los objetos (entes) matemáticos; éstos pueden ser en un momento dado los números, en otro las formas geométricas, en otro más las situaciones azarosas, pero también es un objeto de conocimiento una escuadra, un dado, la carta de una baraja o una noticia periodística.

Una de las intenciones de los nuevos contenidos es la de que los alumnos incorporen las matemáticas que han hecho suyas a los saberes que utilizan cotidianamente, estableciendo una estrecha relación entre la ciencia y su realidad inmediata, en la que se desenvuelve y desarrolla el placer de saber y utilizar las matemáticas con base en sus observaciones, opiniones y juicios de valor, trabajando en equipo y revalorizando la opinión de los demás y la suya propia.

Los enfoques que ahora se nos presentan tienen una mayor tendencia al aprendizaje que a la enseñanza, por ello se debe hacer mayor énfasis en el alumno y en el desarrollo de sus habilidades y las competencias que logra al aprender la matemática. Esto no es simple, ya que todos, sin excepción, tenemos rutas hacia el conocimiento que nos son muy apreciadas, ya que nos han costado un gran esfuerzo de análisis y síntesis, de experimentaciones, de conjeturas, de escuchar versiones y de aprender de los demás y, por ello, no nos es fácil despojarnos de esos procedimientos aprendidos por otros o por cuenta propia. Esto no es fácil ya que, en ocasiones, escuchamos razonamientos que no entendemos, que nos cuesta mucho esfuerzo seguir y comprender. Los que hemos aprendido son el resultado de nuestras síntesis dialécticas en el aprendizaje, el choque con nuestras propias ideas y experiencias y por ello no nos podemos despojar fácilmente de su arropamiento. En el denominador común de los maestros en servicio, así se expresa la conducta docente: «he aprendido esto, esto es lo que te enseño, a mi manera, pues es la que me es segura, confiable y económica». Aquí es donde se deben cambiar las prácticas docentes para que se atienda más a la personalidad de los alumnos, sus experiencias, sus propuestas y razonamientos y, cuando haya trabas, nuestra intervención sirva para orientar los modelos pergeñados por nuestros alumnos, impulsar sus conjeturas, sus supuestos y llevarlos a que vean si tienen posibilidad de ser aplicables.

El conjunto de las actividades que se realicen en el aula deben estar en un conveniente equilibrio entre la práctica y la teoría, entre la manipulación y la reflexión, entre opinión e investigación.

La resolución de problemas debe ser la actividad central en el trabajo en el salón de clases y extraclase; problemas de lo cotidiano, reales, adecuados a su nivel de desarrollo intelectual, en los que el cómo resolverlo no parta, de preferencia, del maestro sino del propio alumno y aquél, cuando más, emplee su energía, ingenio y facultades a las orientaciones necesarias dirigidas a tal propósito, escuchando las hipótesis de los alumnos, dando ejemplos y contraejemplos, matizando las estrategias y aplicando varias, cuando sea posible.

Es obligado que el estudiante comprenda que la matemática es un arma y una herramienta útil para despejar muchas incógnitas diarias; para interpretar la realidad, para conocer la verdad y el engaño, la belleza y la fealdad, lo simple y los complejo, lo definido y lo indefinido, lo real y lo imaginativo.

Los contenidos programáticos apelan al desarrollo de muchas habilidades y la adquisición de otras: fundamentalmente las referentes a los conceptos, a los procedimientos y a las actitudes; esto es, al qué hacer, cómo hacer y para qué hacer. Y para esto no hay que buscar lo trillado y lo común. Es necesario buscar el desarrollo de la creatividad en el alumno, dejando que las ideas novedosas afloren, los diversos caminos se discutan, apreciando los procesos más que los resultados e interpretando adecuadamente éstos.

3. Educación secundaria. Sus finalidades educativas

Las nuevas tendencias en la Pedagogía, prodigadas al educando, proponen finalidades educativas del siguiente orden: Estimular la formación del pensamiento en lo:

reflexivo,
crítico,
creativo,

tales que permitan el desarrollo de los procesos de autoaprendizaje.

Debido a esta finalidad, los procesos educativos se sustentan en la hipótesis del desarrollo de las llamadas habilidades matemáticas. Entre muchas otras más, las que en particular se proponen desarrollar, según este esquema, novedoso hoy día, y con grandes implicaciones en el sustento filosófico y psicológico, y con serias dificultades en la aplicación metodológica, son:

- la flexibilidad del pensamiento
- la reversibilidad del pensamiento
- la memoria generalizada
- la clasificación completa, y
- la imaginación espacial.

Pasemos a definir estas habilidades matemáticas y, enseguida, a dar un ejemplo que las comprenda.

Flexibilidad del pensamiento

Cuando se habla del desarrollo de esta habilidad matemática, se está haciendo hincapié en la necesidad y la posibilidad de resolver un problema por, al menos, dos estrategias diferentes. Ello es posible para un buen número de problemas. Alguien diría que para todo problema esto es posible, pues se pueden contar entre las formas de resolución, aquellas que usan los recursos gráficos más que los analíticos, el uso de tablas de relación y las formas reversibles en muchos enunciados lineales y que hoy día son poco utilizados, pues han caído en desuso.

Esta idea de buscar formas distintas de resolver un problema, tiene una clara intención, pues es a través de éstas como se pueden lograr la claridad, la simplicidad, la economía de esfuerzo y la racionalidad en las resoluciones.

Reversibilidad del pensamiento

El desarrollo de esta habilidad involucra varias ideas pedagógicas: la primera y más importante es la de que el alumno aprenda a resolver problemas y pueda plantearlos; la segunda es que sepa establecer secuencias de orden progresivo y regresivo en planteamientos problemáticos diversos, y, tercera, a la reconstrucción de procesos mentales en forma directa e inversa.

En la mera resolución de problemas esto se puede establecer con el criterio de desarrollar en el alumno la habilidad de llegar del enunciado de un problema específico, partiendo de los datos significativos, al resultado y, conocido éste y algún que otro dato del enunciado directo del problema, construir enunciados problemáticos que lleven a obtener un resultado que en el enunciado original era dato.

Memoria generalizada

El desarrollo de esta habilidad comprende cuatro ideas formales dentro de la matemática de la escuela secundaria:

- Buscar la generalización de las propiedades de los objetos matemáticos, sean éstos números, líneas, relaciones, etc.
- Determinar cuándo se dan las relaciones matemáticas y cuándo las operaciones matemáticas y cómo son éstas, a su vez, integrantes de las primeras.
- Derivarse hacia las formas simplificatorias, resumidas y abreviantes en el razonamiento matemático, visto éste como un proceso.
- Determinar, en estricto, cuál es la estructura de un problema y cómo es que muchos enunciados problemáticos responden a esa estructura formal, variando la magnitud y condición de los datos, aunque no en el modelo que representan.

Clasificación completa

Esta habilidad matemática se considera desarrollada cuando es posible dar, a partir de una definición, ejemplos y contraejemplos al objeto de la definición; cuándo es posible deslindar, sin error, los objetos de estudio que pertenecen a una clasificación y cuáles no deben quedar incluidos, a fin de estudiarlos en conjunto, de acuerdo a propiedades que les sean comunes. Por otro lado, hacer ver cuándo el uso que se le da a un objeto de estudio matemático puede asignársele a otro objeto, pero que, por su forma de manifestación, actúa al igual que aquél.

Imaginación espacial

Esta otra habilidad se considera en proceso de desarrollo cuando se buscan formas diferentes de expresar en forma geométrica la solución y la resolución de un problema. Ello es posible cuando se logra la integración de contenidos de un bloque, sección, capítulo o unidad en situaciones como la medición, la preálgebra, el plano cartesiano, el tratamiento de la información, etc., de tal modo que pueden y deben entretejerse las nociones de número y medición con apoyos geométricos y, en una tendencia final, llegar a enfoques geométricos en la resolución de los problemas.

Veamos un ejemplo de esto que se está diciendo:

• Contenido

Partamos de un contenido específico, como lo es el significado que puede tener un concepto, y que éste se refiera al tanto por ciento. Veamos:

Entendemos al tanto por ciento como la expresión de una cantidad en forma de fracción decimal con denominador 100; esto es, una cantidad repartida en 100 partes congruentes de las que se toman algunas de ellas. Su símbolo es (%).

• Motivación

Para este caso, el planteamiento de un problema relativo al entorno escolar, bien puede ser el arranque motivante. Por ejemplo, un problema que abarque al grupo en su conjunto.

> «Tu grupo está formado por 50 jóvenes. De ellos, 30 son mujeres. ¿Qué tanto por ciento del total son varones?».

• Elemento correctivo previo

Ahora es conveniente hacer una estimación del resultado al que puede llegarse de acuerdo con la magnitud de los datos y el contexto del problema, paso éste que puede ayudar a aceptar lo razonable de la solución que se obtenga del problema planteado.

Por ejemplo, ya que 50 alumnos es el 100 % de esta cantidad, si se habla de 30 alumnos, éstos son algo más que la mitad de los 50. Entonces, el (%) que los representa debe ser algo mayor al 50 %, que es la mitad del 100 %.

Ahora sí, a partir de estas consideraciones, veamos cómo es posible aplicar, en alguna de varias formas, el desarrollo de habilidades matemáticas anteriormente enunciadas:

• Flexibilidad del pensamiento

Consiste en conseguir diversas formas de resolución al problema propuesto. Sería conveniente que los alumnos del grupo propongan y discutan sus propias estrategias de resolución y, en el caso en que no plantearan ninguna, cosa bastante improbable, que se discutan las que el maestro proponga y resaltando aquella que motiva más el concepto o procedimiento de interés.

Primera estrategia: Por el establecimiento de una variación directa proporcional.

Ya que las 3 cantidades mostradas como datos (50 jóvenes), (20 mujeres) y (100 %), y la cantidad a obtener, nuestra incógnita, están relacionadas por medio de una variación proporcional directa, ya que de la línea de cantidades básicas (50 jóvenes) y (100 %), se desprende la línea de cantidades derivadas (20 mujeres y la incógnita), disminuyendo estas dos cantidades derivadas en forma simultánea y en la misma proporción en relación con las dos cantidades básicas. Entonces, ya que la pregunta se refiere a los varones, vemos que:

50 jóvenes = n varones + 20 mujeres. Así que n debe valer 30.

$$\left.\begin{array}{l} 50 \rightarrow 100\% \\ \\ 30 \rightarrow x\% \end{array}\right\} \longrightarrow \frac{50}{30} = \frac{100}{x}; \quad x = \frac{30(100\%)}{50} = 60\%$$

Segunda estrategia: Por medio de la fórmula del porcentaje.

Recordemos que la fórmula del porcentaje es $\mathrm{P} = n\% \times \mathrm{C}$ y que, en efecto, en nuestro problema la cantidad de alumnos de la cual se pide su expresión en (%) es un porcentaje, esto es, una parte (P) de la cantidad (C), de la que deseamos conocer el (%) que la representa. En la fórmula del porcentaje sustituyamos los valores que el enunciado del problema nos da:

$\mathrm{P} = n\% \times \mathrm{C} \rightarrow 30 = n \times 50$, que es una ecuación de la forma $ax = b$. Entonces

$$n = \frac{30}{50} = \frac{3}{5} = 0.6$$

$$\text{Pero, } 0.6 = \frac{6}{10} = \frac{60}{100} = 60\%$$

Tercera estrategia: Por el análisis de la variación proporcional.

Como ya hemos visto, los datos de problema están en variación proporcional directa. Establezcamos una tabla donde se muestre esta variación, en la que, por ejemplo, el número de alumnos disminuya, a partir del total que es de 50, de 10 en 10 alumnos y veamos cómo disminuyen los (%) correspondientes:

	50 alumnos	→	100 %	
	40 alumnos	→	80 %	
disminuyen de	**30 alumnos**	→	**60 %**	disminuyen 20 en 20 %
10 en 10 alumnos	20 alumnos	→	40 %	
	10 alumnos	→	20 %	
	0 alumnos	→	0 %	

Como se aprecia, en la misma línea en donde está la cantidad de alumnos motivo del problema (30 alumnos), encontramos la respuesta al problema, ya que, en efecto, 60 % es el tanto por ciento que representa a los 30 alumnos en este problema.

Cuarta estrategia: Por reducción a la unidad.

Una estrategia poco socorrida en la actualidad, perdida por quien sabe qué tipo de procesos o evolución del pensamiento didáctico, es la llamada «reducción a la unidad» que, además, se encuentra presente en forma natural entre las estrategias mentales de muchos de nuestros alumnos. Esta estrategia consiste en establecer el cociente entre las dos magnitudes de la línea básica de datos (100 % y 50 jóvenes). El cociente de esta división nos indica qué tanto por ciento del total le corresponde a cada alumno.

Así que:

2%	Esto es, cada alumno representa al 2% del
50)100%	total del grupo y como son 30 varones, entonces:
00	30 varones × 2% = 60%

• Reversibilidad del pensamiento

Establezcamos ahora cuáles son los datos que son necesarios para que el problema se produzca como tal y busquemos enunciados de nuevos problemas que sean el problema original visto al revés; esto es, construyamos problemas para los que el resultado sea un dato más.

Como en el problema anterior el 60 % era el resultado, incluyamos este valor en el enunciado de un problema, que sea el contrario del anterior, y en el que la incógnita haya sido dato en el problema original. Por ejemplo:

> «De los alumnos que integran a un grupo, el 60 % son varones y 20 de los integrantes son mujeres. ¿Cuántos alumnos son varones y cuál es el total de los alumnos del grupo?»

Como la cantidad total de alumnos debe ser el 100 % y 60 % son varones, entonces son mujeres:

100 % – 60 % = 40 %.

Esto es, 20 mujeres son el 40 % del total del grupo.

A partir de esta primera consideración, el problema, como es de suponerse, se puede resolver, al menos, por las mismas cuatro estrategias anteriomente aplicadas al problema directo.

Veamos únicamente la primera estrategia, la del planteamiento de una proporcionalidad directa entre los datos del problema:

$$\left.\begin{array}{ll} 20 \text{ mujeres} & \rightarrow 40\ \% \\ y \text{ varones} & \rightarrow 60\ \% \end{array}\right\} \rightarrow \frac{20}{y} = \frac{40}{60};\ y = \frac{30(60)}{40} = 30$$

Así que 30 son los varones del grupo y el total de alumnos del grupo es:

T = 20 mujeres + 30 varones = 50 alumnos.

• Memoria generalizada

Ahora, a partir del problema anterior, podemos plantearnos una serie de problemas que bien pueden tener en común la misma magnitud y cantidad de datos, pero cuyo enunciado corresponda a contextos distintos al que se refería el problema original, aunque la condición más importante para esta habilidad es la de no estar referida al mismo. Además podemos hacer una serie de discusiones acerca de la función de los datos en problemas de este tipo, así como la correspondencia y dependencia entre ellos.

Por ejemplo podemos dar los siguientes enunciados problemáticos:

1. En una gruesa (doce docenas) de naranjas, ¿cuántas se presentan al 75 %?
2. Un televisor tiene un precio de lista de 125 000 pts. Al pagarse al contado se hace el 15 % de descuento sobre el precio de venta. ¿Cuál es el precio de contado?
3. En una escuela, de un total de 2 400 alumnos, 1 600 son varones. ¿Cuántos alumnos de la escuela son mujeres y qué tanto por ciento (%) representan del total?
4. En una caja se han depositado 50 bolas de dos colores: negras y blancas. De ellas 30 son bolas negras. ¿Qué tanto por ciento de bolas son bolas blancas?
5. Se tienen 50 billetes repartidos en billetes de 200 pts y de 100 pts. Del total de billetes, 20 son de 200 pts cada uno. ¿Qué tanto por ciento del total de billetes son de 100 pts?

Veamos qué ocurre con estos problemas.

Como aspectos comunes, tenemos que los cinco problemas tienen tres cantidades para relacionar, de tal manera que en cada problema aparecen:

- una cantidad mayor
- una cantidad menor
- un % representativo de alguna de ellas.

Por otro lado, son problemas todos, que admiten al menos las cuatro estrategias vistas para llegar a su resolución y, como ya se ha establecido, son problemas cuyos datos están en proporción directa.

Obsérvese que el problema 3, aunque nos muestra datos distintos, no cambia el contexto en el que se desarrolló el problema original.

Un problema que se puede enunciar, como muchos otros, en donde se conservan las cantidades originales pero referidas a diversas situaciones, es el problema 4.

• Clasificación completa

En este espacio de referencia a la resolución de problemas se establece el recurso de plantear enunciados problémicos diversos, tales que, aun siendo similares a los anteriormente propuestos, no admitan el mismo procedimiento de resolución. Ello nos lleva a la posibilidad de que al dar el enunciado de un problema a resolver, se tenga, con ello, dos posibles enunciados para el que uno es ejemplo y el otro es contraejemplo.

Veamos el caso de un enunciado problemático similar que no puede ser resuelto por los procedimientos anteriormente vistos.

> «Una obra de albañilería se realizó en el lapso de 20 jornadas de trabajo con el concurso de 10 trabajadores. ¿En cuántas jornadas hubieran realizado la misma obra 5 trabajadores?»

Como se aprecia, este problema no puede resolverse por medio de las estrategias anteriores, en virtud de que lo significativo, ahora, es que las magnitudes que actúan como datos del problema, están en una relación inversa proporcional, en la que se cumple el siguiente planteamiento:

20 jornadas $\rightarrow$ 10 trabajadores
x jornadas $\rightarrow$ 5 trabajadores

Pero como éste es un planteamiento que corresponde a cantidades inversamente proporcionales, podemos establecer la siguiente proporción:

$$\frac{x}{20} = \frac{10}{5} \rightarrow x = \frac{20(10)}{5} = \frac{200}{5} = 40 \text{ jornadas}$$

Una tabla de variación inversa proporcional nos puede llevar a otra forma de resolución del problema:

Número de jornadas	*Número de trabajadores*	
1	200.0	
2	100.0	
3	66.6	← valor truncado
4	50.0	
5	40.0	
10	20.0	
15	13.3	← valor truncado
20	10.0	
25	8.0	
30	6.6	← valor truncado
40	5.0	
80	2.5	
100	2.0	
200	1.0	

En esta tabla de valores, por el significado de ellos, no son inteligibles las líneas que corresponden a las jornadas cuyos números son 3, 15, 30 y 80, ya que llevan a un número fraccionario de trabajadores, lo cual es irreal. Sin embargo, pese a esto, que es conveniente aclarar en la mente del estudiante, la tabla de variación inversa proporcional nos muestra que para el dato significativo (5 trabajadores), el número de jornadas que le corresponde es 40, valor éste que coincide con el que ya se había obtenido por medio del planteamiento de una variación inversa proporcional.

• Imaginación espacial

Esta habilidad matemática nos permite la expresión gráfica, en diversas formas, de las relaciones que se están estudiando, utilizando de diversas maneras el recurso geométrico o el gráfico para representar al problema y su resolución.

1. Así, por ejemplo, el problema de los varones y mujeres que conforman un grupo escolar puede representarse por el siguiente modelo continuo, en el que el rectángulo mayor representa al número total de los alumnos del mismo.

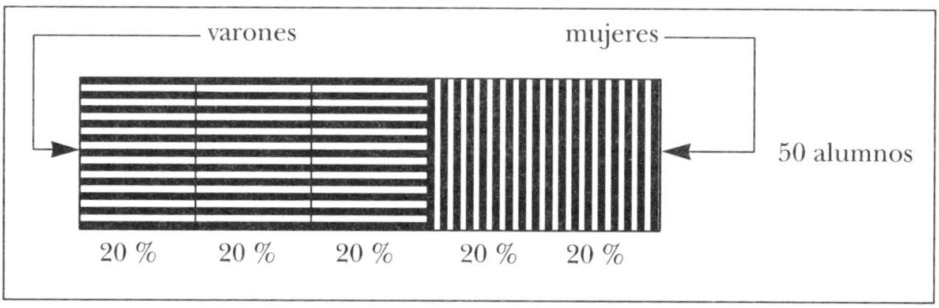

2. El enunciado correspondiente a la gruesa de naranjas bien pudiera representarse por medio del modelo continuo circular siguiente:

Recordemos que una gruesa de naranjas son 144 naranjas.

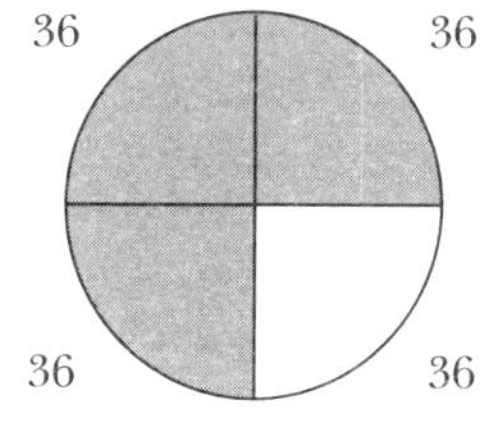

$\frac{3}{4}$ de 144 naranjas = $144 \times \frac{3}{4} = \frac{432}{4}$ = 108 naranjas

También: $36 \times 3 = 108$

3. El problema de las jornadas de trabajo y el número de albañiles que las deben realizar, puede representarse mediante el siguiente esquema geométrico:

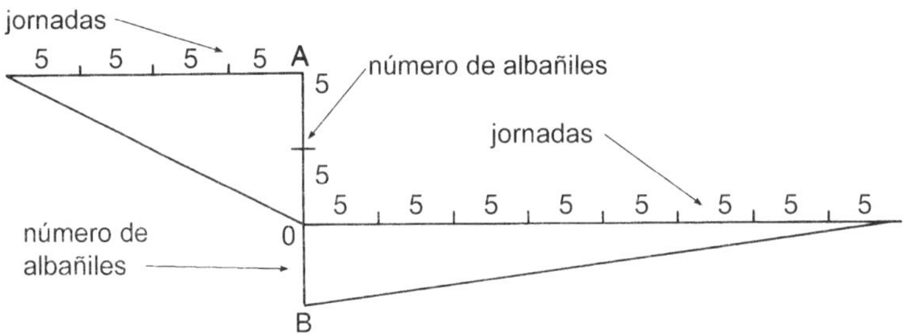

La referencia a este problema puede serlo el segmento de recta AB en el que se representa al número de albañiles, por ejemplo, los 10 y los 5 del problema original. Perpendicularmente a los extremos de este segmento se llevan segmentos en sentidos opuestos que representen a las jornadas. Estos extremos se unen con el punto 0 del eje de los albañiles formándose, para cada caso, dos triángulos rectángulos distintos en forma pero de áreas iguales. Esto es comprensible, ya que la relación que establece la variación inversa proporcional es del tipo:

$$yx = k,$$

cosa que ocurre para cada línea de valores de la tabla anteriormente vista. En ella se cumple, por cada línea, que:

$1 \times 200 = 200$
$2 \times 100 = 200$
$3 \times 66.6 \doteq 200$
$4 \times 50 = 200$
$5 \times 40 = 200 \leftarrow$
$10 \times 20 = 200 \leftarrow$
$15 \times 13.3 \doteq 200$

$20 \times 10 = 200$
$25 \times 8 = 200$
$30 \times 6.6 \doteq 200$
$40 \times 5 = 200$
$80 \times 2.5 = 200$
$100 \times 2 = 200$
$200 \times 1 = 200$

Obsérvese que, tomando como línea de cantidades base a:

20 jornadas $\rightarrow$ 10 trabajadores,

a partir de ésta, si el número de jornadas disminuye en relación con 20, el número de trabajadores que se requiere aumenta en relación con 10.

A la inversa, si el número de jornadas aumenta en relación con 20, el número de trabajadores que se requieren disminuye en relación con 10.

Actividades (*sobre circunstancias*)

1. ¿Qué es más barato, invitar dos veces al cine a un amigo o invitar a dos amigos a la vez?
2. Tres amigos jugaron a las damas. En total jugaron 3 partidas. ¿Cuántas partidas jugó cada uno?
3. ¿Cuál es la suma de los doscientos primeros números naturales si la de los cien primeros es 5050?
4. Dos padres y dos hijos bebieron en el desayuno tres litros de leche, de tal manera que cada uno sólo bebió un litro. ¿Es posible esto?
5. Si un kilogramo de filete cuesta un dólar y medio, ¿cuánto cuesta un kilogramo y medio de filete?
6. Un hoyo cúbico tiene un metro por arista. ¿Cuántos metros cúbicos de arena contiene?
7. Si un vaso y medio de refresco cuesta un peso y medio, ¿cuánto costarán cinco vasos?
8. Hay que subir del piso 3 al penúltimo piso de un edificio que tiene 14 pisos y debe bajarse al mismo piso 3. ¿Cuántos pisos habrá que pasar para hacer el recorrido indicado?
9. ¿Qué artículo pesa más: medio kilogramo de lentejas o 500 gramos de sal?

10. Un camión lleno de turistas cae en un abismo que es frontera entre dos países. ¿En cuál de los dos países habrá de enterrarse a los supervivientes?

4. La resolución de problemas

Un problema es el enfrentamiento con situaciones novedosas y desconocidas. Éstas se presentan a diario y en todo momento. Hay que lograr en nuestros alumnos el gusto por afrontarlos y solucionarlos en la medida en que muchos de ellos les sean inmediatos y útiles, apoyándose en sus experiencias escolares y cotidianas, pues la resolución de problemas es un recurso inmejorable para aprender algo nuevo, ya sea trabajando en equipos o individualmente.

Cuando en la acción educativa se establezcan situaciones de carácter problemático debe tenerse en cuenta que en el análisis resolutivo deben quedar presentes los conceptos, los procedimientos y las actitudes.

Por ejemplo:

Entre los conceptos se pueden considerar:

- el establecer si es en realidad un problema o un enunciado trivial
- el estudio de la posibilidad de resolución con los conocimientos que hasta el momento se tienen
- el nivel de dificultad del problema
- las etapas de resolución
- el o los procedimientos de resolución.

Entre los procedimientos se encuentran:

- el uso del simbolismo adecuado de representación
- el enunciado de la o las estrategias que pueden seguirse
- la aplicación de la estrategia específica
- la elección de las herramientas matemáticas operativas
- la discriminación de los datos que son necesarios para la resolución
- el apoyo en enunciados análogos en problemas anteriores
- la comprobación de la o las soluciones
- la explicación del procedimiento seguido.

Entre las actitudes se entienden:

- el impacto del enunciado del problema
- la decisión de resolverlo
- la iniciativa para elaborar un plan de resolución
- el tipo de procedimiento por su originalidad
- el empeño puesto en la resolución
- la determinación para enfrentar su punto de vista con el de los demás
- la disposición a cambiar de estrategia o punto de vista
- la valoración de los resultados obtenidos
- la decisión para elaborar un nuevo problema a partir del problema resuelto
- la disposición para el trabajo en equipo.

5. MOMENTOS EN LA RESOLUCIÓN DE PROBLEMAS

Un primer momento que se presenta en la resolución de un enunciado problemático es la de discriminar si es en realidad un problema, un mero ejercicio o una información trivial.

Un segundo momento es el de analizar si el problema es resoluble o no, dependiendo de los elementos que se tienen a mano para tal fin.

Un tercer momento es el de averiguar si el problema es resoluble por el número y la calidad de los datos que ofrezca el enunciado del mismo.

Un cuarto momento es el de apreciar si el enunciado ha sido debidamente comprendido, invitando a redactar otro problema similar o enunciando el mismo con otras palabras.

Un quinto momento es el de la aplicación de la o las estrategias convenientes para su resolución.

Un sexto momento es el de la interpretación del o de los resultados obtenidos; ver si la estimación previa corresponde con la magnitud encontrada, si las unidades son correctas, si corresponden con el contexto del problema, si se llegó a varias soluciones ver el por qué de ello y si los resultados son reales o ficticios.

Un séptimo momento es el de ver la posibilidad de lograr un enunciado que permita «hacer el problema al revés»; esto es, si se puede establecer un problema que considere el resultado como dato y que pueda llevarnos a un nuevo resultado que sea dato del problema original.

En general, para resolver un problema se debe:

- entender el enunciado
- determinar los datos y las incógnitas
- establecer si los datos son suficientes
- analizar el enunciado para ver si es un caso particular, límite, general o ambiguo
- redactar el problema en forma distinta
- reducir el problema a otro más sencillo, si ello es posible
- estudiar si se pueden dar ejemplos y contraejemplos
- elegir un código de referencia simbólico para entrelazar o vincular datos con incógnitas
- establecer un plan de resolución
- apoyarse en un boceto cuando ello sea posible
- analizar si se tienen los recursos matemáticos necesarios para resolverlo
- hacer una estimación del resultado al que se debe llegar
- hacer ensayos con los datos del problema
- establecer hipótesis
- usar del ensayo-error
- realizar los cálculos necesarios
- analizar si el resultado tiene sentido para los datos proporcionados
- comprobar el resultado
- dar el resultado en forma completa
- representar gráficamente tanto el problema como su solución
- ver si ese problema se puede cumplir en otros contextos.

6. El problema en todos sus pasos

Como ya hemos visto en este apartado, la resolución de problemas no es ya un mero recurso de aplicación de los conocimientos adquiridos por los alumnos; ahora es el recurso para llegar a los conocimientos, para entender conceptos o llegar a ellos, para entender el por qué se utilizan tales o cuales estrategias en su resolución y cuáles son las más apropiadas, utilizando desde los meramente analíticos y los geométricos hasta los formales, para estimar también la actitud o disposición del alumno para afrontarlos y la estimación que de ellos hacen en su interpretación ante las situaciones reales de su entorno.

Ahora, el problema es el objeto mismo del conocimiento y el generador de toda la información matemática. El proceso educativo se ha puesto de cabeza para ver el mundo al derecho, tal como es, pero apoyado con el instrumental adecuado y conducido en el aprendizaje por la dirección atinada del maestro. Las prácticas docentes son nuevas y diametralmente opuestas a lo que eran apenas hace cinco años atrás.

Como el punto que se trata es el problema, hablemos del problema en su totalidad, esto es, en todos sus pasos.

Partamos del siguiente problema:

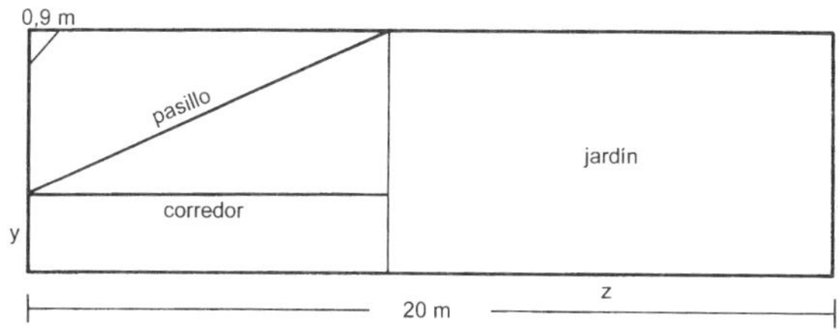

Se tiene el plano parcial de una casa. En la habitación se debe delimitar un pasillo que lleve al jardín. La habitación tiene una superficie de 54 m^2.

a) ¿Cuál es la medida del pasillo?

b) ¿Cuál es la escala del plano?

c) Si el área total del plano es de 160 m^2, ¿cuál es el ancho del corredor y el largo del jardín, sabiendo que la longitud del corredor es de 9 m y el ancho de la habitación es 6 m menor que el séxtuplo del ancho del corredor.

1. *Entendimiento del enunciado del problema*

Partamos del hecho de que el enunciado del problema ha sido revisado minuciosamente, comprendido en su totalidad y se han determinado las partes que lo componen.

2. *La determinación de las incógnitas*

Las incógnitas del problema son:

a) La medida del pasillo.

b) La escala del dibujo en el plano.

c) Ancho del corredor y largo del jardín.

3. *Los datos del problema*

Los datos que nos presenta el problema son:

a) Área de la habitación: 54 m^2.

b) Longitud del dibujo en el plano: 20 m.

c) Área total de la parte mostrada en el plano: 160 m^2.

d) Lado de la chimenea esquinera: 0.9 m.

4. *Determinación de la suficiencia de los datos*

a) Se necesita conocer la medida del pasillo. Éste es la diagonal de un paralelogramo rectángulo o la hipotenusa de un triángulo rectángulo. En ambos casos necesitamos conocer el largo y el ancho del rectángulo o las medidas de los catetos en el triángulo rectángulo que se forma.

Como conocemos el área del rectángulo (54 m^2) y el largo (9 m), que es el mismo que el del corredor, es posible calcular el ancho de la figura.

b) Como se conoce al menos una medida lineal real (en realidad son dos) y tenemos que el dibujo está hecho a escala, es posible determinarla.

c) Se conoce el ancho del jardín, ya que éste es la diferencia entre la longitud total del plano y la medida del largo del corredor, pero no se tiene otro dato más que permita en forma directa calcular el largo del jardín. Habrá que recurrir a algún planteamiento distinto para lograrlo.

Veamos: se sabe que el ancho de la habitación es 6 metros menor que el séxtuplo del ancho del corredor. Esto permitirá formar una igualdad (en ecuación) que permita ligar a otros datos con el que queremos, pues si conociéramos el área del jardín, se podría calcular su largo.

5. *Detección de los datos irrelevantes*

Es evidente que el dibujo tiene un dato irrelevante. Éste es el de la medida del lado de la chimenea (0.9 m) y que, al parecer, no influirá en la resolución de las incógnitas del problema.

6. *Analizar el enunciado del problema para ver si es un caso particular, límite, general o ambiguo*

Por lo que se puede apreciar, el enunciado del problema parece que no lleva a un caso particular, ni límite de conceptos en las figuras geométricas que forman el dibujo del plano, salvo que en el cálculo de las incógnitas nos encontremos, por ejemplo, con valores negativos.

7. *Redacción del problema en otra forma*

Intentémoslo. Por ejemplo, podemos decir que:

En el plano adjunto se desea saber, con los datos que en él aparecen, la escala de construcción del plano, la medida del pasillo, el ancho del corredor y el largo del jardín. Se sabe que el ancho de la habitación es 6 m menor que el séxtuplo del ancho del corredor y que el área de la habitación es de 54 m^2, el área de toda la construcción presentada es de 160 m^2, la longitud del corredor es de 9 m y la longitud de todo el plano es de 20 m.

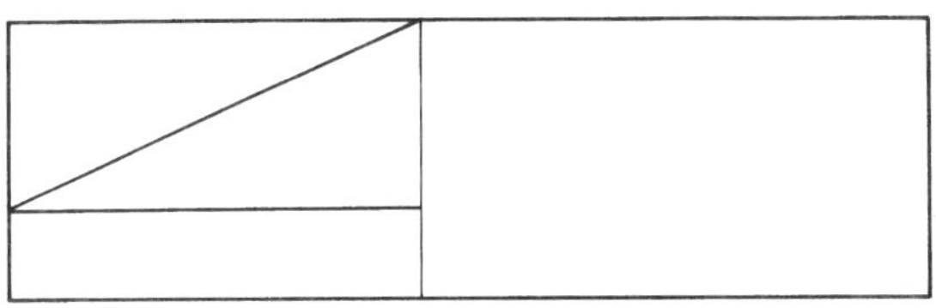

8. *Reducir el problema a otro más sencillo*

Lo más conveniente para esto es establecer por separado las partes que lo componen. Por ejemplo, así:

a) b) Escala c)

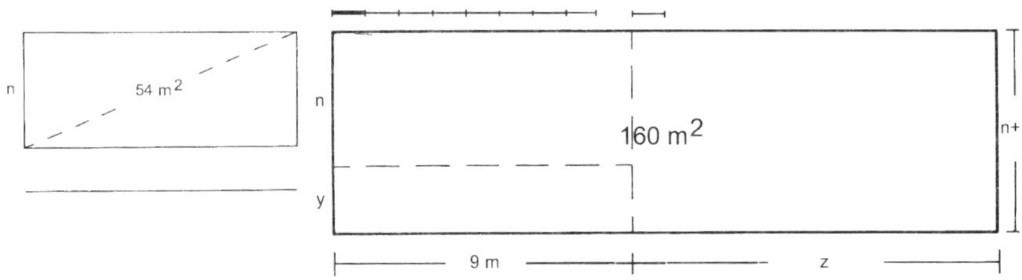

9. *Estudio sobre si se pueden dar ejemplos y contraejemplos*

Un contraejemplo, tomado éste en el sentido de que el plano no fuera posible, esto es, real, es que para que las dimensiones de la sala n, x y 9 m, puedan construir al triángulo rectángulo deben cumplir con las propiedades conocidas. Ellas son:

que $n + x > 9$ y también $n - x < 9$

$n + 9 > x$ $\quad n - 9 < x$

o $\quad x + 9 > n$ $\quad$ o $\quad x - 9 < n$

Por ejemplo, si $n = 3$ y $x = 6$, entonces $3 + 6 \not> 9$

y $\quad 9 - 3 \not< 6$

10. *Código de referencia*

Es conveniente establecer un código de referencia que enlace datos con incógnitas. Para nuestro caso es, por necesidad, el de las fórmulas. Por ejemplo:

Para la longitud del pasillo:

$$\text{Longitud del pasillo} = \sqrt{(\text{longitud del corredor})^2 + (\text{ancho de la habitación})^2}$$

Ésta es la relación del teorema de Pitágoras.

Para la escala del plano:

$$E = \frac{l}{L} \quad \begin{array}{l} \leftarrow \text{(medida en el dibujo)} \\ \leftarrow \text{(medida real)} \end{array}$$

Para el largo del jardín:

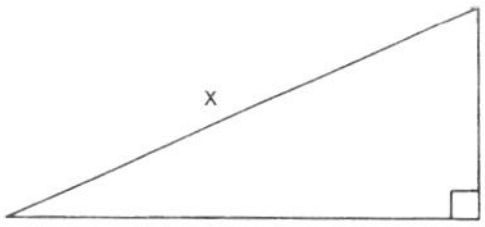

$$A = b \times h \rightarrow h = \frac{A}{b}$$

Para el ancho del corredor:

$$A = b \times h \rightarrow h = \frac{A}{b}$$

11. *Establecimiento de un plan de resolución*

* La escala del plano se puede obtener por medio del siguiente procedimiento:

- Se mide en el plano, ya que está a escala, la longitud del corredor.
- Se lleva esa medida y la medida real de 9 m acotada en el plano (medida real) a la fórmula de la escala E = l:L.

* El ancho del corredor se puede conocer si establecemos que la suma del área del jardín con el área del corredor es igual a la diferencia del área total menos el área de la habitación.

Se puede establecer una ecuación de primer grado que relacione a *n* con *y*, tal que permita calcular a *y*, ya que se sabe que el ancho de la habitación es 6 m menor que el séxtuplo del ancho del corredor.

* La longitud del pasillo se puede calcular en dos pasos:

1. Determinando el largo de la habitación por la fórmula del área de un rectángulo, en la que se conoce el área de la habitación y el largo que se conoció en el paso anterior.
2. Como el pasillo es diagonal de la habitación y, a la vez, hipotenusa de un triángulo rectángulo, se aplica el teorema de Pitágoras cuyos catetos son el ancho y el largo de la habitación.

* El ancho del jardín se puede conocer porque se tiene el largo de todo el plano y el largo del corredor. La diferencia entre ambas magnitudes es el ancho del jardín.

* El largo del jardín se puede obtener, ya que:

- Al conocer las dimensiones del comedor, y por ello su área, se puede obtener el área del jardín.

  Área total – (área habitación + área corredor) = área del jardín.

- Aplicando la fórmula del área del rectángulo (área del jardín) en donde se conocen **A** y **b** y por ellas obtener **h**, que es el largo del jardín.

Y, hecho esto, el problema estaría resuelto.

12. *Apoyo en un boceto*

Como se ha visto, en todo el análisis del problema nos hemos venido apoyando en bocetos que nos ayuden a particularizar los razonamientos.

13. *Análisis sobre si se tienen los recursos matemáticos necesarios para resolverlo*

Este problema es posible de resolver, teniendo los conocimientos de la unidad de Geometría en la Educación Secundaria, en la cual se ven los contenidos básicos necesarios que este problema requiere:

- Área del rectángulo
- Teorema de Pitágoras
- Concepto de escala
- Operaciones con segmentos.

14. *Estimación de resultados*

Como el pasillo no debe tener más de 2 ó 3 metros de ancho y el largo es de 9 m, su área debe estar por los $2 \text{ m} \times 9 \text{ m} = 18 \text{ m}^2$.

Como el ancho de la habitación es de 9 m y su área de 54 m^2, el largo debe ser $9 \text{ m} \times 6 \text{ m} = 54 \text{ m}^2$.

El pasillo debe estar por el promedio de sus dimensiones; esto es, unos 7.5 m^2.

La escala permite ver que si 9 m (reales) corresponden a 4.5 m (en el dibujo), ella es del tipo de reducción 1:200 = 0.005.

15. *Realización de ensayos con los datos del problema*

En nuestro caso no hemos tenido necesidad de hacer ensayos con los datos del problema, aunque se puede ver que:

- La escala es realista: 1:200
- Las medidas de los lados del triángulo rectángulo sí forman triángulo

– Las dimensiones de las habitaciones son realistas: 160 m^2 como área total y 54 m^2 de la habitación.

16. *Establecimiento de hipótesis*

Las hipótesis que se pueden construir a partir del problema se han venido discutiendo a lo largo del análisis del problema. Sobre todo en los puntos 10, 11, 12, 13 y 14.

17. *El uso del ensayo-error*

Un posible ensayo sería ver si el problema se puede resolver en su conjunto hablando de las áreas de la figura y estableciendo una ecuación que lleve a la resolución. Por ejemplo:

Área habitación + Área corredor + Área jardín = Área total

y usando las literales asignadas al plano:

$$9n + 9y + z(n + y) = 160 \text{ m}^2$$

O bien:

$$54 + 9y + (20 - 9)(n + y) = 160 \text{ m}^2$$
$$54 + 9y + 11n + 11y = 160$$
$$11n + 20y = 160 - 54$$
$$11n + 20y = 106$$

Pero como $n = 6y - 6$,

$$11(6y - 6) + 20y = 106$$

$66y - 66 + 20y = 106$, que es una ecuación de primer grado.

Otro posible ensayo sería el de obtener el ancho de la habitación:

$$A = b \times h \rightarrow h = \frac{A}{b} = \frac{54 \text{ m}^2}{9 \text{ m}^2} = 6 \text{ m}.$$

Pero con este valor no se puede calcular la longitud del pasillo ni el ancho del corredor. Por lo mismo, tampoco el largo del jardín, aunque conocemos su ancho:

Ancho jardín = 20 m – 9 m = 11 m, ya que el largo del jardín es n + y.

Un camino seguro, de carácter no analítico, es el de recurrir al cálculo de las magnitudes que pide el problema por medio de la escala, ya que al conocer ésta, se la puede multiplicar por cada una de las medidas que se desean tomadas en el plano por medición directa, aunque ello nos lleva a una aproximación, por la forma particular que cada alumno tiene de hacer mediciones, y al grado de precisión que el fabricante ha impuesto al instrumento de medida. Por ello este procedimiento no es muy recomendable.

18. *Realización de los cálculos.*

a) La escala.

En el plano, el largo del corredor tiene como medida real 4.5 cm.

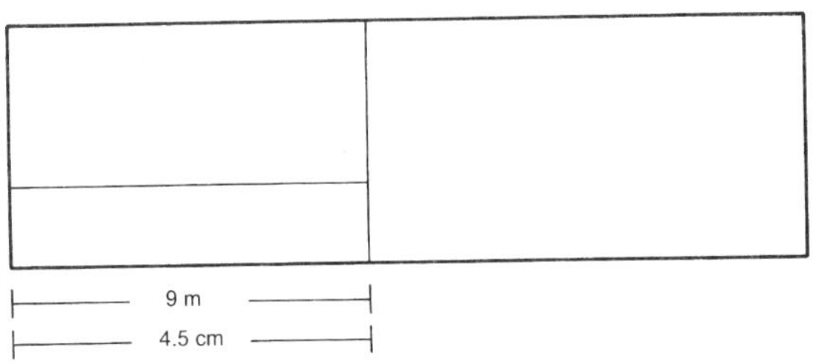

$$E = \frac{1}{L} = \frac{4.5\ \text{cm}}{9\ \text{m}} = \frac{0.045\ \text{m}}{9\ \text{m}} = 0.005$$

Esto es, E = 1 : 200, que es escala de reducción.

b) Calculemos y (ancho del corredor) por la ecuación establecida en el punto 17.

$$\begin{aligned} 11(6y - 6) + 20y &= 106 \\ 66y - 66 + 20y &= 106 \\ 86y &= 106 + 66 \\ 86y &= 172 \\ y &= \frac{172}{86} \\ y &= 2\ \text{m.} \end{aligned}$$

Entonces, las dimensiones del corredor son: 9 m y 2 m.

c) Calculemos n, ancho de la habitación, por la fórmula del área del rectángulo:

$$A = b \times h \rightarrow h = \frac{A}{b} = \frac{54\ m^2}{9\ m^2} = 6\ m.$$

d) Ahora, conocidas las dimensiones de la habitación: 9 m de largo y 6 m de ancho, que son los catetos del triángulo rectángulo y la hipotenusa es el pasillo, aplicamos el teorema de Pitágoras:

$$\text{Pasillo} = x = \sqrt{(9\ m^2) + (4\ m^2)}$$
$$= \sqrt{81\ m^2 + 16\ m^2}$$
$$= \sqrt{97\ m^2} \doteq 9.85\ m$$

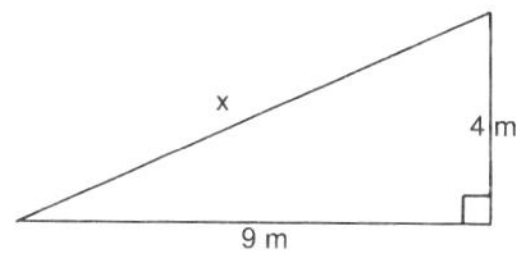

Esto es, pasillo = $\boxed{x = 9.85\ m}$

e) De las dimensiones del jardín conocemos el ancho, ya que:

Ancho del jardín = 20 m – 9 m = 11 m.

El largo del jardín se puede obtener por la relación:

n + y = 6 m + 2 m = 8 m.

Con esto, el problema está resuelto, pero falta:

19. *Análisis de los resultados*

Llevemos todos los datos y los resultados obtenidos al plano original y tenemos:

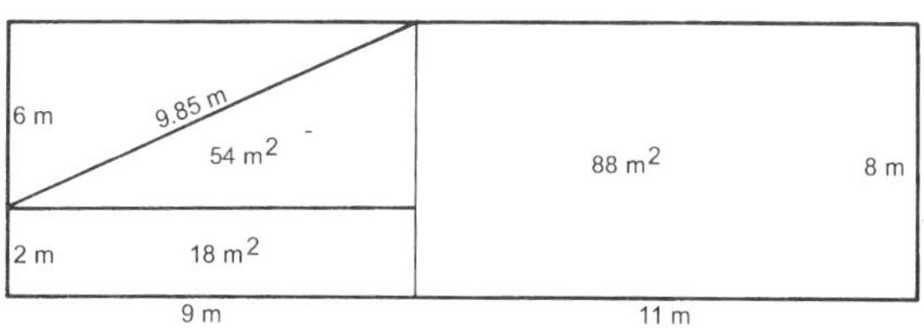

Tomemos al azar una de las medidas obtenidas y sometámosla al criterio de la escala. Por ejemplo, la longitud del pasillo (9,85 m). Al medir en el plano la longitud del pasillo, ella nos da 4,9 cm.

Entonces al sustituir en la fórmula de la escala:

$$E = \frac{I}{L} = \frac{4.9\ \text{cm}}{9.85\ \text{m}} = \frac{0.049\ \text{m}}{9.85\ \text{m}} = 0.0049746 \doteq 0.005$$, que es la escala:

1 : 200, pues: $$200 \overline{)1.000}$$ cociente .005, residuo 000

20. *Comprobación de los resultados*

Para cumplir con esta fase en la resolución del problema, hagamos lo siguiente:

- Obtengamos las áreas de las tres habitaciones y obtengamos la suma de ellas.

Área de la habitación:	Área del comedor:	Área del jardín:
$A = b \times h = 9\ m\ (6\ m) =$	$A = b \times h = 9\ m\ (2\ m) =$	$A = b \times h = 11\ m\ (8\ m) =$
$= 54\ m^2$	$= 18\ m^2$	$= 88\ m^2$

$A(\text{total}) = 54\ m^2 + 18\ m^2 + 88\ m^2 = 160\ m^2$

- Comprobemos otra vez la escala. Ahora midiendo el ancho del jardín en el plano.

  Su medida es 4 cm, entonces:

$$E = \frac{l}{L} = \frac{4\ \text{cm}}{8\ \ \text{m}} = 0.005$$

- Comprobemos la condición establecida en el enunciado del problema que dice:

> «...el ancho de la habitación es 6 m menor que el séxtuplo del ancho del corredor».

$y = 6n - 6;\ y = 6(2\ m) - 6\ m;\ y = 12\ m - 6\ m;\ y = 6\ m$

Y con estas comprobaciones basta.

21. *Presentación del resultado en forma completa*

Procedamos.

a) Longitud del pasillo:	9.85 m		
b) Escala del dibujo:	E = 1:200	o	E = 0.005
c) Dimensiones del corredor:	largo: 9 m,	ancho: 2 m	
Dimensiones del jardín:	largo: 11 m,	ancho: 8 m	
Ancho de la habitación:	ancho: 6 m		

22. *Representación gráfica tanto del problema como de su solución*

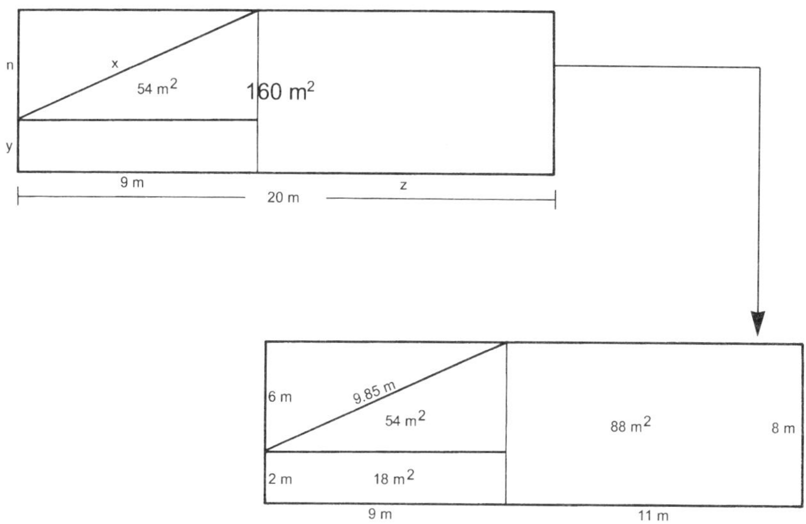

23. *El problema en otros contextos*

Veamos el siguiente enunciado: En la estructura metálica de una puerta como la que se muestra en la figura, se sabe que:

Superficie A = 0.8 m^2
Altura de la puerta: 2.2 m
Longitud de la barra s: 80 cm.
Área total de la estructura: 3.52 m^2

Calcular la longitud de las barras **m**, **p**, **q**, **r**, si **r** es 6 dm menor que el doble de **q**.

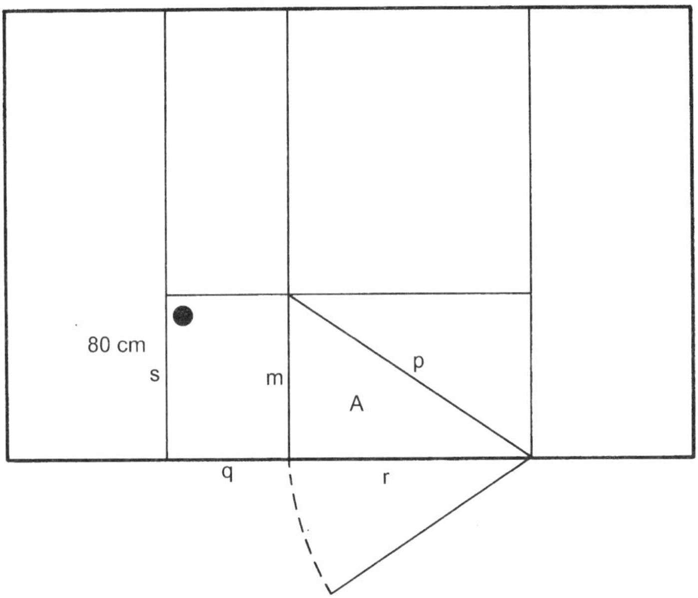

Respuestas: q = 0.6 m, r = 1.2 m, p = 1.28 m.

Con este ejemplo se muestra que el problema original es posible de llevarse a otros contextos.

Este es un problema en todos sus pasos, totalmente discutido y casi agotado, pues siempre es posible llevar un problema mucho más allá de su propio enunciado porque, entre otras cosas, aunque se ha desmenuzado en él lo aritmético, en lo algebraico y en lo geométrico, es posible llevarlo por el de la presentación y tratamiento de la información y el de la probabilidad.

Se reconoce que, así presentado, un problema no sería práctico en el desarrollo de una clase, por cuanto que se gasta mucho tiempo en él, pero provechoso en términos de todo lo que abarca y las aplicaciones prácticas.

No hago el análisis más detallado de las habilidades matemáticas que el desmenuzamiento del problema ha provocado, porque ello ya se ha tratado en otro apartado y el lector sabrá, a partir de lo allí dicho, cómo se satisfacen el desarrollo de la flexibilidad del pensamiento, de la reversibilidad del pensamiento, de la memoria generalizada, de la clasificación completa y de la imaginación espacial.

7. La enseñanza a partir de problemas

La enseñanza a partir de problemas es una corriente pedagógica, relativamente nueva. Sus antecedentes se observan en las corrientes pedagógicas de los años 60, en la teoría de la Gelstald, el conductismo y muy lejanamente en el pragmatismo de John Dewey. Sin meternos a estas corrientes, y sí, en cambio, a determinar sus sustentos praxiológicos, esta tendencia actual de la pedagogía ha influido totalmente en la educación básica y nada, casi nada en el bachillerato.

> «...Su esencia consiste en que los alumnos, guiados por el profesor, se introducen en el proceso de búsqueda de la solución de problemas nuevos para ellos, gracias a lo cual aprenden a adquirir independientemente los conocimientos, a emplear los antes asimilados, y a dominar la experiencia de la actividad creadora»[1].

Existen muchas razones para adoptar la enseñanza por medio de la resolución de problemas que involucran criterios axiológicos, lógicos, praxiológicos y metodológicos, fundamentalmente. Entre esas razones se pueden citar con prioridad que:

- se tiende al desarrollo multilateral de los seres
- se tiende al desarrollo de las capacidades creadoras
- las ideas deben ser reflexionadas no aprendidas
- se busca que los alumnos sean capaces de hacerlo todo solos
- se enseña a pensar en forma independiente
- se desea preparar al alumno para la vida y el trabajo práctico
- hay que enseñar conocimientos, habilidades y hábitos a mayor ritmo
- es recomendable que los alumnos sepan resolver problemas prácticos usando de los conocimientos y habilidades aprendidos tanto en la escuela como en la comunidad.

---

[1] Danilov y Skatkin: *Didactica de la escuela media.* Pueblo y Educación, 1978, pág. 211.

Para ello hay que saber lo que se entiende por problema desde el punto de vista de la enseñanza problemática. Al respecto:

> «...es una incógnita que a priori carece de respuesta para el alumno, pero que él está en situación de proceder a buscar»[2].

Y dado que la resolución de problemas es la columna vertebral de la enseñanza problemática, en ese proceder en su resolución se dan dos momentos: el objetivo y el subjetivo.

En el primer momento el muchacho se encuentra con los puntos de partida del problema y que consisten en los datos y toda clase de información que le lleva a su resolución.

En el segundo momento el joven se da a la tarea de establcer todos los mecanismos que le lleven a la resolución.

Por supuesto, se entiende que un enunciado no es un problema cuando la respuesta es conocida con anterioridad por el alumno o bien porque no puede arribar a ella debido a que no tiene los elementos de conocimiento para llegar a ella. Esto es, aunque se pueden establecer situaciones de problema, ellas no pueden transformarse en problemas.

Por otro lado se entiende que en la resolución de un problema es obligada la comprobación del mismo y por lo mismo hay que desarrollar en el alumno la habilidad para la búsqueda de comprobaciones y en estas acciones se debe:

- Considerar todos los datos y relacionarlos entre sí a fin de que al obtener el resultado se pueda observar congruencia o contradicción.
- Establecer si se carece o sobran datos en el enunciado.
- Interrelacionar entre sí y con la incógnita los pasos que lleven a la búsqueda de la solución.
- Demostrar y/o comprobar cada conclusión a la que se llegue.
- Comprobar cada una de las soluciones obtenidas en grado tal que se establezca la suficiencia de ellas.

Cuando la enseñanza de la matemática se da por medio de la resolución de problemas se puede garantizar:

- una mejor asimilación del conocimiento

---

[2] Danilov y Skatkin: *Didactica de la escuela media*. Pueblo y Educación, 1978, pág. 213.

- el dominio de los procedimientos metodológicos aceptados
- una mejor comprensión de la experiencia cotidiana cercana o remota.

Pero, además, se cumple con el requisito didáctico:

- del vínculo de la enseñanza con la vida
- de la enseñanza de concepciones científicas
- de la actitud crítica hacia el conocimiento.

Esto permite que los alumnos desarrollen una gran habilidad y destreza para aplicar los conocimientos que en alguna forma ya traían, un interés incrementado por la serie de actividades que con este carácter se desarrollan en el aula o fuera de ella y una gran capacidad para establecer los vínculos entre los datos en el problema diseñado.

Es común cuando se tiene presente este tipo de enseñanza que ella se desempeñe a partir de tres variantes procedimentales:

- la exposición problémica
- la búsqueda parcial
- el método investigativo.

Sin embargo, aunque esta forma de actuación en el interior de aula se reconoce como deseable, es conveniente que no se desarrolle toda la actividad educativa entre estas coordenadas metodológicas, pues no sabemos si se garantiza como sustitutiva de otras formas didácticas de enseñanza y, por supuesto, no se debe considerar como procedimiento universal pedagógico[3].

Actividades

Sobre números.

1. ¿Qué dos números dan como producto el décuplo de su suma?
2. ¿Puede ser la suma de los quince primeros números naturales impares igual a la suma de los quince primeros números naturales pares?

---

[3] Danilov y Skatkin: *Didáctica de la escuela media*. Pueblo y Educación, 1978, pág. 366.

3. ¿Cuánto es la mitad de la quinta parte de tres octavos?
4. Un hombre parpadea 21 veces de promedio cada minuto. Si normalmente duerme 8 horas diarias, ¿cuántas veces, en promedio, parpadea al año?
5. ¿Que relación vale más: $11^2 + 12^2 + 13^2$ ó $14^2 + 15^2$?
6. Escribe tres formas distintas para representar al número tres combinando operatoriamente tres treses.
7. Obtén el número 8 combinando operativamente 8 ochos.
8. ¿Es correcto que $1 \times \frac{1}{2} = 1 - \frac{1}{2}$?
9. La suma de tres números enteros es 231. El segundo es doble del primero y el tercero es la mitad del primero. ¿A cuáles números nos referimos?
10. ¿Es posible que un arqueólogo pueda localizar una moneda con la inscripción «25 a.C.»?

Problemas de carácter histórico, que pueden servir para reforzar este apartado, son:

1. Isaac Newton, uno de los más grandes genios que ha dado la humanidad, nació en el siglo XVII y murió en el siglo XVIII. Si quieres saber el año de su nacimiento y de su muerte, lo lograrás resolviendo el siguiente enunciado:

   «El número formado por los dos últimos dígitos de la fecha de su nacimiento aumentado en 12, es el doble del número formado por los dos últimos dígitos de la fecha de su muerte que, aumentado en 1, es dos tercios del primero».

2. «De un ejambre de abejas, un quinto se posa sobre una flor de kandamba y un tercio sobre una flor de silindha. El triple de la diferencia entre ambos números vuela hacia las flores de kutaja, y queda una abeja en un jazmín embriagada por el aroma. Dime, hermosa mujer, el número de las abejas».

3. «Al volar sobre un palomar, dijo el gavilán:

   – Adiós mis cien palomas.
   – No somos cien. Pero nosotras, más nosotras, más la mitad de

nosotras, más un cuarto de nosotras, más tú gavilán, sí seríamos cien.
¿Cuál es el número de palomas?»

4. «¡Ah, el total y su séptima parte es 19!».

5. Epitafio en la tumba de Diofanto de Alejandría:

   «Esta tumba contiene a Diofanto. Dios hizo que fuera niño una sexta parte de su vida. Añadiendo un doceavo, sus mejillas tuvieron la primera barba. Le encendió el fuego nupcial después del séptimo y en el quinto año después de la boda le concedió un hijo. Pero ¡Ay! niño desgraciado, en la mitad de la vida de su padre lo arrebató la helada tumba. Cuatro años después llegó al término de su vida.

   ¿Qué edad tenía Diofanto al morir?»

Capítulo III

MÉTODO. LAS FORMAS PARA LLEGAR

1. Metodología

El método lo es todo. Esto es tan válido en la investigación científica como en la acción docente. El método es la dirección misma del proceso educativo y sólo es dependiente de los objetivos de un programa de estudios y, a veces, del objeto de conocimiento.

Ya habíamos visto con anterioridad que una vertiente del método científico es el llamado método didáctico y que éste se hace presente a partir de los llamados métodos pedagógicos, los que sería más correcto llamarlos procedimientos pedagógicos.

Tradicionalmente se ha considerado que los procedimientos pedagógicos, aquellos que se usan en la enseñanza del conocimiento, se tripolarizan de acuerdo con las siguientes tres intenciones pedagógicas:

- Procedimientos para la dirección del aprendizaje
- Procedimientos según la presentación del aprendizaje
- Procedimientos según las relaciones que se establecen con los alumnos durante el proceso del aprendizaje.

Según esta visión, creemos que todavía válida, se presentan los llamados modos de la enseñanza, los que, para cada intención de las mencionadas, son:

el modo expositivo, el interrogativo y el activo
el modo intuitivo y el modo simbólico
el modo individual y el modo colectivo,

lo que podemos presentar según el siguiente cuadro sinóptico:

MÉTODOS PEDAGÓGICOS	Para la dirección del aprendizaje	expositivo interrogativo activo
	Según la presentación del aprendizaje	intuitivo simbólico
	Por las relaciones con los alumnos durante el aprendizaje	individual colectivo

Estos modos, malamente llamados métodos, se expresan en formas metodológicas, las que, para el caso de la enseñanza de las matemáticas en la Educación Obligatoria, las más socorridas y fecundas son las siguientes que mostramos en cuadro sinóptico:

FORMAS METODOLÓGICAS QUE SE APLICAN EN LA ENSEÑANZA DE LAS MATEMÁTICAS	Socrática De laboratorio (o correlación) Heurística Experimental Empírica Expositiva Estudio de textos Individual De proyectos

Estas formas tienen su propia expresión, que, en forma muy sintética se muestran en el cuadro sinóptico de la página siguente.

Demos ahora ejemplos de cada uno de estos métodos de enseñanza de la matemática, en la educación media.

Procedimiento socrático

Podemos definirlo como el conjunto de procedimientos que llevan a aprehender el conocimiento auxiliado en el recurso del interrogatorio que, en forma ordenada, dirige el maestro al alumno.

SÍNTESIS DE LAS FORMAS DE ENSEÑANZA DE LA MATEMÁTICA

1. Forma expositiva	Conferencia. Disertación tipo superior. Forma tradicional.	El rendimiento formativo es pobre. Papel pasivo del auditorio. Requiere poco esfuerzo mental. Rápido y fácil. De aplicación muy generalizada.
2. Forma de estudio de textos	Forma clásica. Se toma el texto y se repite.	Se usa el texto como guía obligada diaria. Convierte al alumno en un repetidor autómata y memorista. No estimula la crítica y el análisis. Presenta al conocimiento como algo acabado.
3. Forma socrática	Forma activa que se usa colectiva o individualmente sea oral o escrita.	Se usa para polemizar, convencer e instruir. Se somete al alumno a interrogatorio en cadena de preguntas esperando respuestas inmediatas y simples. El alumno construye los juicios. Bueno en la acción heurística.
4. Forma individual	Es conveniente para los alumnos de lento aprendizaje.	Adecuado para plantear problemas o temas a resolver y como complemento de las clases para fijar conocimientos. Se usa como forma del procedimiento heurístico. Ejercita al alumno para actuar por iniciativa propia.
5. Forma heurística	Forma activa. Forma principal en la enseñanza de la matemática.	Aparece en todas las formas activas de la enseñanza. Pasos: entender el problema. imaginar un plan. realizar el plan. examinar la solución.
6. Forma de laboratorio o correlación	Adecuada para otras asignaturas. Activa al alumno. Es muy recomendable en la enseñanza de las matemáticas.	Introduce procedimientos empíricos e intuitivos. Tiende a las acciones prácticas pues exige contenidos reales y útiles. Es utilitario, activo y relacional.
7. Forma de proyectos	Es contrario al intelectualismo. El alumno manipula los objetos y actúa por propia iniciativa.	El alumno debe llegar a soluciones reales ya que los proyectos deben ser tomados de la realidad, siendo el maestro el que orienta y dirige. Es una forma utilitaria y formativa. Tipos: -Proyectos constructivos. -Proyectos que suponen entretenimientos. -Proyectos problemas.

Un ejemplo de esto:

– ¿Qué figura es ésta?
– Un triángulo.

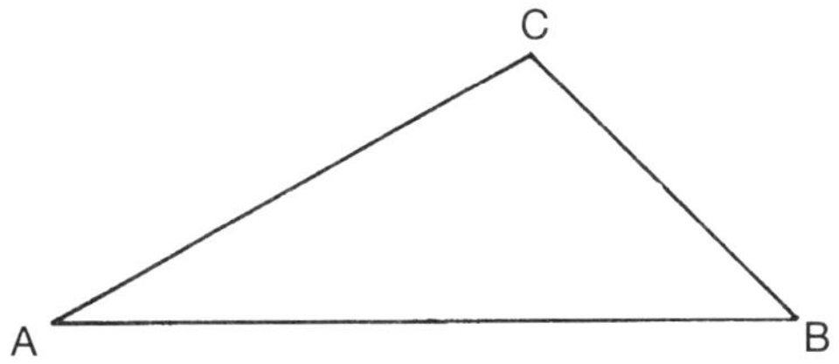

– ¿Puedes localizar los puntos medios de cada lado?
– Sí.

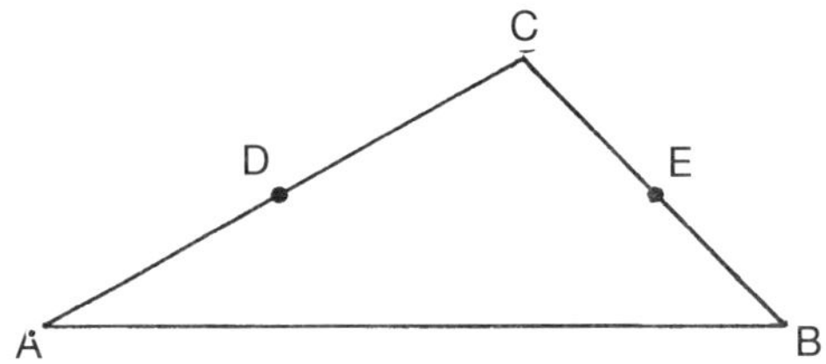

– ¿Podrías unir los puntos medios de dos de esos lados?
– Sí.
– ¿Por qué?

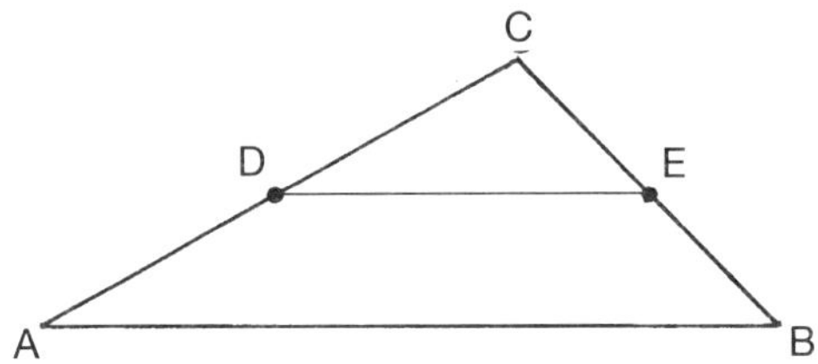

– Porque dos puntos distintos determinan un segmento de recta.
– ¿Es el $\Delta DEC \cong \Delta FEB$?
– Sí.
– ¿Por qué?
– Porque...

(llegado a este momento del diálogo se debe de entender que cada alumno responderá de acuerdo con el tipo de antecedente que se tuviera del tema)

– ¿Cómo son entre sí CE y EB y CD y FE?
– Iguales.
– ¿Por qué?

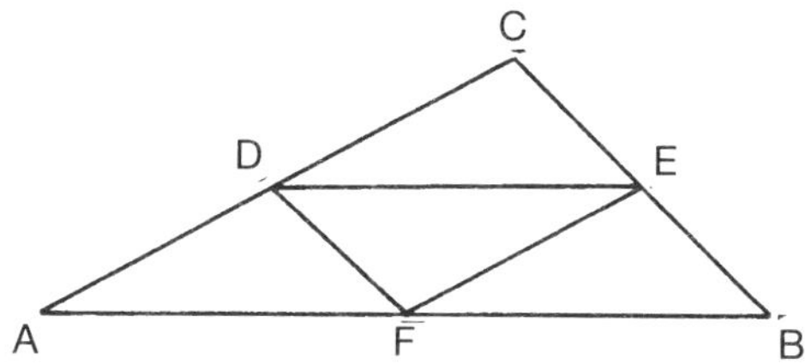

– Porque son partes homólogas de triángulos congruentes.
– Pero conoces que DC = DA y FB = AF, ¿verdad?
– Sí, ya que D es punto medio de AC y F es punto medio de AB.
– Entonces, ¿cómo son entre sí DE, FB y AF?
– Iguales, ya que, como antes dije, DE = FB y FB = AF.
– Entonces ¿qué puedes concluir de todo lo anterior?
– Que el segmento que une los puntos medios de dos lados de un triángulo es igual a la mitad del tercer lado del triángulo.
– Pero, además, DE = AF y AD = FE.
– Sí, ya que, $\Delta DCE \cong \Delta FEB$, DC = AD y FB = AF.
– Entonces, ¿qué figura es ADEF?
– Un paralelogramo.
– ¿Por qué?
– Por ser cuadrilátero con lados opuestos iguales.
– Entonces, ¿qué puedes decir de DE con respecto a AF?
– Que son iguales.
– ¿Por qué?
– Por ser lados opuestos de un paralelogramo.

...

Deben resultar evidentes las ventajas que se pueden obtener de la aplicación de este tipo de recurso metodológico, que sólo es pensable cuando se tiene una gran habilidad para ejercer el interrogatorio a fin de no dejar espacios de referencia lógica inconclusos o sin tratar. Es, además, conveniente en una relación educativa personal o con no más de cinco alumnos. Esto es, en una educación personalizada. La ventaja de este procedimiento es que se presta para una la corrección inmediata del error y la dirección atinada. Sin embargo, esto último que podría verse como algo deseable, en realidad puede convertirse en un vicio didáctico, ya que el alumno aprenderá en la dirección expresa, directa y obligada hacia la que lo lleve el mentor con la parcialidad que el espacio docente determine y con riesgo de provocar dependencia de personalidades.

Procedimiento de laboratorio o de correlación

El método de correlación tiene por objeto estudiar la matemática en función de su aplicación en otras asignaturas; sólo así tiene sentido y significado su estudio y será factible que el alumno comprenda y asimile lo que de matematizable tiene un fenómeno de estudio. En términos generales, este procedimiento se entiende cuando es el alumno el que realiza las experiencias en el laboratorio, considerado éste no como una sala especial, pues puede serlo el propio salón de clases, el patio de la escuela; esto es, el lugar de los hechos, donde las manipulaciones que se requieran hacer deberán permitir obtener los datos que permitan la resolución de problemas pertinentes. Veamos dos ejemplos:

- Ejemplo 1

A un equipo de alumnos de una escuela secundaria rural se le ha provisto del juego geométrico de madera como único recurso para que hagan el levantamiento del lindero del terreno en el que está asentada la escuela y, a partir de mediciones convenientes, puedan regresar al aula, tomada ésta con el carácter de laboratorio, y se haga el cálculo de la superficie de todo el terreno. Los alumnos, por supuesto saben manejar el juego geométrico, han hecho algunos trazos de figuras planas elementales en la pizarra, conocen las fórmulas de las áreas de algunas de estas figuras y las manipulan con cierta soltura.

Podemos distinguir tres tiempos en la realización de esta tarea:

1. El equipo ha hecho las mediciones convenientes del lindero del terreno y ello le ha permitido, al regresar al aula, hacer el siguiente croquis:

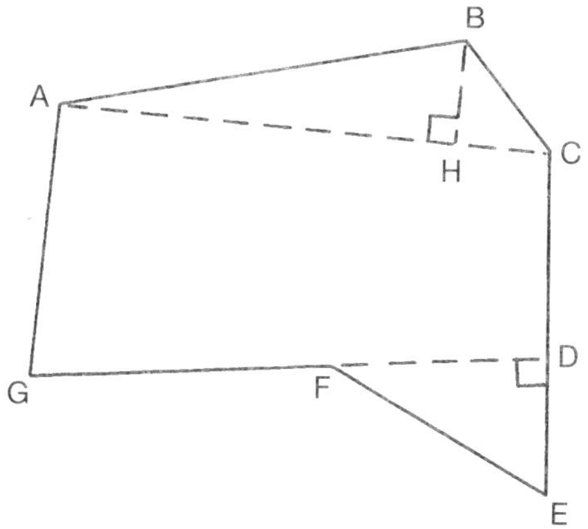

a) Al hacer las medidas directas se ha obtenido:
AB = 56 m, DE = 15 m, GA = 42 m
BC = 18 m, EF = 29 m, CD = 31 m
FG = 32 m

2. En la discusión para poder resolver este problema, se ha visto la necesidad de seccionar la figura para descomponerla en figuras geométricas elementales de las que se tuvieran a la mano sus fórmulas de área. Esto obligó al equipo a regresar al entorno para hacer otras mediciones obligadas y obtuvo los siguientes datos complementarios:

AC = 62 m, BH = 15 m
$\overline{AG} \parallel \overline{CD}$, $\overline{CD} \in \overline{CE}$, $\overline{BH} \perp \overline{AC}$
$\overline{AC} \perp \overline{AG}$ y $\overline{FD} \perp \overline{DE}$

3. Esto es, la figura que es irregular, por lo que se convino en descomponerla en tres superficies:

- Triángulo ABC de base $\overline{AC}$ y altura $\overline{BH}$.
- Trapecio ACDG, de base mayor $\overline{AG}$, base menor $\overline{CD}$ y altura $\overline{AC}$.
- Triángulo rectángulo DEF, recto en D de catetos $\overline{DE}$ y $\overline{DF}$, hipotenusa $\overline{FE}$.

Y el cálculo de cada una de estas figuras les dio:

Triángulo ABC: $A = \dfrac{b \times h}{2} = \dfrac{AC \times BH}{2} = \dfrac{62 \times 15}{2} = 465 \text{ m}^2$

Trapecio ACDG: $A = \frac{(B+b)h}{2} = \frac{(AG+CD)AC}{2} = \frac{(42+31)62}{2} = 2263\ m^2$

Triángulo DEF: $A = \frac{b \times h}{2} = \frac{DF \times DE}{2} = \frac{DF \times 15}{2}$

Cálculo de DF por el teorema de Pitágoras:

$DF = \sqrt{FE^2 - DE^2} = \sqrt{29^2 - 15^2} \doteq 24.82;\quad A = \frac{24.82 \times 15}{2} = 186.15\ m^2$

Así que la superficie total a la que llegaron fue:

$$\begin{aligned} At &= \text{Área}(ABC) + \text{Área}(ACDG) + \text{Área}(DEF) = \\ &= 465\ m^2 + 2263\ m^2 + 186.15\ m^2 = \underline{2914.15\ m^2} \end{aligned}$$

- Ejemplo 2

En los 11 censos de población que se tienen registrados en la República Mexicana, a partir del primero de los últimos tiempos, esto es, a partir del de 1985, se dieron las siguientes cifras oficiales (redondeadas en las centenas de millar):

AÑO	NÚMERO DE HABITANTES
1895	12 millones
1900	14 "
1910	15 "
1921	14.2 "
1930	16.6 "
1940	20 "
1950	25 "
1960	35 "
1970	48 "
1980	69 "
1990	82.2 "

Esta tabla de valores, entre muchas cosas, se puede expresar en forma gráfica. Las más socorrida es la de las gráficas estadísticas y entre éstas, la gráfica poligonal y la gráfica de barras. Su expresión es la siguiente dada por alumnos de una escuela secundaria del Distrito Federal.

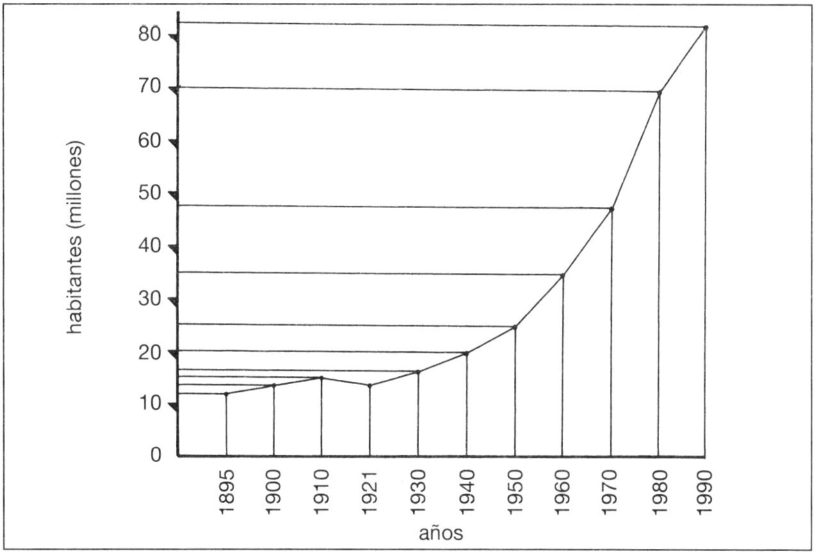

La correspondiente gráfica de barras es:

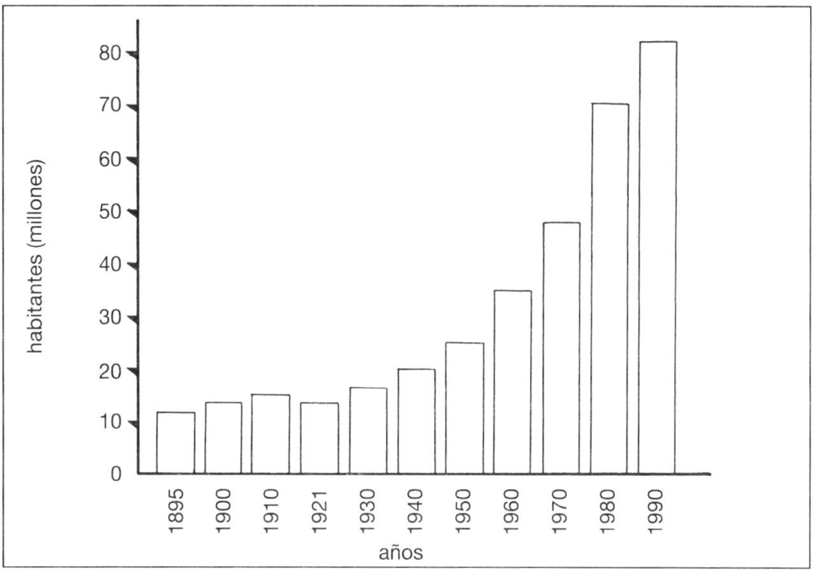

Las ventajas que se pueden obtener de este procedimiento son, en principio, que es la forma más inmediata de imaginación espacial, objetiva datos numéricos aparentemente sin sentido, requiere de la organización en primera instancia de éstos y permite observar, en muchos casos, la tendencia de las cifras, que aunque son cifras representativas de un fenómeno social y puede resquebrajarse su tendencia por decenas de factores demográficos diversos, permiten que ellas, las cifras, nos digan algo de lo que representan en ese momento. Como se aprecia, en la organización de valores en la tabla existe una ruptura, que debe ser explicada, pues responde a un fenómeno político-social muy definido en la historia del pueblo mexicano. He aquí un ejemplo de cómo las cifras nos hablan.

Procedimiento experimental

Con este procedimiento de expresión pedagógica se busca que el alumno manipule aquellos elementos u objetos de conocimiento matemático, bajo la dirección del maestro, en torno de un problema en lo particular. Recordemos que los objetos de conocimiento matemático son los números, sus propiedades o las relaciones que se establecen entre ellos, los entes geométricos o algunas de sus propiedades, las relaciones matemáticas en sí mismas, los problemas que plantea la vivencia cotidiana, artificial o real, y todo aquello que se entiende como ente matemático. Así, por ejemplo, puede considerarse dentro del procedimiento experimental, el:

- Hacer las manipulaciones necesarias que lleven a obtener las medidas para el cálculo de la superficie de un terreno.
- Hacer las mediciones directas con el transportador a una cierta cantidad de triángulos, todos de distinta forma, a fin de comprobar que la suma de sus ángulos internos es de 180°.
- Hacer los dobleces adecuados a un triángulo dibujado y recortado de una hoja de papel para obtener los puntos medios de cada uno de sus lados y así comprobar que el segmento que une dos de esos puntos es igual a la mitad del tercer lado y paralelo a él.

Procedimiento empírico

La base de este procedimiento está en considerar la naturaleza y la sociedad como la fuente de toda la información que el alumno necesita; la acción práctica es la formadora de hábitos y destrezas.

Procedimiento intuitivo

Este procedimiento pedagógico considera que la acción formal no es la primordial y sólo aquello que llega al alumno por vía de la intuición tiene valor formativo en el educando. Como se apreciará, en esencia no es un procedimiento pedagógico, sino más bien una actitud ante el conocimiento o un recurso de gran valor que permite aceptar a priori un concepto, una idea, un proceso, una relación o una estrategia de resolución.

Procedimiento expositivo

En este procedimiento, el profesor muestra los conceptos, las ideas y todo el razonamiento, dejando al alumno el papel de receptor de los conocimientos. Es un procedimiento que muestra el conocimiento como si éste se estuviera exponiendo en una conferencia. Veamos un ejemplo de cómo se desarrollaría éste.

Explica el profesor:

Como ustedes ven, la figura que acabo de trazar en el encerado es un triángulo. Recordarán que una de las propiedades que se cumple para esta figura es la de que la suma de sus ángulos interiores es igual a 180°. Ahora bien, veamos qué ocurre cuando consideramos uno de sus ángulos exteriores.

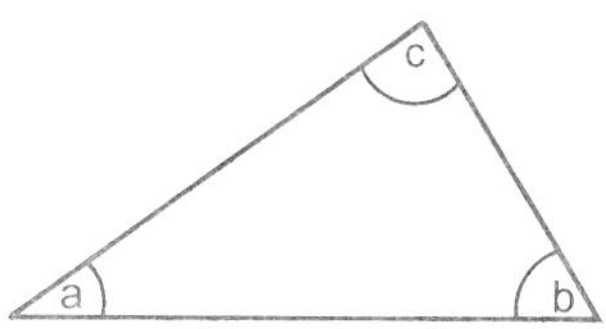

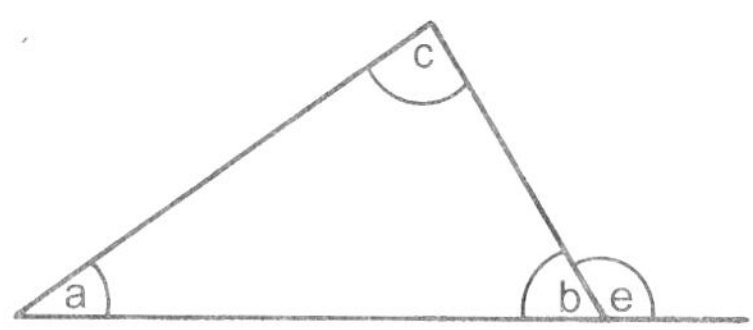

Considera que un ángulo exterior en un triángulo es el formado por la prolongación de un lado y el lado contiguo del mismo.

Veamos cuánto vale el ángulo exterior de un triángulo.

Recuerda que en ese triángulo se cumple que:

$\angle a + \angle b + \angle c = 180°$

Pero, además, para la figura sabemos que:

$\angle e + \angle b = 180°$,

ya que forman un ángulo llano.

Ahora bien, como $\angle a + \angle b + \angle c$ y $\angle e + \angle b$ son dos expresiones iguales a 180°, entonces ellas deben ser iguales entre sí. Es decir:

$\angle a + \angle b + \angle c = \angle e + \angle b$.

Si observas con cuidado, ambos miembros de la igualdad contienen al término $\angle b$ y, por la propiedad cancelativa, esos miembros se pueden cancelar, quedando:

$\angle a + \angle c = \angle e$,

expresión ésta que nos establece que «todo ángulo exterior de un triángulo es igual a la suma de las medidas de los dos ángulos interiores no adyacentes a él».

Y así se iría dando todo el discurso docente a lo largo de la sesión escolar y todas las demás que le siguieran.

Este procedimiento no deja de tener sus ventajas en la docencia, siempre y cuando no se dé en términos de anulación de la personalidad del alumno y de su natural y espontánea participación, pues reprime posibles intervenciones que, además de poder ser motivantes, aportarían dinámica, naturalidad y ritmo a la sesión.

Procedimiento de estudio de textos

En este procedimiento el profesor adopta un texto acerca de la materia de estudio, el cual se apega en cierta medida a las condiciones impuestas de los contenidos programáticos necesarios y lo impone a los alumnos; se sigue a «pies juntillas» su contenido hasta el grado de casi recitarlo, tomando de él todos los contenidos que se requieren con la finalidad de «cumplir con el programa escolar». Generalmente, los contenidos así extraídos lo son tanto en forma como en nivel, no haciendo discriminaciones para la natural heterogeneidad que se da en todo grupo.

Se encuentra muy difundida esta mecánica de trabajo en el aula entre los profesores sin preparación en la docencia y entre alguno que otro de los «novatos» que tiene miedo a dispendiar su tiempo en aras de una sana experimentación en el aula, a través de las ideas que le pueden ser innovadoras al estar hurgando entre los diversos textos que el mercado editorial le pone en las manos, incluyendo las recomendaciones metodológicas y sugerencias del programa de estudios.

Procedimiento individual

Es éste un procedimiento que puede usarse para dirigir el proceso enseñanza a un reducido número de alumnos –no más de 5 es lo recomendable– y tiene finalidades específicas que no se lograrían con otro tipo de procedimintos, tales como actualizar, recuperar al alumno de lento aprendizaje, lograr el aprendizaje de un programa de estudio en un tiempo reducido o adaptarlo al ritmo personal del usuario. En este procedimiento, las técnicas, las formas, modos y recursos de enseñanza varían de acuerdo con las características propias del educando y su natural cambio de actitud. Es recomendable en la aplicación de este procedimiento pedagógico, debido a lo rutinario de la relación que se establece entre maestro y alumno y a la posible dependencia de uno hacia el otro, el que se apoye la enseñanza en el procedimiento interrogativo, el usar otro procedimiento de contraste que evidencie avances o estancamientos. Además debe descansar en el uso de ejercitaciones constantes acerca de los temas que se vayan desarrollando y dejar, como tareas, investigaciones que aborden aspectos de los temas vistos en cada clase que complementen o lleven a la búsqueda de otras variaciones temáticas que no sea posible abordar durante el espacio horario convenido.

Procedimiento de proyectos

Este procedimiento didáctico, que resulta similar al de laboratorio en cuanto a la mecánica de trabajo, se aplica cuando la intención es que el alumno se enfrente a la solución de problemas que provienen de necesidades inmediatas que deben resolverse en el entorno real; considera de suma importancia la iniciativa del alumno, la que es utilizada por el profesor orientando estrategias, proponiendo mecanismos, eliminando dudas y ofreciendo referencias diversas a fin de que el alumno extraiga el conocimiento por su propia iniciativa y esfuerzo.

El procedimiento de proyecto se ha venido clasificando tradicionalmente en tres variantes, de acuerdo con el tipo de acciones que desea resolver. Así se tienen:

* Los proyectos sobre construcciones.
* Los proyectos sobre juegos.
* Los proyectos sobre problemas.

Los proyectos sobre construcciones abordan todo tipo de acciones que se refieren a la resolución de actividades que presupongan una realización material, sea una obra, una construcción o el desarrollo de un proyecto.

Diseñar y delimitar un campo de fútbol, dibujar a escala una mesa, construir un triángulo equilátero por medio de la papiroflexia y diseñar la construcción de una mesa son ejemplos que involucrarían este procedimiento.

Los proyectos sobre juegos se refieren a los que enfrentan la resolución e interpretación de juegos, entretenimientos, pasatiempos, rompecabezas y demás y cuya finalidad es apoyar, afirmar, enfrentar o basarse en conceptos matemáticos o llegar a ellos por medio de este recurso.

Para este procedimiento se pueden dar como ejemplos el de calcular la suma de las caras ocultas de varios dados colocados en columna, adivinar cuál es la ficha del dominó que se ha seleccionado, averiguar cuál es el número de granos de trigo que debería de haber dado el sultán a su súbdito Setta por haber inventado el juego del ajedrez, interpretar el llamado «problema de Josefo» y adivinar cuál es la edad de dos personas usando la calculadora elemental.

Los proyectos sobre problemas involucran todo tipo de enunciados problemáticos en los que el cálculo numérico y literal sea la actividad preponderante.

Entre este tipo de actividades se encuentran el determinar el costo de una mesa de madera que debe fabricarse en el taller de carpintería de la escuela, calcular la altura que tiene un árbol, determinar el volumen de líquido que contiene el tanque de agua de servicio, midiendo previamente las dimensiones necesarias y establecer si el número 16553 es número primo.

Veremos más adelante algunos ejemplos de todo esto.

Procedimiento heurístico

Se considera a éste el procedimiento por excelencia en la enseñanza de la matemática; activo por definición y por su estructura de desarrollo. Entre las tendencias más significativas para su aplicación están la de llevar al alumno a una situación de descubridor de los conocimientos con base en el uso integral de sus habilidades, de su creatividad y de sus destrezas. El profesor sólo sirve de orientador de la actividad docente, explotando el conocimiento que tenga del conjunto de posibilidades y limitaciones de los integrantes del grupo. Una actividad central es la de que el alumno proceda por sí mismo en la resolución tanto de las actividades deductivas como de los diversos problemas que le van proponiendo el contenido programático, pues es en esta acción en la que se encuentra el verdadero valor formativo de la enseñanza de la matemática.

Evidentemente la realidad no es tan hermosa como la pretende esta conceptualizción del procedimiento, aunque es deseable el rescate de esta idea no obstante las limitaciones que en la práctica docente se tengan, ya que no podrán eliminarse la planificación que el profesor haga de los contenidos, la selección de formas y modos de acción de clase, el diseño de actividades y tareas y, en fin, el de la intención en la que se pueda presentar la secuencia y nivel de los contenidos. Por otro lado es lealtad decir que este procedimiento adopta muchas variantes, todas ellas válidas según sea el propósito y el tipo de alumnos con el que se esté comprometido. Daremos a continuación dos de esas variantes, que hemos creído más fecundas por los ejemplos que abordan y por los tiempos didácticos que reclama su desarrollo.

Partamos de la idea no discutida aunque muy aceptada de que la clase es una unidad horario, psicológica y pedagógica, en la cual se cumple en los alumnos el ciclo completo de la adquisición del conocimiento de un punto fundamental del programa.

En la clase, lo más destacado es procurar que se cumpla íntegramente en la mente del alumno el ciclo de formación de conceptos.

Primera variante, las fases en que se resuelve la clase son:

1ª Exploración.
2ª Presentación.
3ª Asimilación.
4ª Organización.
5ª Aplicación.

Un ejemplo para esta variante:

• Ejemplo 1

PLAN DE CLASES

Grado: tercero (etapa secundaria)
Contenido: geometría
Tema: obtención de la suma de los ángulos interiores de un triángulo.

Exploración

Mediante interrogatorio se recordarán los siguientes conceptos:

- Angulos formados por dos rectas paralelas cortadas por una transversal.
- Elementos de un triángulo.
- Propiedades de la igualdad: transitiva.
- Propiedades de las operaciones: conmutativa.
- Principio de sustitución.
- Concepto de ángulo llano o colineal.

Presentación

Se pueden presentar algunas o todas las experiencias manipulando los objetos de conocimiento matemático que se indican a continuación:

a) Dibujar en el encerado 3 ó 4 triángulos cualesquiera e invitar a varios alumnos a que midan con el transportador cada uno de los ángulos interiores de uno de los triángulos, que hagan la suma de las medidas de éstos. De los resultados obtenidos evidenciar que estas sumas, en todos los casos, dan un valor igual o cercano a 180°, dependiendo de la habilidad que hayan tenido los alumnos para efectuar las medidas de los ángulos correspondientes.

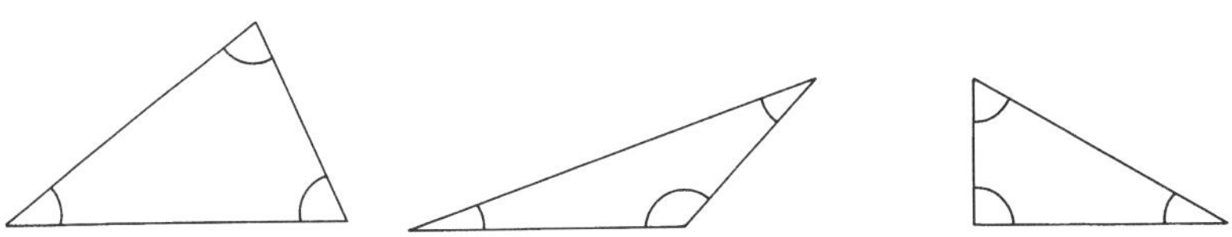

b) Realizar las siguientes experiencias:

1. Hacer dobleces adecuados a la plantilla en papel de un triángulo cualquiera.

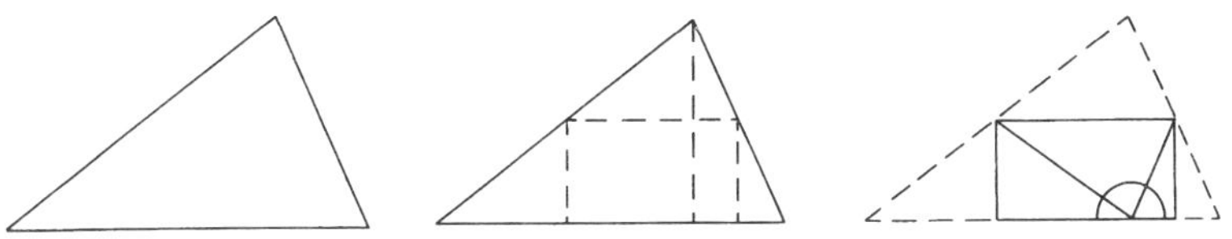

2. Hacer el desplazamiento sobre su lado base del siguiente triángulo.

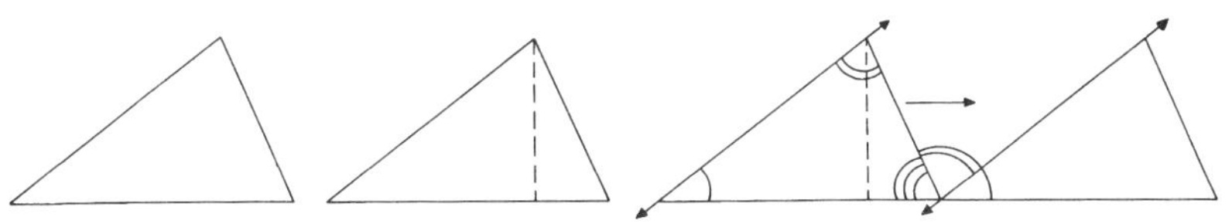

3. Trazar por el vértice de un triángulo, por ejemplo el vértice derecho de la base, un segmento paralelo a uno de los lados que no sirven de base y usar el concepto de ángulos correspondientes.

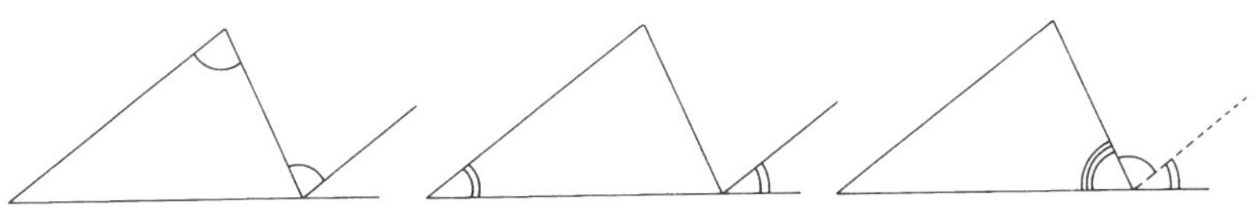

Estas tres experiencias manuales y visuales podrán hacer ver por intuición que la suma de los tres ángulos del triángulo es de 180°.

Asimilación

Si lo anterior ha quedado claro, se procede a hacer una demostración desmenuzando las componentes significativas de la figura.

Construcción auxiliar: Hágase ver la necesidad de trazar una recta MN que pase por el vértice C del ΔABC y que sea paralela al lado opuesto ($\overline{AB}$).

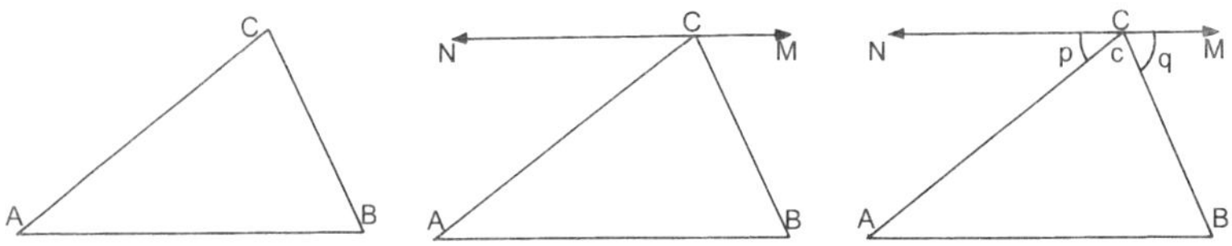

Se hará notar que al trazar $\overline{MN} \parallel \overline{AB}$ se forman dos rectas paralelas cortadas por una transversal. Esto se puede evidenciar todavía más al descomponer la figura según se muestra:

Ahora se podrá establecer con los alumnos que:

$\angle a = \angle p$
$\angle b = \angle q$,

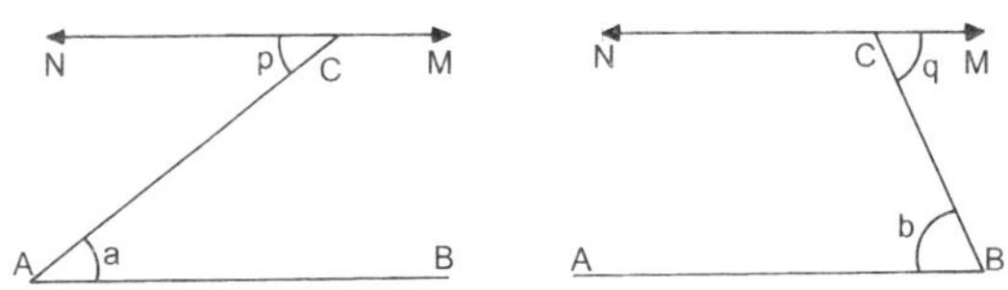

y que además es cierto que:

$\angle p + \angle c + \angle q = 180°$, ya que estos tres ángulos forman un ángulo llano.

Entonces, al sustituir las dos primeras relaciones en esta última, podemos escribir que:

$\angle a + \angle c + \angle b = 180°$

Organización

Y con esta expresión se puede establecer que, en consecuencia, la suma de los tres ángulos interiores de un triángulo plano es igual a 180° o a algún otro enunciado equivalente.

Deben, asimismo, poder expresar en forma clara y precisa las hipótesis y la tesis y, en última instancia, con la ayuda de profesor y si el nivel de grupo lo permite, arribar a una demostración como la siguiente:

DEMOSTRACIÓN

«En todo triángulo plano, la suma de los ángulos interiores es igual a 180°».

Hipótesis: Sea el triángulo **ABC** con ángulos interiores **a**, **b** y **c**.

Tesis: $\angle a + \angle b + \angle c = 180°$

Trazo auxiliar: Trazar $\overline{MN} \parallel \overline{AB}$, tal que forme los ángulos **p** y **q** con los lados **AC** y **BC** del triángulo, respectivamente.

RAZONAMIENTO

Afirmaciones:	*Razones:*
1. $\angle p + \angle c + \angle q = 180°$	1. Por formar un ángulo llano.
2. $\angle p = \angle a$	2. Por ser ángulos alternos internos entre paralelas.
3. $\angle q = \angle b$	3. Por ser ángulos alternos internos entre paralelas.
4. $\angle a + \angle c + \angle b = 180°$	4. Al sustituir 2 y 3 en 1.
5. $\angle a + \angle b + \angle c = 180°$	5. Por propiedad conmutativa.

Aplicación

Una vez que se ha llegado a la demostración anterior es necesario presentar ejercicios y problemas diversos en los que se aplique el conocimiento anterior. Por ejemplo:

A. Si se sabe que $\angle a = 70°$ y $\angle b = 65°$, calcular la medida del tercer ángulo c del triángulo **ABC**.
B. Probar que el ángulo exterior de un triángulo plano es igual a la suma de los ángulos interiores no adyacentes a él.
C. En un triángulo isósceles $\angle a = 36°\ 20'$. Calcular la medida de los otros dos ángulos, si se sabe que:

 – El ángulo **a** es ángulo en la cúspide.
 – El ángulo **a** es ángulo en la base.

• Ejemplo 2

PLAN DE CLASES

Grado: tercero (etapa secundaria).

Contenido: geometría.

Tema: obtención de figuras congruentes al trazar una recta por la intersección de las diagonales de un paralelogramo.

Exploración

Mediante interrogatorio se recordarán los siguientes conceptos:

- Paralelogramo.
- Diagonal de un polígono.
- Diagonal de un paralelogramo.
- Ángulos en rectas paralelas cortadas por una transversal.
- Casos de congruencia de triángulos.
- Propiedades de la igualdad.

Presentación

Una propiedad importante y curiosa en la geometría plana es aquella referida a los paralelogramos que establece que si se traza cualquier recta que pase por el punto medio de las diagonales (punto de intersección de ellas) en un paralelogramo, éste queda dividido en dos figuras congruentes.

Una figura que representa a esta proposición en la que expresa la correspondiente hipótesis y tesis es:

Sea el cuadrilátero ABCD con diagonales $\overline{AC}$ y $\overline{BD}$ que se cortan en O	$\overline{MN}$ pasa por O, tal que M esté en $\overline{BC}$ y N esté en $\overline{AD}$	MBANO ≅ MCDNO

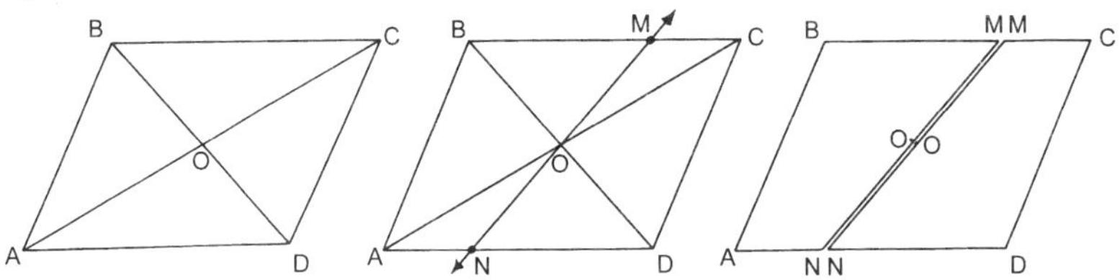

Asimilación

Vamos a interiorizarnos más del contenido del enunciado anterior formulándonos un Plan de Trabajo posible de llevar a cabo para entender una descomposición de las partes en las que se podría realizar la prueba de esta proposición.

Plan de trabajo:

1. Se prueba que la diagonal $\overline{AC}$ divide al paralelogramo ABCD en dos triángulos congruentes.

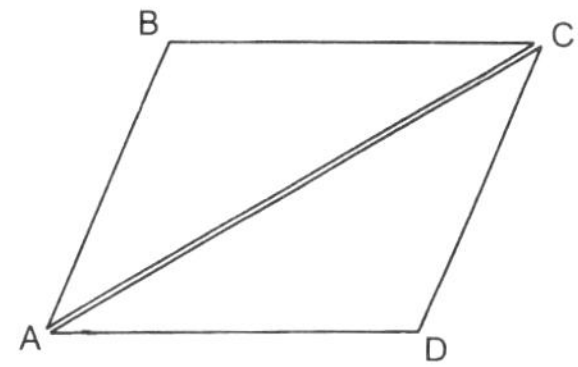

2. Se prueba que el Δ NOA es parte de ABMN.
   Se prueba que el Δ MOCes parte de NMCD.

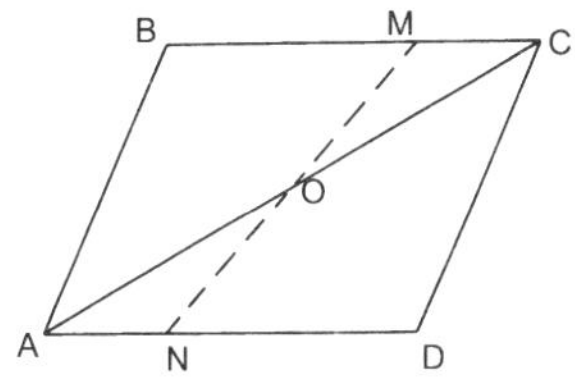

3. Se demuestra que los triángulos MOC y NOA son congruentes

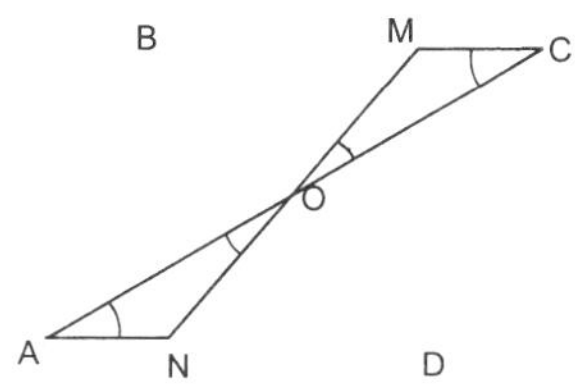

4. Si se demuestra que estos triángulos son congruentes:

   a) al quitar el ΔMOC y colocarlo en lugar del ΔNOA, resultará la figura MBANO ≅ ΔABC
   b) al quitar el ΔMOC y colocarlo en lugar del ΛMOC, resultará la figura MBANO ≅ ΔADC

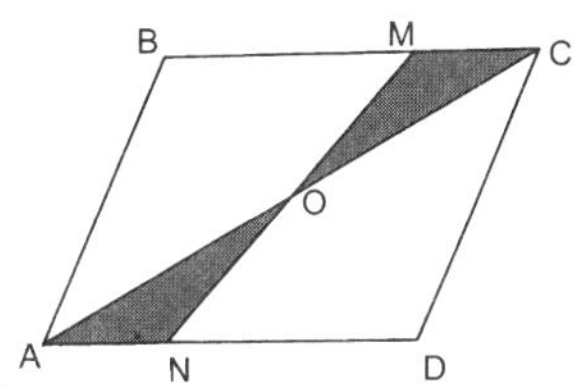

5. MBANO ≅ MCDNO.

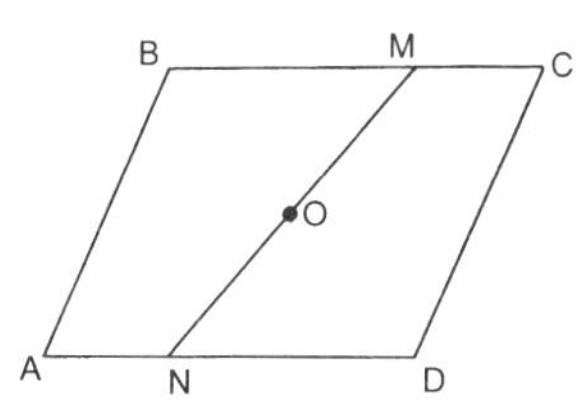

Organización

Podemos pasar ahora a demostrar el enunciado original en términos de un teorema.

> «Dado un paralelogramo cualquiera, toda recta que pasa por el punto de intersección de las diagonales divide a la figura en dos partes iguales».

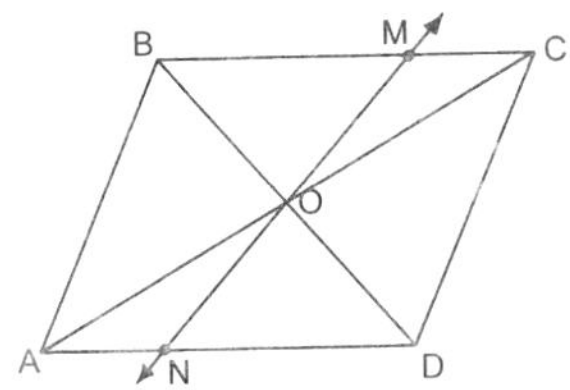

DEMOSTRACIÓN

Afirmaciones:	*Razones:*
1. $\overline{AC}$ es diagonal del ABCD.	1. Por hipótesis.
2. $\therefore \Delta ABC = \Delta ADC$	2. Porque la diagonal de un paralelogramo lo divide por mitad.
3. $\overline{MN}$ pasa por O y: M está en $\overline{BC}$ N está en $\overline{AD}$	3. Por hipótesis.
4. ΔMOC es parte del ΔABC y ΔNOA es parte de ΔADC	4. La parte es menor que el todo.
5. En la figura (2): $\overline{BD}$ es diagonal del ABCD. $OC = OA$ $\angle AON = \angle COM$ $\angle BCA = \angle DAC$	5. Por hipótesis. Por ser O punto medio de $\overline{AC}$ Ya que las diagonales de un paralelogramo se bisecan mutuamente. Por ser ángulos opuestos por el vértice. Por ser ángulos alternos internos entre los lados paralelos $\overline{BC}$ y $\overline{AD}$
6. $\Delta MOC = \Delta NOA$	6. Por tener respectivamente iguales dos ángulos y el lado adyacente a esos ángulos. Por ALA = ALA
7. $MBANO = \Delta ABC$	7. Al sustituir ΔMOC por ΔNOA Al sustituir ΔNOA por ΔMOC
8. $\therefore MBANO \cong \Delta MCDNO$	8. Por transitividad entre 2 y 8 (sustituyendo 7 en 2).

Aplicación

Una vez que hemos llegado a la demostración anterior, es necesario presentar a los alumnos ejercicios y problemas de aplicación del conocimiento adquirido. Por ejemplo:

a) Si la recta MN al pasar por O es paralela al lado AB, ¿qué tipo de figuras congruentes resultan?
b) Si la recta MN coincide con alguna de las diagonales, ¿qué es lo que ocurre?
c) Si la recta MN es perpendicular al lado BC, probar que las figuras que se forman son dos trapecios rectángulos congruentes.

Segunda variante

Otra variación del procedimiento heurístico considera que los pasos de la clase pueden ser cuatro. Ellos son:

Introducción
Fundamentación
Formalización
Transferencia

Con esta consideración, los siguientes son ejemplos del procedimiento aplicado en la dirección del aprendizaje:

• Ejemplo 1

PLAN DE CLASES
Grado: tercero (etapa secundaria)
Materia: geometría.
Tema: Prueba de que los ángulos opuestos por el vértice son iguales.

Introducción

Observa la siguiente figura:

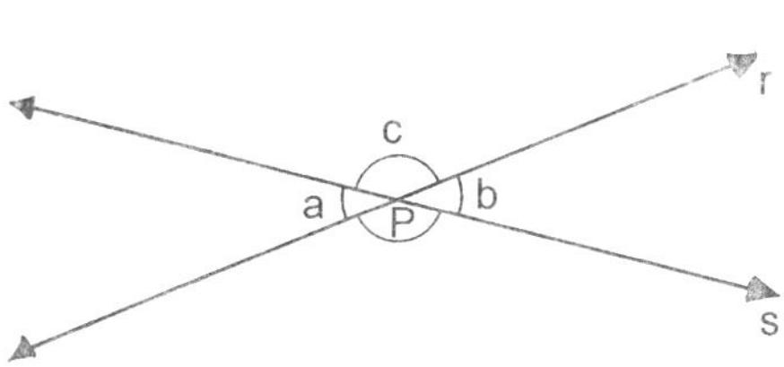

En ella ocurre que:	Esto expresado matemáticamente es:
1. Los ángulos **a** y **c** son suplementarios.	$\angle a + \angle c = 180°$
2. Los ángulos **b** y **c** son suplementarios.	$\angle b + \angle c = 180°$
3. Como ambas sumas son iguales a 180°	$\angle a + \angle c = \angle b + \angle c$
4. Si cancelamos $\angle c$ en ambos miembros de la igualdad.	$\angle a = \angle b$

Entonces puedes concluir: «Los ángulos opuestos por el vértice son iguales».

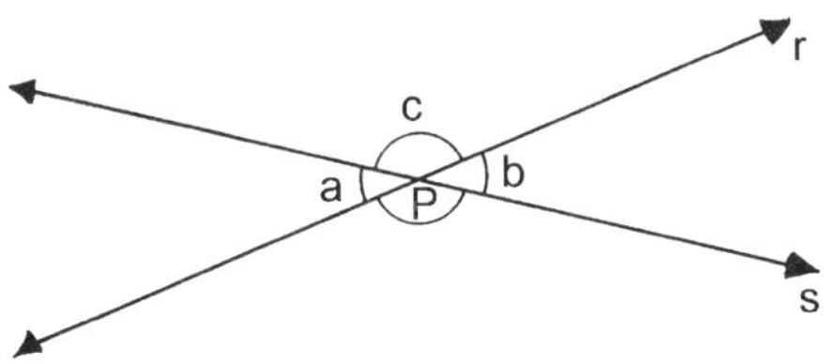

Fundamentación

Ahora, avancemos un poco más en el rigor del planteamiento.

Tienes dos rectas **r** y **s** en el plano tales que **r**$\angle$**s** cortándose en **P**.

Estas rectas forman parejas de ángulos que ya conoces. Nombra esos ángulos:

¿Qué nombre reciben los ángulos a y c? ____________________
a y d? ____________________
b y c? ____________________
b y d? ____________________

¿Qué nombre reciben los ángulos a y b? ____________________
c y d? ____________________

Como **r** y **s** son rectas que se cortan en **P**:

$\angle c + \angle b =$ ________________

$\angle a + \angle c =$ ________________

$\angle c + \angle d =$ ________________

$\angle d + \angle b =$ ________________

Ahora, recuerda que si tienes igualdades como éstas:

$m + n = 20$ y $p + q = 20$,

puedes concluir que: $m + n = p + q$, ya que:

«Dos cosas iguales a una tercera son iguales entre sí».

Esto es, has aplicado la propiedad transitiva de la igualdad. Recuerda también que si tienes igualdades como estas otras:

$m + n = m + p \rightarrow n = p$
y $x + 5 = y + 5 \rightarrow x = y$
y $h + i + 20° = 2j + 20° \rightarrow h + i = 2j$,

ya que estás aplicando la propiedad de cancelación en la igualdad.

Por otro lado, volviendo a nuestro problema original, observa: ¿Te parece que los pares de ángulos opuestos por el vértice **c** y **d** tienen la misma medida? _____.

Formalización

¿Será posible que podamos demostrar lógicamente esto? _____. Veamos. Trata de enunciar el problema que hay que resolver:

«En dos rectas **r** y **s** no paralelas que forman los ángulos ___ y ___ opuestos por el vértice, estos ángulos son _______________.»

Enuncia con símbolos lo que conoces (Hipótesis):

r y **s** son dos ________ tales que **r** ___ **s**, que se cortan en ___.
a y **b** son ángulos ________________________.

Enuncia con símbolos lo que deseas demostrar (Tesis):

$\angle a =$ _____.

¿Qué se te ocurre hacer para demostrar lo que acabas de enunciar en la tesis? (Plan de trabajo):

____

____

____

____

Vamos a proceder a la demostración:

Afirmamos que:	Lo cual se justifica por:
1. $\angle a +$ _____ $= 180°$.	1. ______________________________
2. _____ $+ \angle c =$ _____	2. Por ser ángulos suplementarios

Pero:	
3. $\angle a + \angle$__ $= \angle$__ $+ \angle$__	3. Por ___________________________ ______________________________

Entonces:	
4. $\angle a = \angle b$	4. Cancelando $\angle c$ en ambos miembros de la igualdad.

¿No es esto que acabas de escribir en la afirmación 4 lo que está enunciado en la tesis? ___.

Pues esto es lo que queríamos demostrar.

¿Han sido justificadas todas las afirmaciones que has dado, en forma lógica? ___.

Entonces acabas de demostrar que «Los ángulos opuestos por el vértice son _____________».

Confirma esto que acabas de demostrar, contestando los siguientes ejercicios:

Transferencia.

–Ejercicio 1

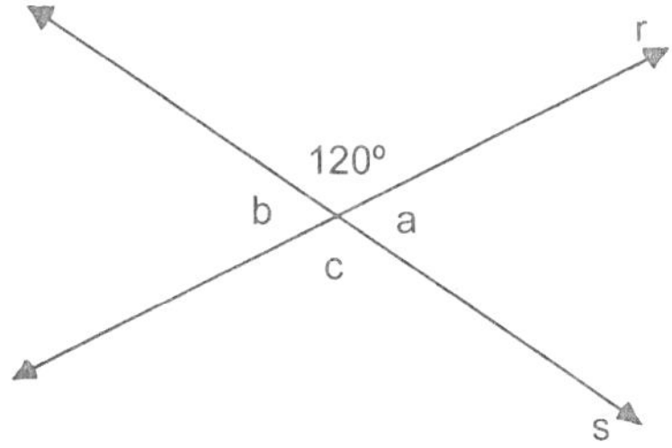

$r \angle s$

1. ¿Cómo son los ángulos **a** y **b**? ___________.
   ¿Por qué? ______________________________

2. Entonces, el ángulo **b** mide _______.
   ¿Por qué? ______________________________

3. ¿Cómo son los ángulos **a** y **c**? __________.
   ¿Por qué? ____________________________

4. Entonces, el ángulo **c** mide _______.
   ¿Por qué? ____________________________

–Ejercicio 2

La figura está formada por las rectas **r**, **s** y **p**. Contesta lo que se te pide.

1. ∠m + 150° = 180°. ¿Por qué? ____________________
2. ∠m =∠n ¿Por qué? ____________________

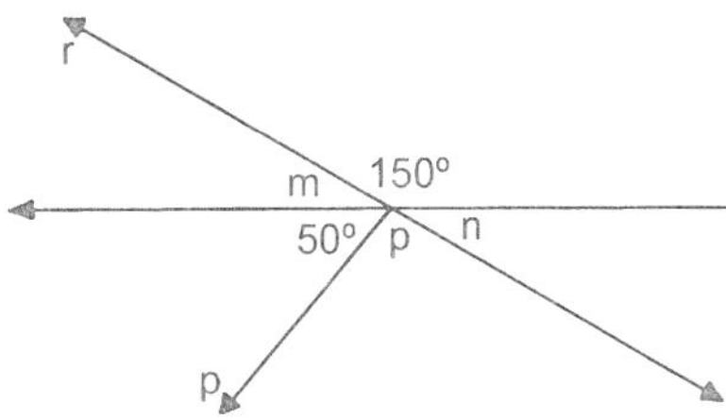

3. ∠m + 50° + ∠p = _____. ¿Por qué? ____________________
   ____
4. ∠m + _____ = 180° Por ser ángulos suplementarios.
5. ∠a + ∠p + ____ = ____ Por formar ángulo llano.
6. 150° = 50° +∠___. Por ser ángulos opuestos por el vértice.

• Ejemplo 2.

PLAN DE CLASES

Grado: tercero (etapa secundaria. 15 años)

Materia: geometría.

Tema: La suma de los ángulos interiores de un triángulo es igual a 180°.

Introducción

¿Existe alguna evidencia por sí misma para esta proposición?___.
Veamos algunos recursos auxiliares:

1. Se coloca un lapicero coincidiendo con uno de los lados de la poligonal cerrada y se recorre ésta en su totalidad, de tal manera que

al llegar a cada vértice se gira el lapicero siempre en un mismo sentido.

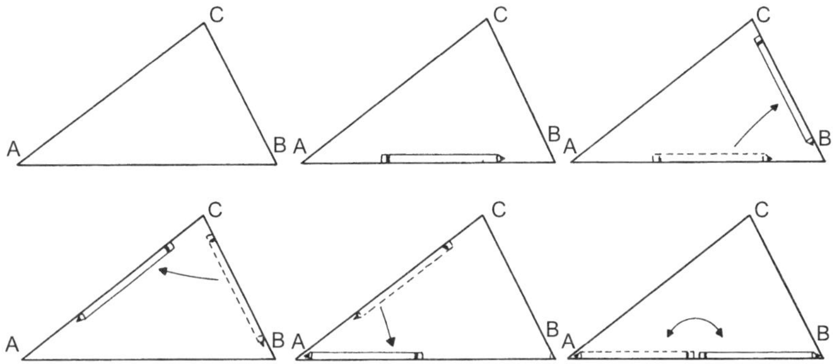

Se observará que, al efectuar el recorrido del lapicero, éste que apuntaba en un sentido, y al terminar el movimiento, apunta en sentido opuesto. Esto nos hace ver que los giros que se hicieron en el recorrido de la poligonal cerrada suman un ángulo de 180° (media vuelta).

Fundamentación

Vayamos al desmenuzamiento de la proposición.

Tienes un triángulo plano cualquiera ABC.

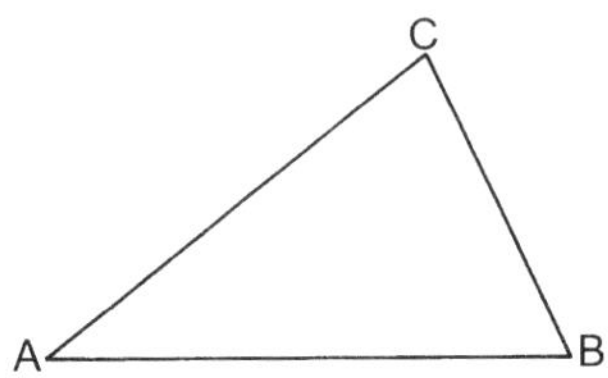

La experiencia nos indica que para lograr la demostración se requiere de un trazo auxiliar.

¿Se te ocurre hacer algún trazo auxiliar?____.

Si no se te ocurre, traza por el vértice C una recta $\overline{PQ} \parallel \overline{AB}$. Al hacer esto, te darás cuenta de que tienes dos líneas paralelas cortadas por los lados AC y BC que actúan como secantes a ellas.

Representa con letras minúsculas a los ángulos que forman la recta PQ con los lados del triángulo y también con letras minúsculas a los ángulos interiores del ΔABC.

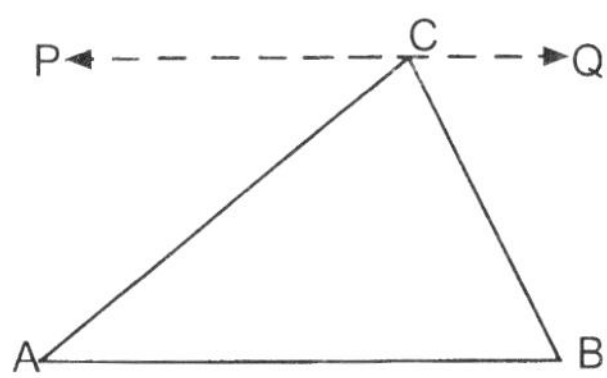

Por ejemplo:

¿Hay alguna relación importante que conozcas entre los pares de ángulos **a** y **m** y **b** y **n**? ___.

Di cuál es ____

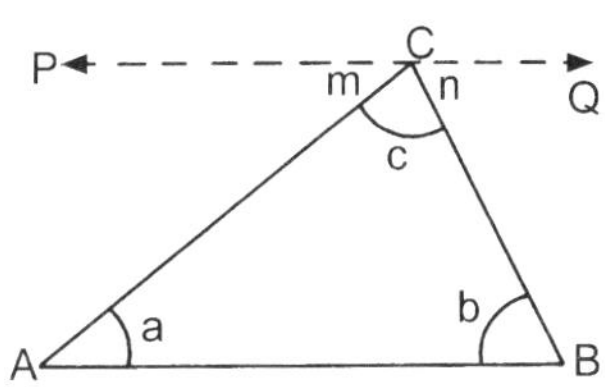

Ahora bien, los ángulos **m**, **c** y **n** forman un ángulo ____________

Ya con estos antecedentes, puedes intentar la demostración de la proposición de este ejemplo 2. Veamos:

Formalización

Enuncia la proposición:

____

____

Según este enunciado, la hipótesis es:

Hipótesis:

Sea el Δ____ con ángulos interiores ___, ___ y ___.

Intenta enunciar la tesis:

Tesis:

Demostrar que ∠__ + ∠__ + ∠__ = _____.

Cuando al inicio discutimos el contenido de esta proposición, vimos que era necesario hacer un trazo auxiliar. ¿Cuál es éste?

Trazo auxiliar:

____

____

¿Se te ocurre algún Plan de trabajo para la demostración de esta proposición? _____. ¡Menciónalo!

Plan de trabajo:

____

____

DEMOSTRACIÓN

Completa las afirmaciones o las razones, según sea el caso.

Afirmaciones:	*Razones:*
1. $\angle m + \angle c + \angle n =$ _____	1. Por formar ángulo ______________
2. $\angle a = \angle m$	2. Por ser ángulos ______________ ______________
3. $\angle b =$ _____	3. Por______________ ______________
4. $\angle a + \angle c + \angle$___ $=$ ___	4. Sustituyendo ______________ ______________
5. $\angle a + \angle b + \angle c=$ _____	5. Por la propiedad ______________

COROLARIO 1

«En todo triángulo, la medida de un ángulo exterior es igual a la suma de los ángulos interiores no adyacentes a él».

Esta proposición se puede obtener en forma inmediata de la proposición anteriormente demostrada.

Aquí tienes un ΔABC con ángulos interiores __, __ y __.

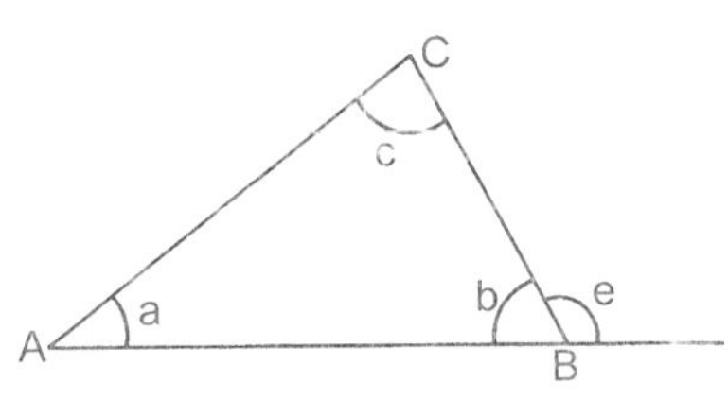

El ángulo __ es ángulo exterior de ese triángulo.
En la proposición inmediata anterior acabas de demostrar que:

____

____

que simbólicamente se escribe: ____________________.

Pero, en este mismo triángulo ABC: ∠e + ∠___ = 180°.
¿Por qué? ______________________________________

Así que: ∠a + ∠b + ∠c = _____
∠e + ∠b = _____

Como ambas expresiones son iguales a _____, entonces, por la propiedad transitiva de la igualdad, puedes escribir que:

____

Y cancelando ___ en ambos miembros de la igualdad, se tiene que:

____

Acabas de demostrar, con esto, el enunciado del COROLARIO.
Otro corolario que podrías intentar demostrar, debido a los antecedentes que tienes, es el siguiente:

COROLARIO 2

> «En un triángulo plano, la medida del ángulo exterior es mayor que la de cualquiera de los ángulos interiores no adyacentes a él».

¿Te resulta evidente este enunciado? ___.
Si no es así, recuerda esto:
Acabas de demostrar que en un triángulo plano, la medida del ángulo exterior es igual a la suma de las medidas de los ángulos interiores no adyacentes a él. Es decir:

∠e = ∠a + ∠c

Y recuerda que:

> «En una adición de sumandos positivos, la suma es mayor o igual que cualesquiera de ellos».

Entonces es cierto que:

∠e > ∠a y ∠e > ∠c, ya que en la relación ∠e = ∠a + ∠c, donde ∠e es la suma y ∠a y ∠c son los sumandos.

Enuncia cuál fue el Plan de trabajo para haber demostrado el enunciado que acabamos de citar.

____

____

____

Ejercita ahora esto que acabas de aprender.

Transferencia

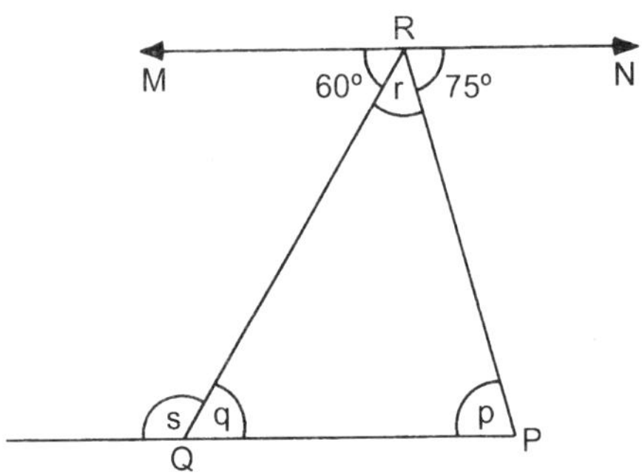

∠q = ______
∠p = ______
60° + ___ + 75° = ______
∠r = _____
∠s =∠___ +∠___
∠s >∠___
∠s >∠___
∠p +∠q +∠r = ______
∠s = ______

Tres formas de intuir que lo anterior es cierto son las siguientes:

1.

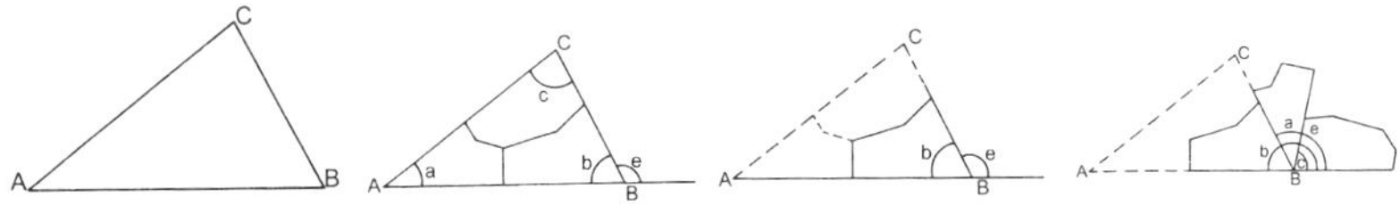

2.

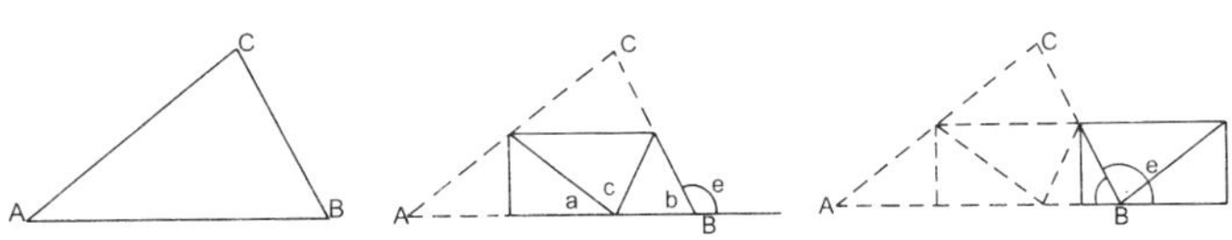

3.

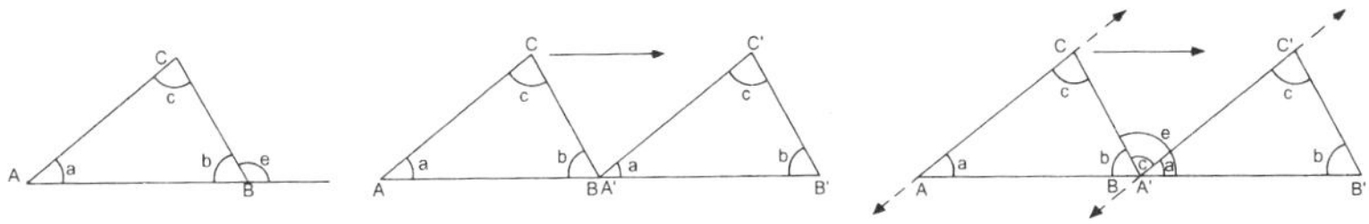

Veamos ahora otras dos demostraciones por esta variación heurística.

DEMOSTRACIÓN 1

Introducción

Debes recordar que, desde la Educación Primaria y en los dos cursos de la Educación Secundaria, que son cursos precedentes a éste, usabas el enunciado del llamado teorema de Pitágoras. En él se dice que:

> «En todo triángulo rectángulo, la suma de las áreas de los cuadrados construidos sobre los catetos es equivalente al área del cuadrado construido sobre la hipotenusa».

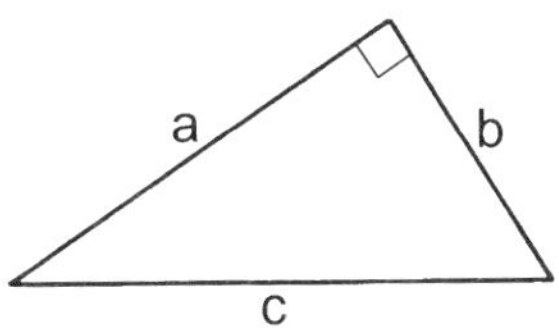

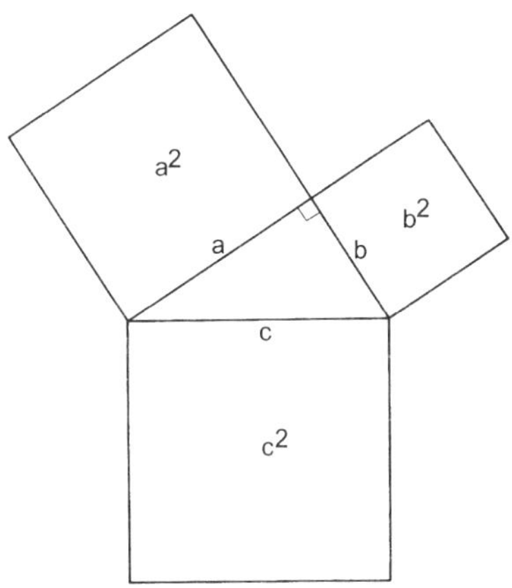

Otra forma de enunciar al teorema de Pitágoras es:

> «En todo triángulo rectángulo, si **a** y **b** son las medidas de los catetos y **c** la medida de la hipotenusa, entonces se cumple que:
>
> $a^2 + b^2 = c^2$»

Fundamentación

Intentemos una demostración sencilla apoyándonos en las figuras adjuntas, en las que:

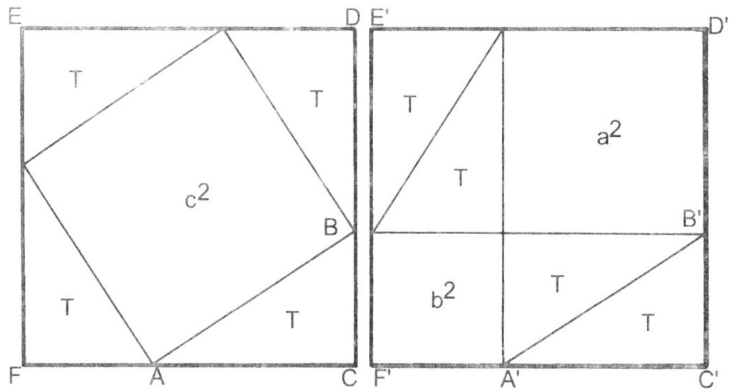

1. Los cuadrados mayores CDEF y C'D'E'F' son iguales.
2. El ΔABC es rectángulo, recto en C y el ΔA'B'C' es rectángulo, recto en C'.
3. Cada uno de esos cuadrados tiene cuatro triángulos (T) rectángulos iguales.
4. c^2 es el área del cuadrado constrido sobre la hipotenusa.
5. a^2 es el área del cuadrado construido sobre un cateto.
6. b^2 es el área del cuadrado construido sobre el otro cateto.

Formalización

De acuerdo con los enunciados que dimos del teorema de Pitágoras, la hipótesis es:

Hipótesis: ____

____

Y la tesis es:

Tesis: ____

Un Plan de trabajo para guiarnos en la demostración, puede ser:

Plan de trabajo:

Ya que los cuadrados CDEF y C'D'E'F' son _______________, demostrar que cada cuadrado es igual a una suma de áreas, apoyados en el

axioma de que el todo es igual a ______________________________;
igualar los resultados de las sumas obtenidas apoyándose en la propiedad ________________ de la igualdad y, por último, cancelar los términos iguales en la igualdad resultante apoyándose en la propiedad cancelativa de la igualdad.

Procedamos:

Afirmaciones:	Razones:
1. CDEF = C'D'E'F'	Por ______________________
2. CDEF = $c^2 + 4T$	Porque el todo ______________
C'D'E'F' = $a^2 + b^2 + 4T$	Porque __________________ ____________________________
3. Como CDEF = C'D'E'F'	
$c^2 + 4T$ = _____	Sustituyendo 2 en ___.
4. c^2 = __________	Por la propiedad ______________ de la igualdad (cancelando _____ en ambos miembros de la igualdad ___).

Con lo que tienes demostrado el teorema referido.
Dejamos la transferencia a la iniciativa del lector.

Demostración 2

Introducción

Observa el paralelogramo ABCD adjunto.

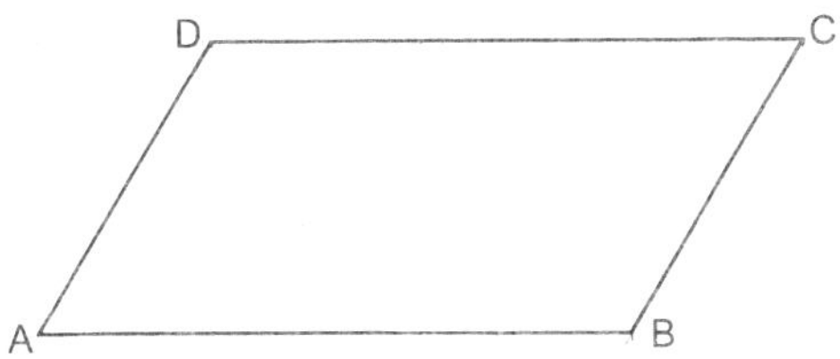

Recuerda la definición de ángulos contiguos en un polígono y escribe los pares de ángulos que en la figura lo son:

___ y ___, ___ y ___, ___ y ___, ___ y ___.

En la figura aparece marcado el ángulo **e** exterior al paralelogramo ABCD, que resulta de prolongar el lado AB a la izquierda.

Fundamentación

Deseamos demostrar que en todo paralelogramo los ángulos contiguos son suplementarios.

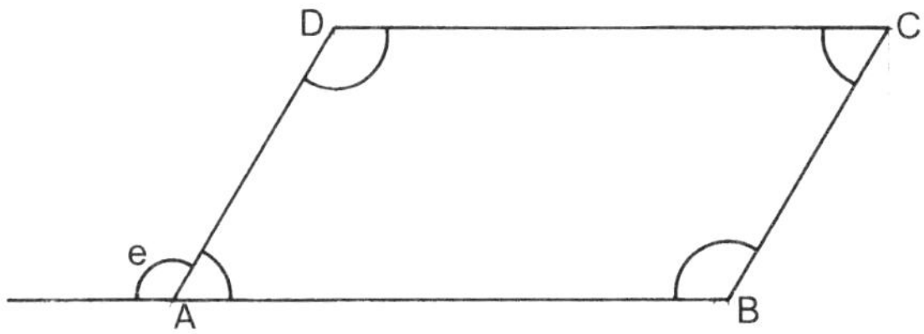

Toma en cuenta los ángulos contiguos ADC y DAB. Los marcamos.

¿Cuál sería la hipótesis?

Hipótesis: ____

____

¿Cuál sería la tesis?

Tesis: ____

Trazo auxiliar: ____

Y ahora expresa un posible Plan de trabajo:

Plan de trabajo: ____

____

Relacionamos al ángulo DAB con el ángulo ________ por ser suplementarios y demostremos que los lados AD y ___ son ______________, para así relacionar al ángulo ____ con el ángulo ADC por ser ángulos formados por lados paralelos cortados por una secante.

Formalización

DEMOSTRACIÓN

Afirmaciones:	*Razones:*
1. ∠ DAB +∠e = _____	1. Porque son ángulos ______________
2. AD ∥ BC	2. Porque en todo paralelogramo __________ ______________________
3. ∠e =∠ADC	3. Por ser ángulos ______________ _________ entre paralelas.
4. ∠DAB +∠___ = ____	4. Sustituyendo 3 en ___.

5. $\angle DAB$ y $\angle ADC$ son suplementarios	5. Porque dos ángulos son suplementarios ______

Y con esto el enunciado del teorema está demostrado.

Dejamos la transferencia a la iniciativa del lector.

Sugerencias para una demostración

Es conocido por cualquiera que se haya dedicado a la docencia en la escuela secundaria, la serie de dificultades que entraña el hacer comprender a un alumno entre los 11 y los 15 años las conexiones que se deben establecer entre las diversas afirmaciones que se determinan en una demostración, utilizando las hipótesis de la proposición y, de ahí, enlazar convenientemente tanto teoremas demostrados con anterioridad como propiedades de las operaciones y de la igualdad que permitan llegar, encadenadamente, a una última afirmación que determine lo que está dicho en la tesis y, además, convencer de que cada una de las afirmaciones debe estar suficientemente apoyada por un razonamiento contundente. Y todo esto sin meterse a las implicaciones de carácter lógico que entraña toda demostración vía la deducción, en el nivel en el que nos estamos desarrollando. Es probable que un buen porcentaje de nuestros alumnos no tengan la madurez suficiente como para adentrarse en estos vericuetos formales y es muy seguro que ciertamente nos falte habilidad pedagógica para dirigir correctamente la enseñanza de las demostraciones. Sin embargo, se entiende que debemos intentarlo. La experiencia nos indica que el hecho de que los alumnos comprendan el sentido del enunciado de una proposición a veces es más que suficiente como para que el salto de calidad, el paso dialéctico de la intuición a la comprensión de ciertos conceptos y procesos deductivos se pueda lograr en la enseñanza, y por supuesto que el aprendizaje se esté dando.

En primer lugar es recomendable que el contenido de una proposición quede entendida con plena claridad. Esto se puede lograr mostrando diversos recursos que permitan que el alumno intuya cómo y en qué forma la propiedad que queremos que él entienda se cumple allegándole ejemplos variados, haciendo muy objetivo el enunciado y utilizando cuantos recursos didácticos estén a mano.

En líneas generales, es recomendable:

1. Que el alumno comprenda el enunciado de la proposición.
2. Determinar los datos que implícitamente o explícitamente se conocen y sean los que sirvan para la resolución de la demostración.
3. Dejar bien determinado qué es lo que se desea demostrar.
4. Hacer hincapié en que toda demostración es una proposición de la forma p → q, en la que:

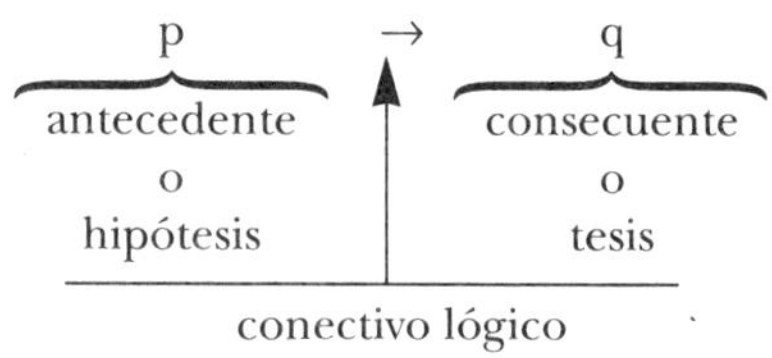

5. Hacer ver cuándo es conveniente un trazo auxiliar que ayude a hacer la demostración.
6. Insistir en que toda demostración debe contener afirmaciones y razones.
7. Insistir en que las afirmaciones se deben encadenar lógicamente hasta llegar, por necesidad, a afirmar la tesis, que también se debe justificar.
8. Aclarar que la tesis nunca puede ser justificación de afirmación alguna, ya que se estaría dando por válido lo que apenas se quiere demostrar.
9. Definir siempre un plan de trabajo para abordar la demostración.
10. Determinar qué conocimientos previos se tienen que nos permitan utilizarlos como parte de la demostración, y así ver si es posible profundizar en ella.

Por otro lado, es recomendable:

A. No extremar el rigor innecesariamente.
B. Sugerir, no imponer.
C. Insinuar el plan de trabajo.
D. No dejar toda la demostración al alumno; dirigirlo.
E. Al principio, presentar demostraciones en donde todo esté hecho.
F. También, presentar, al principio, demostraciones como si no lo fueran.
G. Permitir y adentrarse en caminos de resolución propuestos por los mismos alumnos.

Capítulo IV

RECURSOS. LAS FORMAS PARA PROCEDER

1. Recursos didácticos

Recursos didácticos son los medios de que se vale el profesor para realizar la acción de la enseñanza dentro o fuera de la clase. Se crean, producen y aplican con la sola intención educativa y sirven en el desarrollo del proceso cognitivo. Sin recurrir a una clasificación, se puede decir que constituyen todas las formas de presentación de algún tema como láminas, esquemas, instrumentos y mecanismos, pero por sobre todo, por la actitud que muestra el maestro frente al alumno en su expresión docente. En la enseñanza de la matemática es tan natural su uso que en ocasiones se confunden con los materiales didácticos. Lo cierto es que éstos son, a veces, la expresión materializada de aquello que se utiliza como apoyo didáctico y los vamos creando en función de las dificultades que nos va presentando la actividad en el aula.

El dibujo, el esquema y la gráfica es lo inmediato. Cuando esto no es suficiente para el logro del propósito didáctico, se recurre a elementos más elaborados, de carácter mecánico, de diseño o de ilustración, que llevan ya el propósito de conformar el conjunto de materiales que vamos utilizando año con año para ejercer la labor docente. Un ábaco, un geoplano, una maqueta didáctica, un cuadro sinóptico, una determinada presentación de las líneas generales del conocimiento pueden actuar como recursos didácticos y se construyen como materiales para el fin educativo, pues todos ellos, como por ejemplo el ábaco y el geoplano, pueden dibujarse en la pizarra (o su esquematización) sin necesidad de que se estén elaborando como materiales permanentes.

Varias son las funciones que tiene el recurso didáctico. La más importante es provocar una orientación en la dirección lineal del conocimiento. Pero también lleva la intención de hacer objetivo un proceso que por abstracto lleva a determinado número de alumnos a un bloqueo. En lo general tiene la intención de sustituir las formalidades en tanto que provoca el chispazo de la intuición, el desarrollo del proceso imaginativo, el presentar otras vías de entendimiento, repito, ausentes de excesos formales, para meter al alumno por el agujero cognitivo que deseamos. Cuando ello se logra, la postura formal en la presentación del tema, si es que es obligada, se logrará sin muchas trabas.

Otra forma en la que se presenta el recurso didáctico es aquella que utilizamos frecuentemente, consistente en usar nombres para los objetos de conocimiento matemático, que no son los convenidos, que están más cercanos a las formas de comunicación del joven, a fin de hacerle entender lo que deseamos; esto es, acercándolo al objeto usando sus recursos de comunicación y no los nuestros. Esto es válido, siempre y cuando estando completo el proceso de conceptualización, cuando creemos que ese objeto se ha convertido en aprendizaje significativo, llamemos a las cosas por los nombres convenidos.

Esto se podrá entender cuando, por ejemplo, al enseñar o recordar el algoritmo de la sustracción decimos como una licencia didáctica que 8 para 14 (cuando en realidad tenemos un 4 en la cifra correspondiente del minuendo) es 6 y llevamos 1, siendo que no se aclara el significado de esta frase «...y llevamos 1...». Esto es, la limpieza en el lenguaje matemático en muchas ocasiones no es benéfico, toda vez que la dotación de léxico matemático al nivel que nos referimos no es abundante y en lugar de clarificar puede provocar mucho ruido didáctico. Otro ejemplo de esto, que ya se ha convertido en clásico, es aquel en el que al utilizar la asignación a determinado tipo de conjuntos como lo son el vacío y el unitario, ello choca con el estricto sentido que se da, en la expresión verbal común al de pluralidad de la palabra «conjunto».

De acuerdo con esto que venimos diciendo, recursos didácticos son, en términos de ejemplos que ya han sido utilizados a lo largo de lo que va del desarrollo de esta obra, los siguientes:

- Recorrer la frontera de un triángulo, girando en sus ángulos en el mismo sentido, a fin de hacer intuir que la suma de los ángulos interiores de un triángulo es igual a 180°.
- Utilizar al nomograma de la adición y la multiplicación con números enteros para llevar a la comprensión de estas operaciones.
- Hacer uso del doblado de papel (papiroflexia) para llevar a la comprensión de algunas propiedades de rectas y de polígonos elementales.

Recuérdese que el uso de recursos didácticos lleva implícitas varias funciones en los tiempos de la lección. Puede ser usado para:

- Motivar la lección
- Aclarar ideas establecidas
- Confirmar un conocimiento
- Evaluar un aprendizaje

2. Los recursos didácticos específicos

Dentro de la Didáctica de la Matemática, uno de los aspectos que mayor significado cobran en el quehacer cotidiano, frente al grupo de estudiantes, es el referido a los recursos didácticos. Hoy en día es enorme el esfuerzo que se dedica a 'inventar' o 'descubrir' recursos que permitan a cierto tipo de alumnos intuir y aprehender el conocimiento fuera de toda formalización. El hecho es que nuestros alumnos no entienden constantemente de qué se les habla o bien cómo 'funciona' tal o cual propiedad de la aritmética o de la geometría. Pareciera que el maestro no pone el énfasis suficiente en el cómo arribar a ellas.

La forma en que mostramos las propiedades, relaciones y conceptos que hacemos llegar a nuestros alumnos es determinante para que ellos los hagan suyos; en gran parte de ese compromiso de «te enseño, ..., aprendo» se elude a los alumnos porque no los tomamos en cuenta. En este proceder utilizamos al aparato pedagógico de apoyo que comúnmente se reconoce como recurso didáctico, que se materializa por medio de un ademán, un gesto, una actitud, una evocación, pero que, por lo general, materializamos por medio de un esquema, un cuadro, una filmina, una lámina, un vídeo, un artefacto mecánico o por medio de otras muy diversas formas; esto es, cuando el recurso didáctico se materializa lo convertimos en material didáctico.

El uso del recurso didáctico, propio o ajeno, se viene dando cuando el maestro ha entrado en contacto con algunos grupos de aprendizaje por vez primera y observa que, a la hora de hacer la evaluación íntima y personal, no la oficial, y aprecia cuáles han sido los temas y conceptos que no ha sabido hacer llegar venturosamente al alumno. En esa recapitulación profesional es cuando nos damos cuenta de la necesidad de recurrir a algo más en que apoyarnos para dar énfasis, claridad y objetividad a nuestras clases.

¿Qué es, pues, por definición, un recurso didáctico?

Recurso didáctico es todo acto de profesor que como apoyo al manejo del conocimiento y, fuera de éste, lo hace comprensible en la acción de la enseñanza.

Esto quiere decir que el recurso no es el conocimiento en sí, sino aquello que como auxilio ayuda a su legibilidad porque permite su intuición, aceptación evidente y/o comprensión.

A veces, un recurso es la analogía que usamos para, por medio de la comparación, lograr que el estudiante nos entienda. Otras veces es el ademán, el gesto, el énfasis que se pone en la explicación y, las más de las veces, el concurso de varios de estos factores para que se dé la comprensión. Las secuencias didácticas son, también, inmejorables recursos didácticos: En ellas intervienen de manera palpable las formas en las que solemos usar al método didáctico, y reflejan nuestra muy particular expresión de comportamiento en el aula y frente al grupo de nuestros alumnos y el compromiso profesional que con ellos establecemos. Veamos algunos ejemplos a continuación:

1. *La suma de los ángulos internos de un polígono*

Si proponemos al alumno que para la figura adjunta, un triángulo, y cualquier otro, vea que la suma de sus ángulos interiores es de 180°, es de esperar el asombro del joven, pues esa propiedad, como muchas otras de la geometría euclidiana, «no se ve». Es más, nosotros la hemos hecho nuestra por vía de la experiencia deductiva. No podemos esperar lo mismo de un alumno que tiene apenas el primer contacto con este tipo de conceptos geométricos. Sin embargo, no será difícil que nos conteste que aprecia visualmente que en dos rectas coplanares que se cortan en un punto, los ángulos que llamamos 'opuestos por el vértice' son iguales.

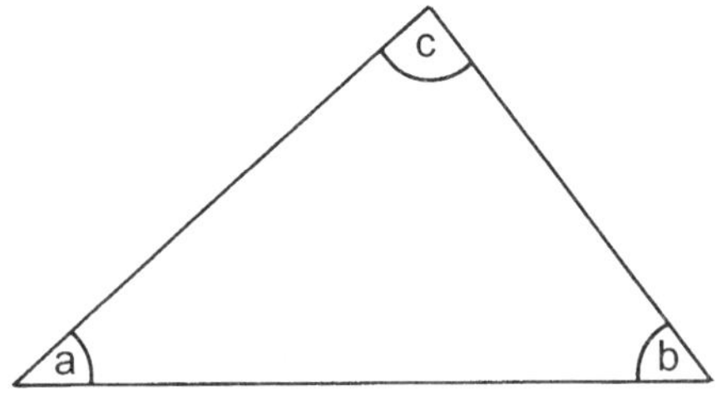

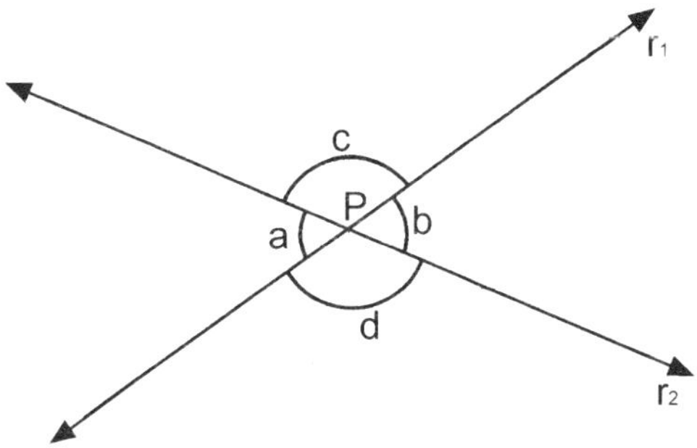

Volvamos a nuestro triángulo.

Un recurso didáctico que se puede usar para apoyar este tipo de conocimiento, por ejemplo, será que hagamos la siguiente experiencia:

Hagamos coincidir nuestro bolígrafo con un lado del triángulo. Desplacémoslo por todo el perímetro, de tal suerte que al llegar a cada vértice, giremos el instrumento siempre en el mismo sentido, tomando a los dos dedos que lo sujetan como centro de giro, hasta hacerlo coincidir con el siguiente lado.

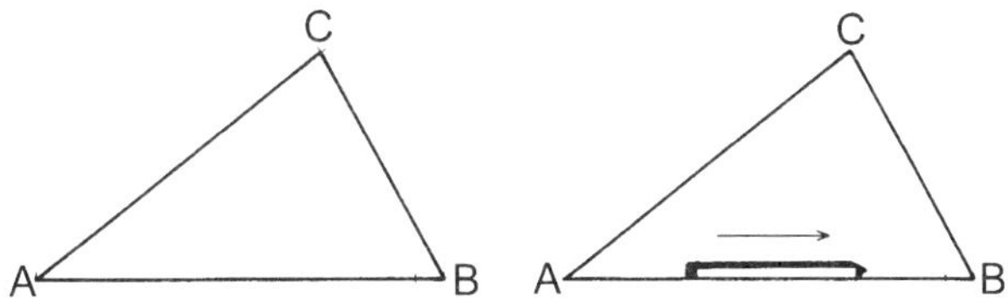

Se apreciará que al terminar de realizar todos los despazamientos con giros, al llegar a su posición original el bolígrafo, queda girada en media vuelta, pues mientras la punta del instrumento «miraba hacia la derecha» al inicio del movimiento, al finalizar éste, la punta «mira a la izquierda».

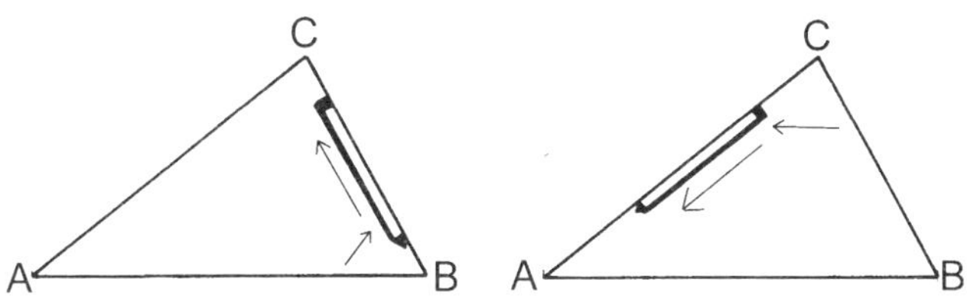

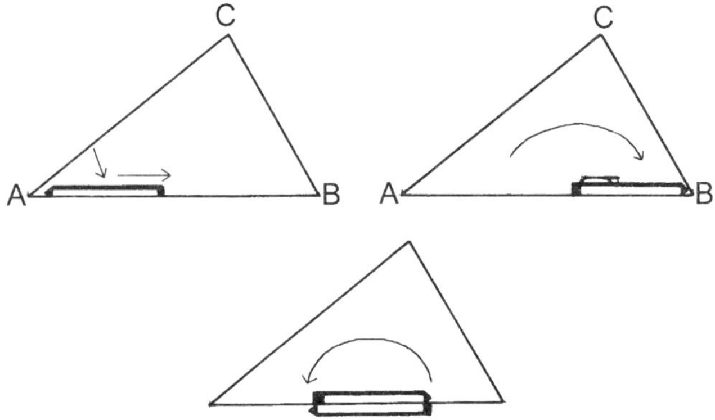

Con toda seguridad, recursos como éste permitirán al alumno intuir cómo se cumple la propiedad de la que le estamos hablando. Ahora depende de otras condiciones para que el profesor pueda llegar a la formalización del conocimiento. Sin embargo, ya logró lo importante: que el alumno acepte que esta propiedad se cumple. Ahora su desarrollo psicobiológico y la maduración intelectual, junto con las orientaciones y apoyos del maestro permitirán que se dé ese gran salto de calidad cuando «entienda» el o los procedimientos que por vía deductiva permiten demostrar esa propiedad. Un salto más de calidad se daría cuando el alumno fuese capaz de exponernos un 'plan de trabajo' por el cual se pudiera llegar a la deducción de la propiedad.

Por supuesto que este recurso se puede aplicar en forma más general y no sólo al caso de los triángulos. Veamos.

Ahora hagamos el recorrido para el caso de los cuadriláteros, en su forma de trapezoide.

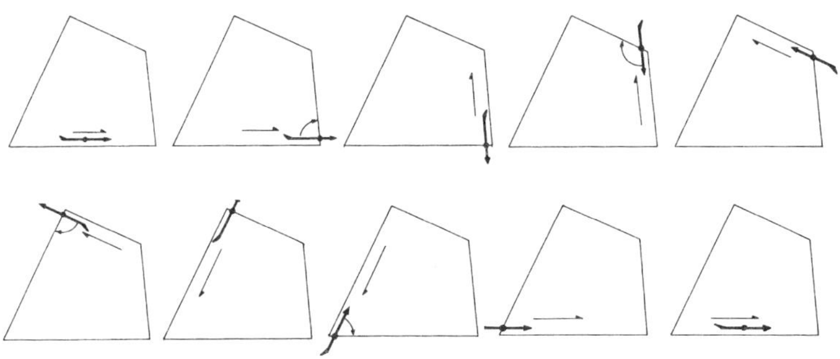

Como se habrá apreciado en la secuencia anterior, al desplazar por el contorno del polígono al bolígrafo, hasta hacerlo coincidir con el lado adyacente cuando se llega a cada vértice, girándolo en el sentido de las manecillas del reloj, nos muestra que el bolígrafo ha quedado en la misma posición inicial. Sin embargo ha habido cuatro giros y la suma de ellos ha sido de una vuelta completa.

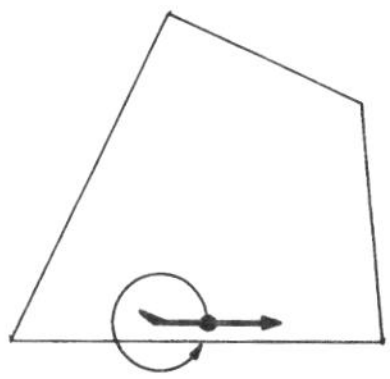

Resultará claro el por qué no se ha utilizado como figura de un cuadrilátero a los paralelogramos, pues en ellos es «evidente» que la suma de los ángulos, por ser cada uno de 90°, nos darían 90° x 4 = 360°, sin necesidad de recurrir a artilugio didáctico alguno.

Enseguida, hagamos lo propio, sin mayor explicación, para un pentágono y para un exágono.

Para el pentágono:

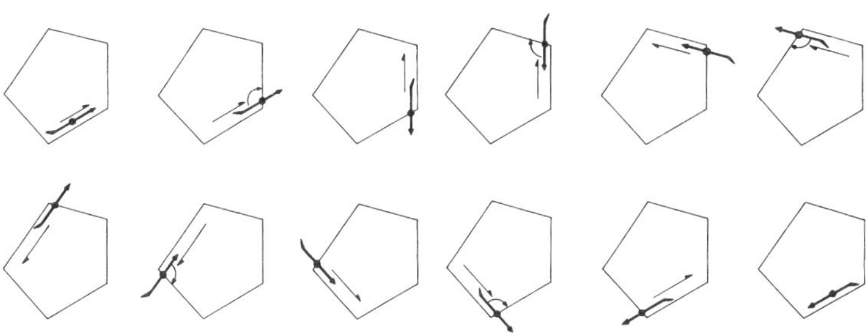

En esta secuencia se ve que el bolígrafo, al finalizar el recorrido, ha quedado orientado en sentido contrario al que tenía en su posición original. Pero ya que ha habido cinco giros, ellos nos llevan a:

Una vuelta y media. Esto es:

$$\begin{array}{r} 360^\circ \\ +\ 180^\circ \\ \hline 540^\circ \end{array}$$

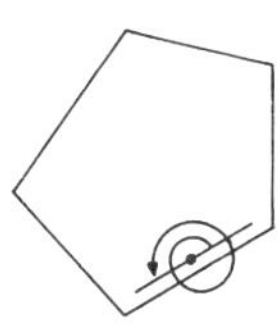

Para el exágono:

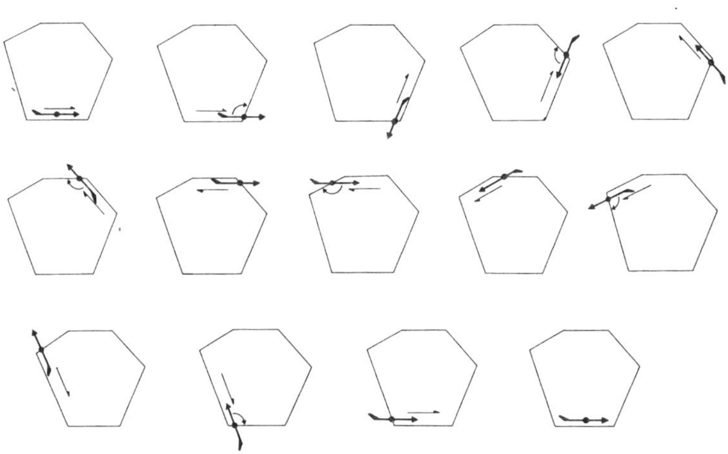

Se aprecia que la suma de los seis giros ha resultado, en total, de dos vueltas. Esto es:

$$\begin{array}{r} 360^\circ \\ +\ 360^\circ \\ \hline 720^\circ \end{array}$$

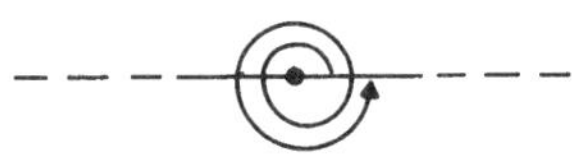

Ahora bien, si el alumno hace una recapitulación de todo esto, desde el triángulo hasta el exágono, verá que la suma de giros ha pasado por estas secuencias:

triángulo

180°= 180°+0°

cuadrilátero

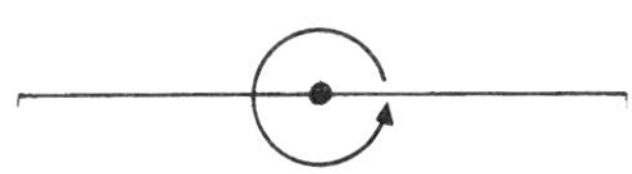

360°=180°+180°

pentágono

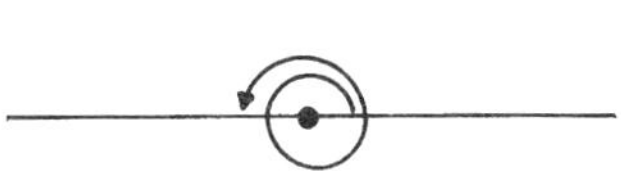

540°=360°+180°

exágono

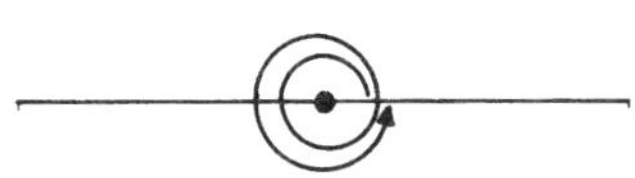

720°=540°+180°

Es decir, que en el paso de un polígono a su inmediato superior en cuanto al número de lados, se observa un incremento en la suma de giros de 180°.

Y esta idea subyace cuando se dibujan diagonales a partir de un vértice en cada polígono.

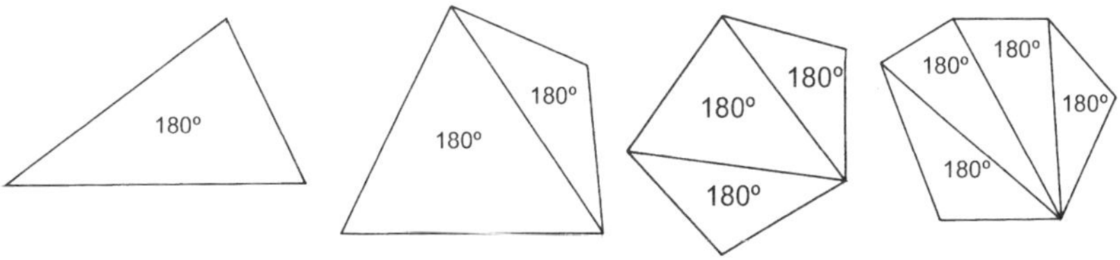

Este artificio didáctico puede ser utilizado para «apreciar» otras propiedades acerca de ángulos en figuras geométricas y polígonos.

2. *El producto de números enteros*

En la aritmética de la Educación Secundaria está, sin lugar a dudas, uno de los más grandes problemas didácticos en cuanto al grado de dificultad en comprensión. Nos referimos al producto de números enteros. Al respecto se pueden encontrar variados recursos, algunos de ellos bastante ingeniosos y, otros más, por sofisticados, inconvenientes para usarse en este nivel. Veamos algunos de estos recursos y posteriormente desemboquemos en un recurso gráfico del cual mostraremos su justificación matemática:

Primer recurso: El uso de frases lógicas de contenido restringido.

Sabido por todos es que, el ser amigo es una condición éticamente aceptable, positiva, y el ser enemigo su contradicción. Establezcamos por ello el signo (+) al ser amigo y el signo (–) al ser enemigo. A partir de esto podemos establecer los cuatro enunciados lógicos restringidos siguientes:

El amigo	(+) de mi amigo	(+) es mi amigo	(+)
El amigo	(+) de mi enemigo	(–) es mi enemigo	(–)
El enemigo	(–) de mi amigo	(+) es mi enemigo	(–)
El enemigo	(–) de mi enemigo	(–) es mi amigo	(+)

Como se aprecia, las respuestas obtenidas, con una lógica restringida, en términos de lo socialmente aceptable y que no necesariamente se cumple en la práctica, son:

(+)...	(+)...	(+)
(+)...	(–)...	(–)
(–)...	(+)...	(–)
(–)...	(–)...	(+)

En efecto, aquí no se están multiplicando las relaciones amigo y enemigo, aunque es importante hacer notar que la multiplicación con números enteros es una de tantas relaciones más en las que el signo operativo (x) es una particularidad dentro de las relaciones, la cual podemos expresar operativamente por un símbolo más general, por ejemplo (*), para el que se cumple que:

a*a = a
a*b = b
b*a = b
b*b = a

Este recurso puede inducir al alumno a intuir que en los productos que se obtienen con números enteros positivos, los signos de éstos deben ser los que se han obtenido por medio de las relaciones arriba manejadas.

Segundo recurso

Algo similar a la propuesta anterior, se manifiesta con el uso de frases que contienen palabras con sentido afirmativo o negativo, en términos de una relación común. El ejemplo muestra a un padre que autoriza o no al hijo a asistir a una fiesta. Para ello se parte del siguiente criterio:

sí, es una decisión **positiva**.
no, es una decisión **negativa**.
afirma, es una decisión **positiva**.
niega, es una decisión **negativa**.

Así, el padre puede tomar las decisiones:

Afirma	(+)	que sí	(+);	es decir, dice que sí	(+).
Afirma	(+)	que no	(–);	es decir, dice que no	(–).

Niega	(–) que sí	(+);	es decir, dice que no	(–).
Niega	(–) que no	(–);	es decir, dice que sí	(+).

3. *Operaciones con números enteros*

Muchos son los cuentos, procedimientos, parangones y demás recursos que año tras año se vienen inventando y redescubriendo, de los cuales se echa mano para hacer entender a los jóvenes que se incorporan al estudio de las operaciones de números con signo, el por qué de eso que malamente se ha dado en llamar «las reglas de los signos» en cuanto a la adición y a la multiplicación con números enteros.

A. *Adicción con números enteros*

Primer recurso

Más fácil de explicar y de entender es la adición de números enteros. Por ejemplo, no es difícil de entender que:

- Si debo 500 pts. por un lado y 1000 pts. por otro, deberé en total 1500 pts. Estas 1500 pts. que debo tendrán el carácter de ser adeudos y por lo mismo las consideraremos negativas, cosa que podemos expresar por –1500 pts. o simplemente –1500. Esto es:

  $(-500) + (-1000) = -1500$

- Si ahorro 2000 pts. el día de hoy y ayer ahorré 2500 pts., tendré ahorradas, hasta el momento, 4500 pts. Estas 4500 pts. que tengo ahorradas tienen el carácter de beneficio y, por lo mismo, las consideramos positivas, cosa que podemos expresar por + 4500 pts. o simplemente por + 4500. Esto es:

  $(+2000) + (+2500) = +4500$

- Si tengo 5000 pts. y gasto 3000 pts. tendré solamente 2000 pts. Como las 5000 pts. las considero un beneficio, son positivas, y las 3000 pts. un gasto, es decir, negativas, puedo observar que todavía me queda dinero que puedo considerar positivo. ¿Cuánto más? Pues lo que es la suma entre lo que tenía con lo que gasté. Esto es:

  $(+5000) + (-3000) = +2000$

– Si tengo un débito de 7000 pts. (algo muy común en nuestra sociedad actual), y aboné 4000 pts., tendré todavía un débito de 3000 pts. Esto es:

$(+4000) + (-7000) = -3000$

Bueno, con razonamientos como éstos se puede hacer valer el concepto de suma de dos números enteros, lo que con signos explícitos puede indicarse de la siguiente manera:

$(+a)+(+b) = +(a+b)$
$(-a)+(-b) = -(a+b)$

$$(+a)+(-b) = \begin{cases} +(a-b) & \text{si } |+a| > |-b| \\ -(b-a) & \text{si } |+a| < |-b| \end{cases}$$

$$(-a)+(+b) = \begin{cases} -(a-b) & \text{si } |-a| > |+b| \\ +(b-a) & \text{si } |-a| < |+b| \end{cases}$$

Segundo recurso: Uso de la recta numérica.

Para ahondar todavía más en todo esto, es posible apoyarse en la recta numérica, en la que se da sentido a cada uno de los segmentos que representan a los sumandos. La longitud del segmento resultado y su signo indican la suma de los sumandos dados.

Ejemplos:

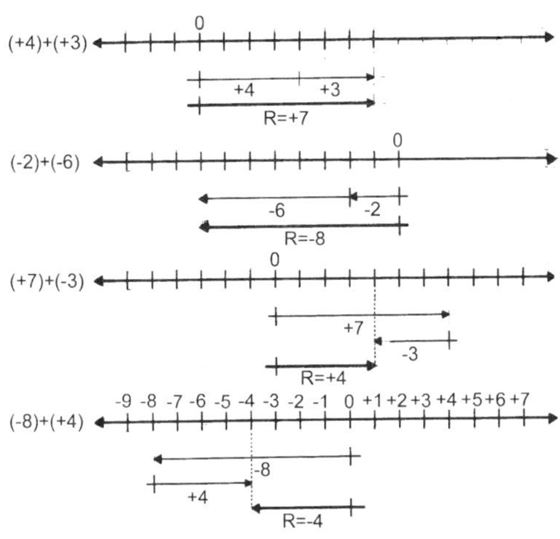

Del conjunto de operaciones que por adición podemos hacer para dos números enteros cualesquiera, en todas las combinaciones de signos, se pueden sacar estas conclusiones:

Primera. La suma de dos números enteros del mismo signo (los dos positivos o los dos negativos) es un número entero del mismo signo que el de los sumandos y su valor absoluto es la suma de los valores absolutos de los sumandos.

Segunda. La suma de dos números enteros de distinto signo (uno positivo y otro negativo o viceversa) es un número entero con el signo del sumando de mayor valor absoluto y en el que su valor absoluto es la diferencia de los valores absolutos de los sumandos.

Tercer recurso: El nomograma operativo.

Si esto le parece poco, todavía queda el recurso de la expresión nomográfica para la adición de dos números enteros cualesquiera. Por medio de ella se puede obtener en forma directa y visual la suma de dos números enteros.

Este nomograma está formado por tres escalas paralelas graduadas a partir de un mismo nivel, con el convenio ya establecido universalmente de que a la derecha se acuerda en representar los enteros positivos y a la izquierda los enteros negativos. Además, la escala intermedia está, exactamente, en medio de las otras dos exteriores a ella y graduada en módulos a mitad de aquélla.

Considerado esto, a cada escala se le asigna una función. Así, las dos escalas exteriores actúan como escalas de los sumandos y la escala intermedia como la escala de la suma o total.

Lo demás, operativamente hablando, es simple, pues basta con unir por medio de un segmento de recta a los números enteros que representan a los sumandos, en las escalas externas, y en el punto en que este segmento corte a la escala intermedia se ubica a la suma de los números enteros dados.

El siguiente nomograma da cuenta de esta explicación. En él están representadas las operaciones:

$(+8)+(+9) = +17$
$(+3)+(+7) = +10$
$(+2)+(+4) = +6$
$(+4)+(-6) = -2$
$(-3)+(-6) = -9$
$(-9)+(+2) = -7$

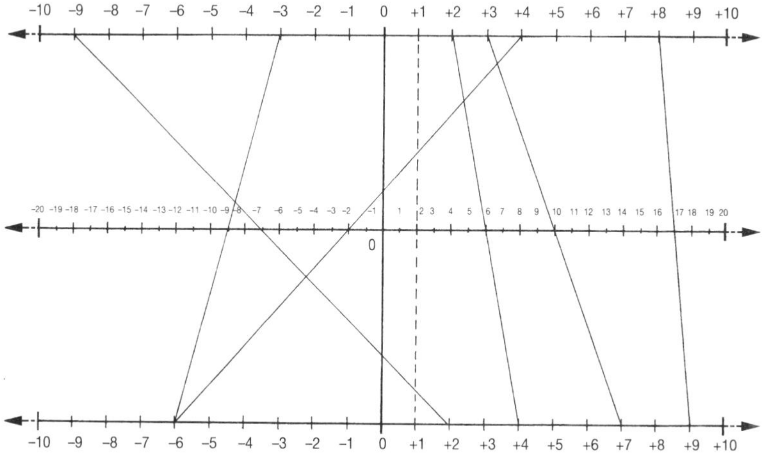

Una de las ventajas de este nomograma es que el alumno puede visualizar, por ejemplo:

- Que al sumar dos números enteros positivos, el segmento de recta que los une, dentro del espacio de las dos escalas extremas que actúan como sumandos, nunca cortará al segmento que une los orígenes de las tres escalas. Esto permite ver que la suma de dos números enteros positivos siempre es un número entero positivo.
- En forma similar se puede observar que la suma de dos números enteros negativos es un número entero negativo, ya que el segmento de recta que une a los sumandos enteros negativos nunca corta al segmento que une al origen.

Claro está que, con toda seguridad, el lector se habrá dado cuenta que en este mismo nomograma se puede representar la sustracción de dos números enteros cualesquiera. Si no es así, veamos.

B. *Sustracción con números enteros*

Recordará el lector que la adición de dos números enteros en el nomograma anterior dependió de la función que se le asignó a cada una de las escalas. Ahora, para la sustracción, cada una de estas escalas tendrá otra función diferente. Esto es, la escala superior actuará como escala del sustraendo, la intermedia como la escala del minuendo y, la inferior, como escala de la resta o diferencia.

Operativamente hablando, este nomograma, como sustracción, funciona así:

Se une el minuendo con el sustraendo por medio de un segmento de resta, que se prolonga (línea punteada) hasta que corte a la escala inferior o de la diferencia y, en efecto, en el punto en que la prolongación del segmento corte a esta escala, se encuentra la diferencia o resta de los dos números enteros dados.

En el nomograma siguiente están representadas, como ejemplos, las sustracciones:

(+6) – (+9) = –3 (–15) – (–10) = –5
(+12) – (+1) = +11 (+2) – (+1) = +1
(–5) – (–6) = +1 (+3) – (-4) = +7

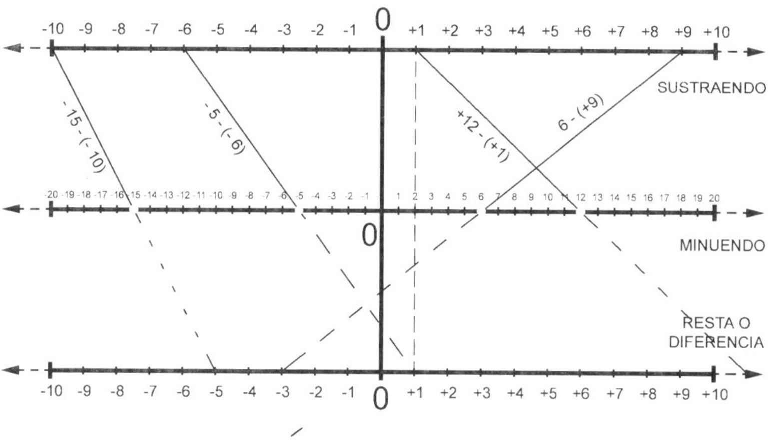

Podemos ver que este monograma actúa así, ya que:

Escala superior + Escala inferior = Escala intermedia

Ahora:

Escala intermedia - Escala superior = Escala inferior

O bien: a + b = c → c – a = b

C. *Multiplicación con números enteros*

1. Por medio de un nomograma

Un nomograma también nos puede llevar a una forma gráfica de resolver la multiplicación de dos números enteros. No será el mismo que acabamos de utilizar, pero el que propondremos tiene su sustento en un concepto que el alumno trae desde el cuarto grado de la escuela primaria. Me refiero al pano cartesiano. En efecto, el plano cartesiano es un magnífico recurso para realizar el producto de números con signo. Veámoslo.

Hagamos las siguientes consideraciones al plano cartesiano:

- Se gradúan los ejes según el convenio estándar: hacia la derecha del origen se localizan, sobre el eje de las abscisas, los enteros positivos y a la izquierda los enteros negativos; hacia arriba del origen se localizan, sobre el eje de las ordenadas, los enteros positivos y hacia abajo los enteros negativos.
- En el eje de las abscisas ubicamos al multiplicando (primer factor).
- En el eje de las ordenadas ubicamos al multiplicador (segundo factor).
- El resultado (producto) se encontrará siempre sobre el eje de las abscisas.

El procedimiento consiste en:

* Unir el primer factor localizado en el eje de las abscisas con el punto que representa a la unidad positiva (+1) en el eje de las ordenadas.
* Trazar una paralela a este segmento formado, que pase por el punto que representa al multiplicador.
* El punto de corte de este último segmento con el eje de las abscisas nos indica el producto de los números enteros dados.

En el plano cartesiano que se muestra a continuación están representadas las operaciones:

(+2) (+5), (+2) (+3), (–4) (+3), (+2) (–3), (+2) (–4), (–4) (–2)

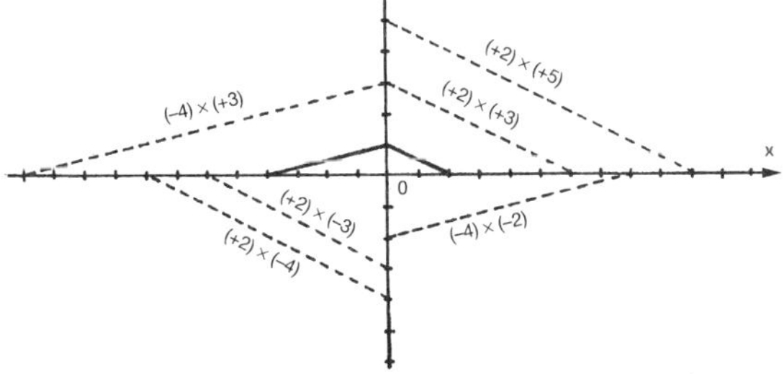

Existen otros recursos más que nos pueden ayudar a mostrar gráficamente al producto de dos números enteros. Veamos:

2. Por medio de poleas y bandas

Los siguientes gráficos nos muestran cuatro operaciones de multiplicación con dos números enteros. Cada mecanismo enlaza tres poleas unidas por bandas directas o cruzadas. Las dos primeras poleas (1) y (2) representan respectivamente el multiplicando y el multiplicador, y la tercera polea representa el producto. Cuando esta polea (3) gire en el sentido de las manecillas del reloj, consideramos al giro como positivo y el giro contrario a éste como negativo. Así que tenemos que:

1) Positivo por positivo

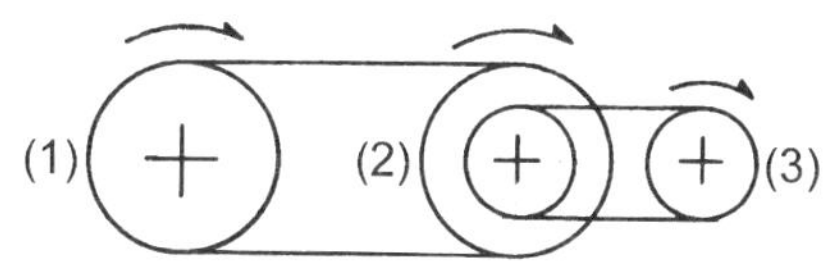

2) Negativo por negativo

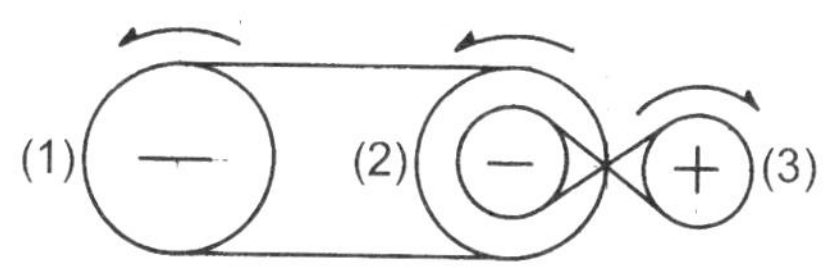

3) Positivo por negativo

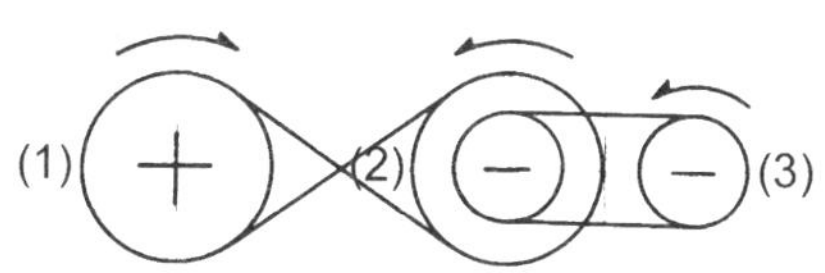

4) Negativo por positivo

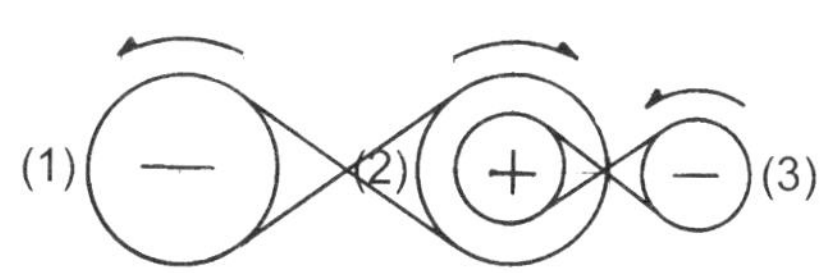

3. Cruce de cruces

Otro artificio conveniente para representar las llamadas «leyes de los signos» en la multiplicación con números enteros se representa en el siguiente dispositivo:

Consiste en usar dos cruces, construidas de cualquier material, papel cartón, plástico o lámina, a cuyos brazos se les asigna alternativamente los signos positivo (+) y negativo (–), de tal manera que uno de los brazos se usa como «indicador» (llamémosle asterisco *).

Una vez construidas se superponen, se sujetan con una grapa por el punto medio de las figuras y se giran una respecto de la otra, quedando superpuestos los signos que desean multiplicarse. El signo del producto es el que coincide por superposición con el del brazo de la cruz en que se ha dibujado el asterisco.

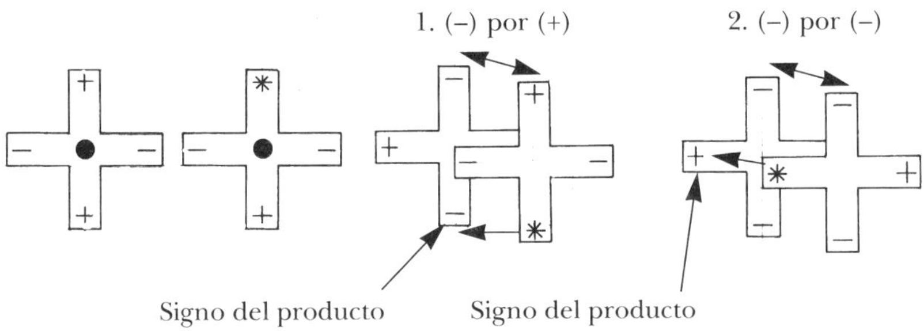

4. Expresión deductiva

En la escuela secundaria es común expresar por vía intuitiva al producto de dos números con signo. Veamos ahora una expresión deductiva que, aunque se muestra para casos particulares de números, si ellos se sustituyen por las literales **a** y **b**, se tendría una generalización al caso.

– Producto de dos números enteros positivos.
$(+2)(+3) = +(2 \times 3) = +6$

En general $(+a)(+b) = +(a \times b)$

– Producto de dos números enteros de signos diferentes.
$(+2)(-3) = x$ Multiplicación dada.
$(+2)(0) = 0$ ... (1) Por la propiedad del cero.

$(+3)+(-3) = 0$	La suma de inversos aditivos es 0.
$(+2)[(+3)+(-3)] = 0$	Al sustituir 0 por $(+3)+(-3)$ en 1.
$(+2)(+3)+(+2)(-3) = 0$	Por la propiedad distributiva.
$(+6)+(+2)(-3)= 0$	Al realizar el producto $(+2)(+3)$.
$(+2)(-3) = -6$	Ya que el único número que sumado a +6 dé 0 es su inverso aditivo –6.

En general $(+a)(-b) = -(a \times b)$

Como la multiplicación de números enteros es conmutativa, se tiene que:

$$(+2)(-3) = (-3)(+2) = -6$$

En general $(-a)(+b) = -(a \times b)$

- Producto de dos números enteros negativos.

$(-2)(-3) = x$	Multiplicación dada.
$(-2)(0) = 0 \ldots (1)$	Por la propiedad del cero.
$(+3)+(-3) = 0$	La suma de inversos aditivos es 0.
$(-2)[(+3)+(-3)] = 0$	Al sustituir 0 por $(+3)+(-3)$ en 1.
$(-2)(+3)+(-2)(-3) = 0$	Por la propiedad distributiva.
$(-6)+(-2)(-3) = 0$	Al realizar el producto $(-2)(+3)$.
$(-2)(-3) = +6$	Ya que el único número que sumado a –6 dé 0 es su inverso aditivo +6.

En general $(-a)(-b) = +(a \times b)$

D. *División con números enteros*

1. Por medio de un nomograma

El mismo nomograma que acabamos de utilizar para realizar la multiplicación con números enteros, nos puede servir para hacer la división con este tipo de números. Ahora, evidentemente, debemos cambiar la función asignada a los ejes coordenados, de acuerdo con el siguiente convenio:

- En el eje de las abscisas ubicamos tanto el dividendo como el divisor.
- El cociente ahora se obtiene en el eje de las ordenadas.

El procedimiento consiste en:

* Localizar el dividendo en el eje de las abscisas.
* Localizar el divisor en el eje de las abscisas.
* Unir el divisor, localizado en el eje de las abscisas, con el punto que representa la unidad positiva (+1) en el eje de las ordenadas.
* Trazar una paralela a este segmento formado que pase por el punto que representa al dividendo.
* El punto de corte de esta paralela con el eje de las ordenadas nos indica el cociente de los números enteros dados.

En el plano cartesiano que se muestra a continuación están representadas las operaciones:

(+6) ÷ (–3), (–6) ÷ (–3), (–6) ÷ (+2), (+9) ÷ (–3)

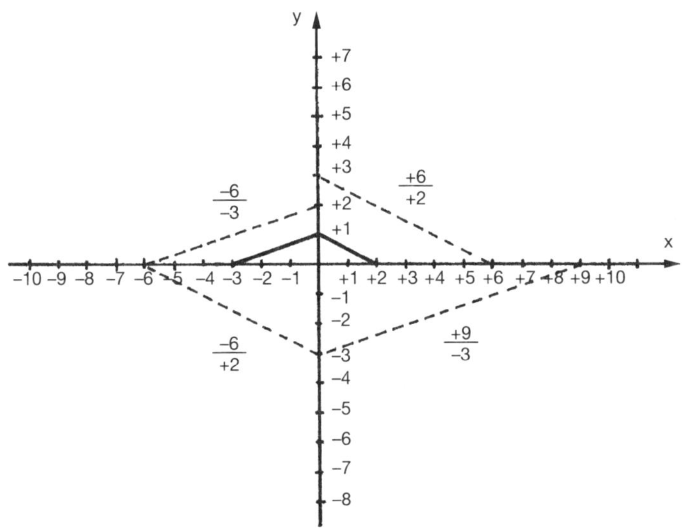

E. *Cuadrado y raíz cuadrada con números enteros*

El nomograma que nos sirve para obtener la raíz cuadrada de un número entero (positivo), es el que se presenta a continuación.

En él se aprecia que la raíz cuadrada de un número positivo tiene dos valores, que son números simétricos.

Resultará evidente que el mismo nomograma sirve para obtener: los cuadrados de números enteros de cualquier signo.

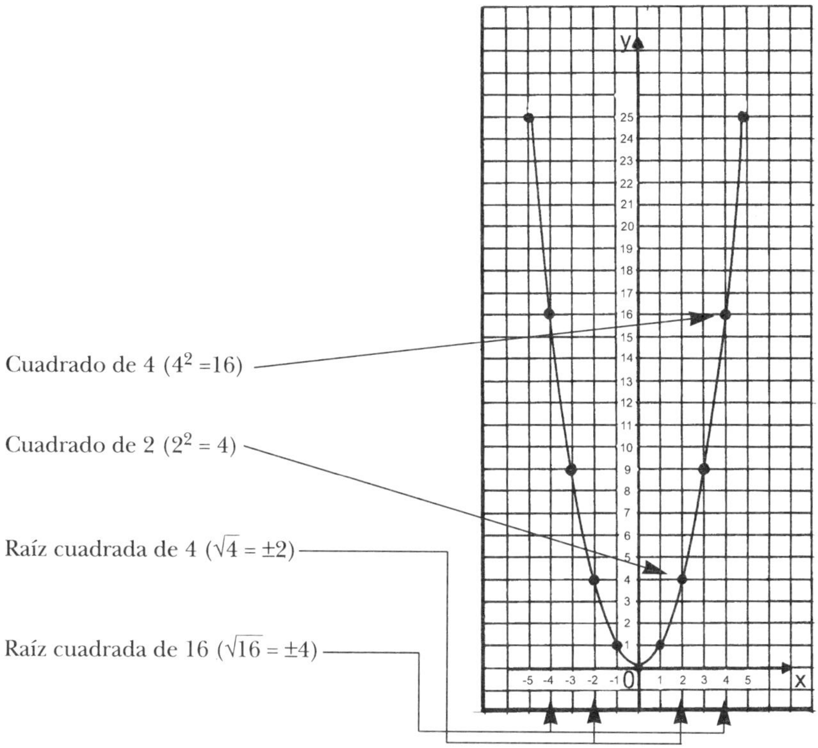

Justificación a los nomogramas de adición y multiplicación

Justificación para la adición:

La siguiente figura muestra las escalas del nomograma de la adición. En ella se tiene que:

Sean $A'A \parallel C'C \parallel B'B$
$A'B' \perp A'A \perp C'C \perp B'B$

Graduación de $C'C = \frac{1}{2} A'A = \frac{1}{2} B'B$

Ahora, unamos B' con C y prolonguemos hasta cortar a A'A o a su prolongación. Sea D el punto de corte.

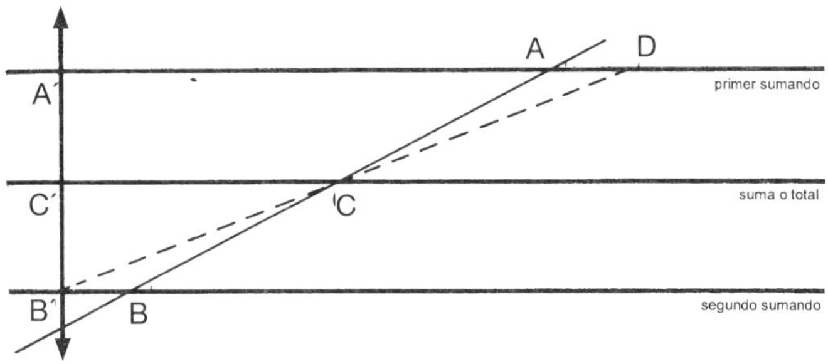

C' es punto medio de A'B'	por construcción
C es punto medio de AB	por construcción
Por otro lado:	
B'B = AD	por ser p.h.t.c. (LAL)
En triángulo B'A'D:	
A'A+AD = A'A+B'B	...(1)
$C'C = \dfrac{A'D}{2}$	...(2) El segmento que une los puntos medios de dos lados de un triángulo es paralelo al tercer lado e igual a su mitad.
$C'C = \dfrac{A'A + B'B}{2}$	Sustituyendo (1) en (2)

Ahora bien, como la graduación de C'C es la mitad de A'A y B'B, se tiene que:

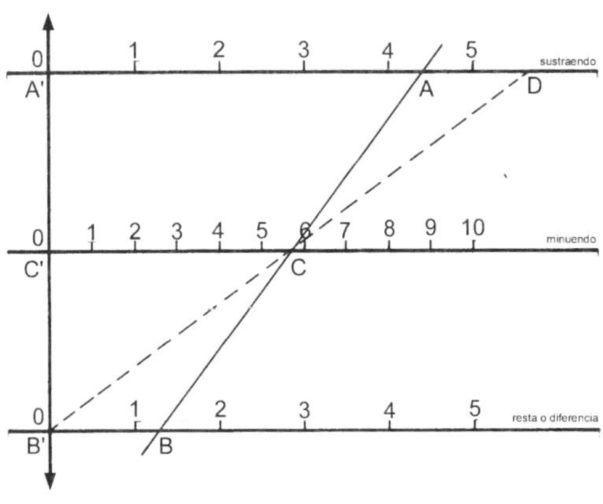

$$\frac{C'C}{2} = \frac{A'A + B'B}{2};\ C'C = A'A + B'B$$

Justificación para la sustracción:

$$A'D = A'A + AD$$
$$= A'A + B'B$$

De donde:

$$B'B = A'D - A'A$$
$$B'B = 2C'C - A'A.$$

Pero como la graduación de C'C es la mitad de A'A y B'B, entonces:

$$B'B = \frac{2C'C}{2} - A'A$$
$$B'B = C'C - A'A$$

Justificación para la multiplicación:

OX y OY son los ejes cartesianos y O es el origen.

BD | | AC
OC = 1

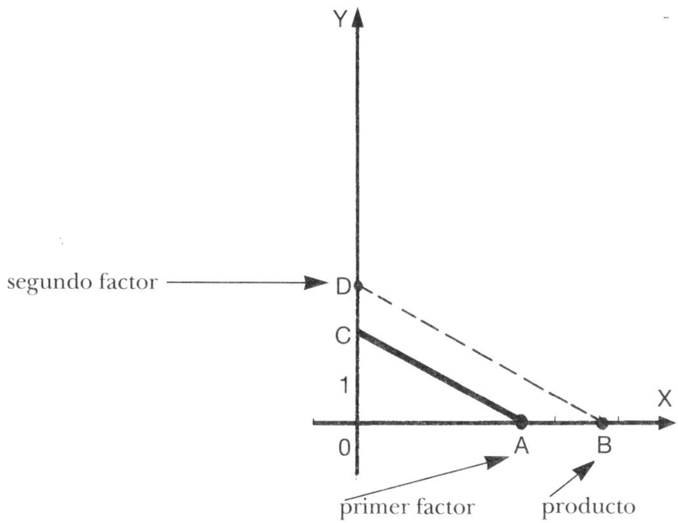

$$\frac{OC}{OD} = \frac{OA}{OB}$$

Toda paralela a un lado de un triángulo forma con los otros dos lados un triángulo semejante al primero.

$$\frac{1}{OD} = \frac{OA}{OB} \text{ ya que } OC = 1$$

OB = OA·OD despejando a OB.

Justificación para la división:

$$\frac{OC}{OD} = \frac{OA}{OB}$$

$$\frac{1}{OD} = \frac{OA}{OB}$$

$$OD = \frac{OB}{OA}$$

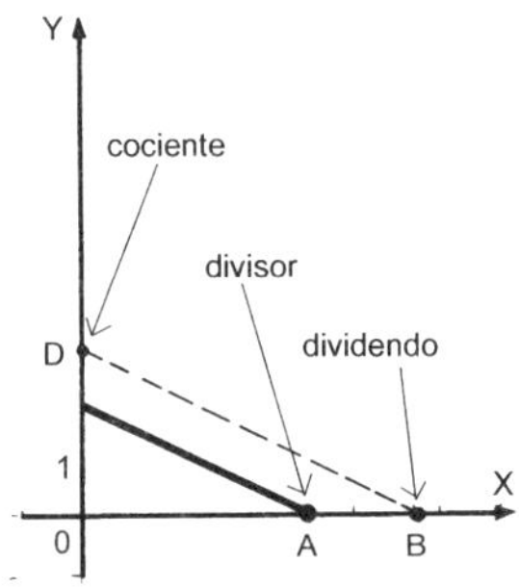

Como $\overline{AC} \parallel \overline{BD}$, $\angle A = \angle B$, entonces los triángulos OAC y OBC rectángulos, son semejantes.

Nota: Aquí, el apoyo +1 en el eje Y actúa como el elemento neutro multiplicativo.

3. Problemas de solución única y múltiple

El valor didáctico de este tipo de problemas le resultará evidente al lector, pues hace ver la estrecha relación entre la respuesta real y la respuesta matemática.

La situación problemática siguiente maneja un mismo contexto, el que permite hacer dos preguntas; la primera nos lleva a una respuesta única y la segunda a una de tipo múltiple. Veamos:

1. ¿Cuánto se debe dar de cambio por una mercancía que costó 138.00 pts. y que se pagó con un billete de 500.00 pts.?
2. Se paga una mercancía de 130.00 pts. con un billete de 500.00 pts. ¿Cómo se puede dar el cambio?

En el primer caso la respuesta, de carácter algorítmico manual o de cálculo mental, se puede dar por medio de una resta de cantidades, y es única. Ella es:

500.00 pts. – 138.00 pts. = 362 pts.

Es claro que, usando la «resta hacia arriba», se puede llegar a esa misma respuesta:

130.00 pts. + 362.00 pts. = 500.00 pts.

Y, entendida la pregunta como una ecuación, se puede plantear:

130.00 pts. + x pts. = 500.00 pts.,

o bien:

500.00 pts. – 138.00 pts. = x,

que llevan a la respuesta única de 362.00 pts.

En cambio, para la pregunta 2, como situación problemática, es evidente que lleva a solución múltiple, siendo algunas de las posibles las siguientes:

3 billetes de 100.00 pts.	1 billete de 100.00 pts.	7 billetes de 50 pts.	1 billete de 100.00 pts.
1 billete de 50.00 pts.	5 billetes de 50 pts.	2 monedas de 5 pts.	5 billetes de 50 pts.
1 moneda de 10 pts.	1 moneda de 10.00 pts.	2 monedas de 1 pts.	1 moneda de 10.00 pts.
1 moneda de 2.00 pts.	2 monedas de 1 pts.		2 monedas de 1 pts.

Algunas posibles respuestas, aunque poco realistas, pueden ser:

36 monedas de 10 pts.	17 monedas de 20 pts.
2 monedas de 1 pts.	10 monedas de 1 pts.
	2 monedas de 1 pts.

Y aunque algunas respuestas son matemáticamente aceptables, son inverosímiles. Por ejemplo:

14 billetes de 25 pts.
6 billetes de 2 pts.

ya que estas denominaciones de billetes no existen en el mercado financiero.

Estas formas de resolución son recomendables de ser explicadas y aclaradas, al menos en una ocasión, ante el conjunto de los alumnos a nuestro cargo a fin de mostrar lo viable y lo imposible en la práctica cotidiana y así hacer mención de problemas de respuesta única y de respuesta múltiple.

4. Presentación de la información y problemas

La presentación y tratamiento de la información es un campo fértil para obtener situaciones problemáticas, siempre y cuando muchos de los enunciados estén sacados de las fuentes mismas de la información, como lo es, por ejemplo, el periódico.

Veamos estos ejemplos:

Ejemplo 1

LOS PAÍSES DEL TLC Y SUS DIFERENCIAS

	ACTIVIDAD ECONÓMICA	
538 MMD	283 MMD	5 686 MMD
	INGRESOS PER CÁPITA	
20.2 MD	3.4 MD	22.6 MD
	INFLACIÓN (Al cierre de 1991)	
5.6 (%)	18.8 (%)	3.1 (%)
	SECTOR EXTERNO (Rel. con respecto al PIB)	
1.4 (%)*	4.0 (%)**	1.3 (%)**

NOTAS: MMD miles de millones de dólares; MD millones de dólares; * saldo superavitario; ** saldo deficitario.
Elaborada por Excelsior.

De acuerdo con esta gráfica de datos, algunas preguntas que se pueden hacer trabajando los números de ella pueden ser, para 1993 en que fue elaborada la tabla:

1. Escribe las cantidades de las actividades económicas en dólares.
2. ¿Cuántas veces es mayor la actividad económica de los E.U.A. que la de México y la de Canadá?
3. ¿Qué tanto por ciento (%) representa el ingreso per cápita de México en relación al de los E.U.A.?

Ejemplo 2

Para la siguiente tabla contestar lo que se pide:

En los últimos años, los precios de los principales productos básicos han evolucionado de la siguiente manera:

	Nov. 88	Nov. 89	Noviembre 90 Antes del Pacto	Después del Pacto	Aumento en el sexenio
Azúcar estándar	517	1,130	1,200	1,400	170.8%
Azúcar refinada	823	1,300	1,400	1,730	110.2%
Leche pasteurizada	950	1,100	1,150-1,400	1,800	89.5%
Sal refinada	280	989	1,300	1,600	471.4%
Sardina	1,225	1,513	1,911	3,120	154.7%
Detergente	2,335	2,245	2,845	3,400	45.6%
Aceite	2,190	2,205	2,800	3,200	46.1%
Arroz	959	1,145	2,170	3,800	296.3%
Atún	2,016	2,113	2,440	3,200	58.7%
Avena	1,189	1,340	1,510	2,730	129.6%
Pan bimbo	538	600	1,100	1,700	216.0%
Focos	869	969	1,200	1,350	55.4%
Chiles en lata	545	550	950	1,225	124.8%
Huevo	1,300	1,900	3,000	4,500	246.2%
Frijol	850	910	2,900	6,000	605.9%
Bistec	8,000	9,500	10,500	15,000	87.5%

El incremento del salario mínimo general desde la concertación inicial del Pacto (enero de 1988):

Dicembre de 87 (en pesos $)	5,867.24	
1º ene. - 29 feb. 88	7,040.69	20%
1º mar. - 31 dic. 88	7,252.92	3%
1º ene. - 30 jun. 89	7,833.66	8%
1º jul. - 3 dic. 89	8,306.03	6%
4 dic. - 31 dic. 89	9,138.89	10%
1º ene. - 31 may. 90	10,080.00	10%
1º jun. - 16 nov. 90	11,900.00	18%

1. ¿Cómo se puede calcular el aumento porcentual del pan «BIMBO» de \$ 538.00 a \$ 1 700.00, en el sexenio?
2. ¿De cuánto fue el aumento porcentual del salario mínimo en el mismo período?
3. ¿Qué tanto por ciento (%) es \$ 7 252.92 de \$ 10 080.00?

Demos solución a estas preguntas.

Para la pregunta 1: El planteamiento proporcional de los datos del problema nos lleva a:

$\$\,538 \rightarrow 100\ \%$
$\$1700 \rightarrow x\ \%$

Y este planteamiento a la proporción:

$$\frac{538}{1700} = \frac{100}{x} \Rightarrow x = \frac{1700(100)}{538} = 315.98\%$$

Pero como la base es el 100 %: 135.98 % – 100 % = 215.98 %

Para la pregunta 2: Un planteamiento proporcional semejante nos da:

$\$\,7\,252.92 \rightarrow 100\ \%$
$\$10\,080.00 \rightarrow \mathrm{y}\ \%$

La proporción que resuelve es:

$$\frac{7\,252.92}{10\,080.00} = \frac{100}{y} \Rightarrow y = \frac{10\,080.00 \times 100}{7\,252.92} = 138.97\%$$

Así que el incremento es: 138.97 % – 100 % = 38.97 %

Para la pregunta 3:

$$\frac{7\,252.92}{10\,080.00} = 0.7195367 = 71.95\% \quad \text{(por truncamiento)}$$

Ejemplo 3

El encabezado de la siguiente nota periodística es interesante.

■ Prioritaria, la lucha contra la desocupación

Uno de cada siete europeos vive en la pobreza, advierte la CE

LA JORNADA.
8 de junio de 1993
Pág. 25.

Ansa, Afp, Notimex, Ap y Reuter, *Luxemburgo, 7 de junio* □ La lucha contra la desocupación es prioritaria en Europa, donde viven 50 millones de pobres en una población total de 345 millones de personas, o sea que uno de cada siete europeos vive en la miseria, señaló un informe difundido hoy por la Comunidad Europea (CE) durante una reunión de los ministros de Finanzas.

"Europa debe enfrentar un auténtico terremoto social: con 50 millones de pobres el fenómeno de la marginación no puede considerarse marginal", explicó el presidente de la Comisión Ejecutiva de la Comunidad Europea, Jacques Delors.

En la CE hay actualmente 17 millones de desocupados (el 10.4 por ciento de la población activa), que podrían ascender a 20 millones en 1994, se destacó en la reunión.

Este año el crecimiento promedio de la CE será negativo (alrededor de -0.3 por ciento) y la recuperación de la economía llegará sólo en 1994, dijo el responsable para los Asuntos Económicos de la Comisión, Henning Christophersen.

"El crecimiento será un poco superior y un poco inferior al -0.3 por ciento, pero éste es el dato que estamos esperando", explicó Christophersen. En enero la Comisión Ejecutiva había previsto una expansión del 0.8 por ciento.

Delors y el ministro de Dinamarca —presidente en turno de la CE— declararon que la lucha contra la desocupación será uno de los puntos centrales de la agenda de la próxima reunión cumbre de Los Doce, prevista para el 21 y 22 de junio en Copenhague.

En la reunión de hoy todos los ministros coincidieron sobre la gravedad del desempleo.

Sin embargo, a nivel técnico-operativo hay divergencias entre los países. Por este motivo, las iniciativas para combatir la desocupación serán decididas individualmente por cada nación, mientras que la CEE llevará adelante sólo un trabajo de estímulo y coordinación.

El ministro de Finanzas de Alemania, Theo Waigel, dijo que a causa de la recesión la tasa de desocupación debería llegar a 12 por ciento en el curso del año próximo, es decir, "el nivel más alto en la historia de la Comunidad".

"No habrá recuperación capaz de crear puestos de aquí a 1995", dijo por su parte el vice ministro de Economía de España, Pedro Pérez.

Si se toma literalmente la nota y teniendo en cuenta que la población de Europa en ese año era de aproximadamente 345 000 000 de habitantes:

1. ¿Cuántos habitantes europeos están en la proporción del encabezado de «1 de cada 7»?

   $345\ 000\ 000 \div 7 = 49\ 285\ 714.29$

Esta cantidad obtenida es la que lleva al articulista, por un redondeo a las unidades de millón, que el número de europeos que están en la miseria es de 50 millones.

2. El artículo también afirma que en la CE (Comunidad Europea) hay 17 millones de desocupados, representando al 10.4 % de la población económicamente activa. De acuerdo con este dato, ¿cuál era la población económicamente activa de la CE en ese año?

Por un planteo proporcional:

$$17\ 000\ 000 \rightarrow 10.4\ \%$$
$$x \rightarrow 100.0\ \%$$

Así que, $x = \dfrac{17\ 000\ 000 \times 100}{10.4} = 163\ 461\ 538$ (a cifras enteras)

Ejemplo 4

La siguiente nota periodística permite ver, cuando se le aplica el análisis matemático a los datos, cuál fue la realidad electoral para el caso del estado de Guerrero en México.

Gana el PRI dos a uno al PRD en Guerrero, según datos del CEE

■ Entregó el organismo electoral su primer reporte preliminar ■ Para Rubén Figueroa, 65 mil 484 votos; a Félix Salgado, 30 mil 188 ■ Perderán su registro 6 de los 11 partidos contendientes

José Manuel Benítez y Juan José Guadarrama, corresponsales y Oscar Camacho Guzmán, enviado, *Chilpancingo, Gro., 22 de febrero* □ Los primeros resultados preliminares dados a conocer hoy por el Consejo Estatal Electoral (CEE) de Guerrero dan al Partido Revolucionario Institucional (PRI) una ventaja de dos a uno sobre el de la Revolución Democrática (PRD), luego de computarse mil de las 3 mil 173 casillas instaladas para la elección, con una "tendencia de abstencionismo" del 75 por ciento, según las propias cifras oficiales.

El cómputo de mil 13 casillas adjudica al PRI 65 mil 484 votos; al PRD, 30 mil 188; PAN, 5 mil 634; PFCRN, mil 833; PPS, mil 720; PARM, mil 38; PDM, 790; PCG, 577; PRT, 497; PEG, 472 y PPG, 389.

Según este cómputo, y de mantenerse las actuales tendencias, seis de los 11 partidos políticos que contendieron por la gubernatura perderían su registro: Auténtico de la Revolución Mexicana (PARM); Revolucionario de los Trabajadores (PRT); Cívico Guerrerense (PCG); Demócrata Mexicano (PDM); Ecologista de Guerrero (PEG) y Progresista de Guerrero (PPG).

Asimismo, si las actuales tendencias se conservan, el PRI podría alcanzar alrededor de 200 mil votos, mientras que su más cercano contendiente, el PRD, llegaría a poco más de 90 mil sufragios.

Para el PRI significaría una caída de 340 mil votos respecto de la pasada elección a la gubernatura, en la cual Francisco Ruiz Massieu fue electo con 540 mil sufragios, con un padrón similar en el número de ciudadanos inscritos —un millón 91 ciudadanos—. El PRD no existía hace seis años como partido.

Este número de votos constituiría menos del 20 por ciento del padrón de Guerrero, que registró a un millón 131 mil ciudadanos; y representaría 8 por ciento de la población total del estado —alrededor de 2.5 millones de personas.

Asimismo, los 200 mil votos que obtendría Figueroa Alcocer estarían por abajo del número de personas en edad de votar que no fueron incluidos en el padrón de Guerrero.

El informe que dio a conocer hoy el Consejo Estatal Electoral comprende un total de mil 13 actas finales de escrutinio y cómputo, correspondientes a los distritos 1, 4, 5, 7, 8 17, 19, 21, 25, 26 y 28. En esos distritos el total de votos emitidos ascendió a 108 mil 622, sobre un listado nominal de electores, en los 11 distritos, de 499 mil 940 empadronados.

De acuerdo con estas cifras, el comunicado del Consejo Estatal Electoral indica que la "tendencia de abstencionismo" en las elecciones por la gubernatura de la entidad es de 75.86 por ciento.

LA JORNADA.
23 de febrero de 1993.
Pág.18.

Una sola pregunta. ¿Cuál fue el tanto por ciento (%) de los votos que llevaron a Rubén Figueroa a asumir la gubernatura del Estado de Guerrero con relación al total del padrón electoral?

Veamos:

Figueroa obtuvo 200 000 votos

El número de ciudadanos con credencial fue de 1 131 000

$$\text{Entonces} = \frac{200\ 000}{1\ 131\ 000} = 0.1768346 = 17.68\%$$

Interesante, ¿verdad?

En el mismo artículo se afirma que el abstencionismo fue del orden del 75.86 %. Por medio de una estimación rápida, ¿cuántos ciudadanos dejaron de votar?

Pensemos que el 75.86 % lo cerramos en 75 %, que son las $^3/_4$ partes del electorado. También cerremos a 1 131 000 ciudadanos con credencial de votante a 1 100 000, entonces:

$$75\ \%\ \text{de}\ 1\,100\,000 = \tfrac{3}{4}\ \text{de}\ 1\,100\,000 = \frac{3 \times 1\,100\,000}{4} = 825\,000$$

En realidad, la cantidad correcta es de 834 460.

5. La comprobación como vía de aceptación de una estrategia

Veamos un problema en donde la comprobación es la vía de aceptación de las estrategias propuestas.

Al valor de una mercancía se le aplicó el 16 % de aumento. Se sabe que el nuevo valor de la mercancía es de $ 232.00.

¿Cómo saber cuál es el valor original de la mercancía a la cual se le aplicó el 16 % de aumento y tal que su valor haya quedado en $ 232.00?

Dos alumnos establecieron sendas estrategias. Una de ellas está equivocada. Las estrategias fueron:

Primera estrategia.

> «Si a $ 232.00 le saco el 16 % y resto la cantidad que obtenga a $ 232.00 llego a la cantidad pedida».

Valor original = $ 232.00 – 16 % de $ 232.00

Segunda estrategia.

> «$ 232.00 es igual a una cantidad *x* de pesos más el 16 % de esta cantidad x de pesos. Así que puedo establecer una proporción directa».

$$\$\ 232.00 = \$\ x + 16\ \%\ \text{de}\ \$\ x \quad \text{y} \quad \left| \begin{array}{lll} \$\ 232.00 & \rightarrow & 116\ \% \\ \$\ x & \rightarrow & 100\ \% \end{array} \right|$$

¿Cuál de estas dos estrategias es correcta?

Seguramente, el camino más conveniente para establecer cuál estrategia es la correcta es la de comprobar cada una de ellas.

Veamos.

Comprobación de la primera estrategia.

$ 232.00 × 16 % de $ 232.00 = $ 232 × 0.16 = $ 37.12
$ 232.00 - $ 37.12 = $ 194.88.

Comprobación:
El 16 % de $ 194.88 sumado a $ 194.88 debe dar $ 200.00.
16 % de $ 194.88 = 0.16 × $ 194.88 = $ 31.1808 y $ 194.88 + $ 31.1808 = $ 226.0608.

Comprobación de la segunda estrategia.

$$\left.\begin{array}{lll} \$\,232.00 & \rightarrow & 116\ \% \\ \$\,x & \rightarrow & 100\ \% \end{array}\right\} \rightarrow x = \frac{\$232.00(100\%)}{116\%} = \$200.00$$

Comprobación:

El 16 % de $ 200.00 sumado a $ 200.00 debe dar $ 232.00.
16 % de $ 200.00 = 0.16 × $ 200.00 = $ 32.00 y $ 200.00 + $ 32.00 = $ 232.00

Como se ve, por medio de la comprobación, la segunda estrategia es la correcta. Cosa que, además, se confirma con la ecuación que el alumno estableció:

$ 232.00 = $ *x* + 16 % de $ *x*

6. Problema en las ciencias sociales

Entre otros, el siguiente ejemplo puede ser presentado al alumno como un excelente caso de auscultación de la aritmética en las ciencias sociales:

El objeto final de toda actividad capitalista es la ganancia. Antes del gran desarrollo capitalista, el tipo de circulación mercantil era:

Mercancía → Dinero → Mercancía,

pero el dinero se convirtió en capital en una determinada fase del desarrollo de la producción mercantil. Carlos Marx (1818-1883) llegó a expresar la fórmula general del capital por medio de la fórmula:

Dinero → Mercancía → Dinero incrementado,

a la que denominó plusvalía.

Por supuesto, que el fin y determinación de la producción capitalista es la creación de la plusvalía, siendo que el valor que produce plusvalía es el capital. Por otro lado, el valor de uso de la fuerza de trabajo es la capacidad del obrero para crear en el proceso del trabajo un valor mayor (plusvalía) que el de su fuerza de trabajo. Carlos Marx estudió esto y llegó a obtener la «cuota de plusvalía» (p'), así:

$$p' = \frac{\text{PLUSVALÍA}}{\text{CAPITAL VARIABLE}} \times 100\%$$

que expresaba en forma exacta el grado de explotación del obrero.

Sabemos que:

capital constante (c) + capital variable (v) = capital total (t), y si un industrial vende la mercancía en (d) pesos, entonces:
d – t = p (plusvalía)

Veamos:

Ejemplo 1:

- Supongamos que 5 horas es el trabajo necesario y 5 horas es el trabajo adicional. Entonces:
  $p' = (5 \div 5) \times 100\ \% = 100\ \%$
- Supongamos que 5 horas es el trabajo necesario y 7 horas el trabajo adicional. Entonces:
  $p' = (7 \div 5) \times 100\ \% = 140\ \%$
- Supongamos que 3 horas es el trabajo necesario y 7 horas el trabajo adicional. Entonces:
  $p' = (7 \div 3) \times 100\ \% = 233.333\ \%$

Otro ejemplo podría radicar en presentar en una tabla el ingreso *per cápita* de distintos países, hacer una gráfica, por ejemplo de barras, y a la vez indicar cuál es la tasa promedio de beneficio o de ganancia en cada uno de esos países. Las sorpresas serían mayúsculas.

Y así, como éste, otros ejemplos pueden ayudar a que el alumno aprecie que la matemática usada intencionalmente puede ponerlo en contacto con la realidad, pues es un valioso instrumento para analizar muchos fenómenos de la naturaleza, de la sociedad y del pensamiento.

7. Problemas totales

Cuando en la actualidad se habla del enfoque de los contenidos programáticos en la Educación Secundaria, dirigida al desarrollo de ciertas habilidades matemáticas, a partir de la resolución de problemas, aparece un concepto poco manejado todavía, referido al cómo explotar un enunciado problemático, entendido como un problema al cual se pueden hacer muchas preguntas. Es común que estuviéramos acostumbrados a la resolución de problemas en los que se tomaban dos o tres datos primordiales y, enlazados, relacionados y operados convenientemente nos llevaran «al resultado», el cual estaba planteado como una pregunta muy dirigida en la que los datos encajaban en extremo adecuadamente. Ahora no. Una tendencia que se va desarrollando con cautela es la de establecer un enunciado problémico preciso, tan preciso como la mayoría de los que antes planteábamos pero, en cambio, derivar de él tantas preguntas en forma natural como vías de aplicación tenga el alumno de acuerdo con sus saberes anteriores, los recientes y los inmediatos. A este tipo de problemas se les reconoce como *problemas totales*.

Claro está que se busca que el problema esté bien contextualizado o, mejor aún, sea extraído de una situación real necesaria e interesante al común denominador de nuestros pupilos.

En este tipo de problemas se debe tener mucho cuidado en saber en qué momento se suspende el número de preguntas que se hacen, derivadas de los datos de problema o cuándo incorporar datos extras que vayan enriqueciendo las posibilidades de su resolución, siempre con base en los conocimientos y las habilidades desarrolladas por el alumno hasta ese momento, ver cuáles son las más pertinentes que, siendo suficientes, permitan agotar muchas vías de interrelación con diversos contenidos o bloques de contenidos del programa.

Y,¡cuidado!, porque hurgando convenientemente se pueden rescatar muchas preguntas en el enunciado de un problema.

Bueno, entremos en materia. Veamos un ejemplo, que aunque a algunos les puede resultar forzado por momentos, tiene la intención de eso, de ser un ejemplo en el que el maestro se puede apoyar para adaptar a sus necesidades específicas.

«Se han comprado 16 cajas de refresco, cada una con 24 botellas. El precio unitario de las botellas es de $1.50, pero al comprar más de 10 cajas, el establecimiento hace un descuento del 15 % por cada caja comprada en total».

Se pregunta:

1. ¿Cuántos refrescos se compraron en total?
2. ¿Cuánto cuestan las 16 cajas sin descuento?
3. ¿Cuánto importa la compra total aplicando el descuento establecido?
4. ¿Cuánto cuestan 5 cajas de refresco?
5. ¿Cuál es el importe de cada refresco al comprar un mínimo de 10 cajas?
6. ¿Cuál es el descuento por cada botella si se compran las 16 cajas?
7. ¿Qué tanto por ciento de las 16 cajas son 8 botellas?
8. Si cada caja tiene por dimensiones 20 cm × 15 cm × 18 cm, ¿cuántas cajas se pueden almacenar en una bodega de 2.40 m × 1.10 m × 2.00 m?
9. Como las botellas son de base circular, ¿cuál es el radio de cada botella?
10. Si cada botella contiene 720 cl, ¿cuántas botellas se llenan con 25 litros?
11. ¿Cuál debe ser el radio de un barril de 1.5 m de altura que pueda contener exactamente el líquido contenido en los refrescos de las 16 cajas?
12. Si las 2/3 partes del total de las botellas son de refresco de limón y el resto son de melón, ¿cuántas botellas de cada refresco hay y cuántas cajas de cada uno si son cajas completas de un mismo sabor?
13. ¿Cuál es el decimal, la fracción común y el tanto por ciento que representa a:

Número de botellas	Fracción común	Decimal	Fracción	Tanto por ciento?
8				
15				
70				
105				
212				

14. Como las cajas están revueltas y no tienen señas especiales, ¿cuál es la probabilidad de sacar una caja con refrescos de sabor limón del total de las cajas de refresco?
15. Hacer la gráfica de sectores circulares del número de botellas de refresco de cada sabor.
16. Hacer la gráfica de barras del número de botellas de refresco de cada sabor.
17. ¿Cuál es el número de botellas de ambos sabores que por partes iguales se pueden almacenar en cada caja?
18. ¿Cuál es el mínimo común múltiplo entre los números de cajas de cada sabor?
19. ¿Cuál es el máximo común divisor del número de los refrescos de cada sabor?
20. ¿Se pueden formar paquetes de promoción con 2, 3, 4, 5, 6, 7, 8 y 9 cajas cada uno sin que sobren ni falten cajas en cada caso?
21. ¿En qué casos no es posible? ¿Por qué?
22. Si al doble del número de cajas de sabor melón se le resta el triple de cajas de sabor limón, el número de cajas es 200, y si al número de cajas de sabor limón se le aumenta el cuádruplo de cajas, el total de cajas es 250. ¿Cuántas cajas de cada sabor se están considerando y cuántos refrescos de cada sabor se tienen?
23. Se sacan 4 botellas de cada 4 cajas para estimar cuántas pueden estar defectuosas y se vio que el 8 % lo estaban:
    a) ¿Cuál es la población considerada?
    b) ¿Cuántas botellas representan la muestra?
    c) ¿Cuántas botellas del total, aproximadamente, pueden estar defectuosas?

Y así podríamos continuar. Con estas preguntas el lector apreciará lo sencillo o complejo que puede hacerse un problema, los alcances y el nivel de aplicación de los mismos y las interrelaciones del problema con los demás temas de conocimiento.

Por supuesto que no lo vamos a resolver aquí, pero sería conveniente que para algunos incisos se viera la posibilidad de discutir diversos estrategias de resolución y como es claro que se pueden explotar la memoria generalizada, la clasificación completa, la reversibilidad del pensamiento y la imaginación espacial como una cosa natural en algunas de las partes de este problema total, además del uso del cálculo mental y la estimación de resultados.

8. Acerca de la reversibilidad del pensamiento

La reversibilidad como habilidad matemática se manifiesta como algo natural en algunos de nuestros alumnos más que en otros. Podemos ayudar a desarrollarla mediante problemas, ejercicios y preguntas adecuadas.

La primera idea importante para lograrlo sería el ejercitar la construcción de enunciados problemáticos que tengan la intención de usar como dato lo que en otro fue resultado y algún otro de los datos del problema original.

Veamos estos ejemplos:

1. El 8 % de la población de la República Mexicana es analfabeta. Se estima que la población total del país es de 90 millones de habitantes. ¿Qué número de personas representa a ese tanto por ciento?

El problema resuelto por medio de los porcentajes nos lleva a:
$P = n \times c \rightarrow P = 0.08 \times 90\,000\,000 = 7\,200\,000$ personas.

Problema de reversibilidad:

> «Si del total de los 90 millones de habitantes que se estima tiene la República Mexicana, 7.2 millones representan a la población analfabeta, ¿qué tanto por ciento la representa?».

También se puede construir el enunciado reversible:

> «7.2 millones de los habitantes de la República Mexicana son la población analfabeta y representa al 8 % de la población total. ¿Cuál es la población total del país?».

2. Si se deben representar a los primeros números naturales como una combinación operatoria de cuatro cincos, como es el caso de:

$$(5 \div 5) - (5 \div 5) = 0$$
$$(5 \div 5) + 5 - 5 = 1$$
$$(5 \div 5) + (5 \div 5) = 2$$
$$(5 + 5 + 5) \div 5 = 3$$
$$5 - (5)^{5-5} = 4$$
$$(5 - 5)^5 + 5 = 5$$

Escriba enseguida, con la misma cifra 5 y con sólo 4 de ellos, por medio de combinaciones numéricas, una posible expresión para los números del 6 al 10.

3. ¿Cuál es el número que multiplicado por 2, restado en 1, aumentado en 5 y dividido entre 4, es igual a 8?

Este problema, así planteado, lleva a la ecuación de primer grado:

$$\frac{2x - 1 + 5}{4} = 8$$

que simplificada es: $2x + 4 = 32$.

Al despejar x, nos lleva al valor $x = 14$.

Sin embargo, este problema se puede resolver por el «método de inversión», el cual consiste en ir de atrás hacia adelante en su enunciado, a condición de que cada operación planteada se sustituya por su inversa. Esto es:

Resultado:		8	
dividido entre 4	→ multiplicado por 4:	8×4	$= 32$
aumentado en 5	→ disminuido en 5:	$32 - 5$	$= 27$
restado en 1	→ sumado en 1:	$27 + 1$	$= 28$
multiplicado por 2	→ dividido entre 2:	$28 \div 2$	$= 14$

El lector puede ver la importancia de este procedimiento de resolución del problema; en el primer camino se ha usado una ecuación de primer grado con una incógnita. El problema, por lo mismo, es aplicable sólo desde el segundo año de la Educación Secundaria. El segundo camino permitió resolver el mismo problema con el solo recurso de la aritmética elemental y por ello el problema puede ser resuelto desde el primer grado de ese nivel.

Veamos otro problema aparentemente similar.

4. ¿Cuál es el número que duplicado, disminuido en tres, elevado al cuadrado, dividida la potencia entre 11, da el número 11?

Este nuevo enunciado nos lleva a la ecuación:

$$\frac{(2x - 3)^2}{11} = 11$$

Esta ecuación simplificada nos lleva a $4x^2 - 12x - 112 = 0$

Resuelta como ecuación cuadrática completa que es, nos lleva a las raíces:

$x_1 = 7$ y $x_2 = -4$

Resolvamos este mismo problema por el «metodo de inversión».

1.	Resultado:		11			
2.	dividido entre 11	→	multiplicado por 11:	11(11)	=	121
3.	elevado al cuadrado	→	extraída su raíz cuadrada:	$\sqrt{121}$	=	11
4.	disminuido en 3	→	aumentado en 3:	11 + 3	=	14
5.	duplicado	→	dividido entre 2:	14 ÷ 2	=	7

En efecto, 7 es una de las raíces de la ecuación. Evidentemente, la otra solución tiene que provenir del paso $\sqrt{121} = 11$ y −11. Si utilizamos enseguida la raíz simétrica que no hemos usado y seguimos con el desarrollo, a partir del paso 3:

3'.	elevado al cuadrado	→	extraída su raíz cuadrada:	$\sqrt{121}$	=	−11
4'.	disminuido en 3	→	aumentado en 3:	−11+3	=	−8
5'.	duplicado	→	dividido entre 2:	−8 ÷ 2	=	−4

Y, ésta es, en efecto, la otra raíz de la ecuación.

También este problema ha sido resuelto por dos caminos distintos. El primero llevó a una ecuación cuadrática completa y sólo es posible resolverla con alumnos que estén en el tercer grado de la Educación Secundaria. Sin embargo, por el segundo camino fue posible resolverse con la herramienta aritmética elemental y, por ello, es posible de resolverse desde el primer curso del mismo nivel, o bien, ser explotado en sus dos versiones y con ello estar ayudando al desarrollo de la reversibilidad del pensamiento.

5. Otra forma de utilizar la idea de los procedimientos de «atrás hacia adelante», muy poco explotados y explorados todavía, lo podemos ver a continuación en la resolución de ecuaciones sencillas de primer grado con una incógnita.

A. Sea la ecuación $x + 7 - 2 = 10$

apliquemos la reversibilidad y trabajemos de «atrás hacia adelante».

$10 \underline{+2} = 12$; $12 \underline{-7} = 5$. Entonces $x = 5$

operación inversa — operación inversa

Comprobemos que el resultado es correcto:

$$\begin{aligned} (5) + 7 - 2 &= 10 \\ 12 - 2 &= 10 \\ 10 &= 10 \end{aligned}$$

B. Sea la ecuación $2x - 4 + 7 = 19$.

Vamos a trabajarla en forma similar a la anterior.

$19 \underline{-7} = 12$; $12 \underline{+4} = 16$; $16 \underline{\div 2} = 8$

operación inversa — operación inversa — operación inversa

Comprobemos el resultado:

$$\begin{aligned} 2(8) - 4 + 7 &= 19 \\ 16 - 4 + 7 &= 19 \\ 19 &= 19 \end{aligned}$$

C. En la ecuación cuadrática $x^2 - 4 = 0$ apliquemos la reversibilidad.

$0 \underline{+4} = 4$; $\underline{\sqrt{4}} = \pm 2$

operación inversa — operación inversa

Así que $x = \pm 2$. En efecto, así es.

D. En $x^2 + 5 = 14$ hagamos lo mismo.

$14 \underline{-5} = 9$; $\underline{\sqrt{9}} = 3$

operación inversa — operación inversa

E. En $3x^2 - 1 = 74$ también trabajemos la inversión.

$74 + \underline{1} = 75$; $\quad 75 \div \underline{3} = 25$; $\quad \underline{\sqrt{25}} = \pm 5$

operación inversa — operación inversa — operación inversa

6. El siguiente juego contiene algún elemento de la reversibilidad, sólo que aquí la reversibilidad se da al principio.

El juego consiste en hacer una suma de cinco sumandos, cada uno de cuatro cifras. El que dirige el juego escribe el primer sumando y el resultado. Es evidente que con este inicio el director del juego debe saber cuál es el resultado al que debe llegar y cómo estructurarlo. Después de esto, el otro jugador y el director del juego escribirán alternativamente los otros cuatro sumandos. Y la sorpresa será que el resultado, que se ha escrito de antemano, será correcto.

Por ejemplo,

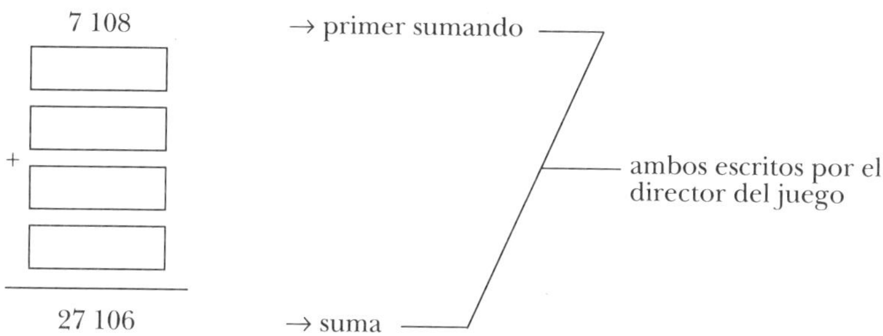

Supongamos que la adición completa ha quedado así:

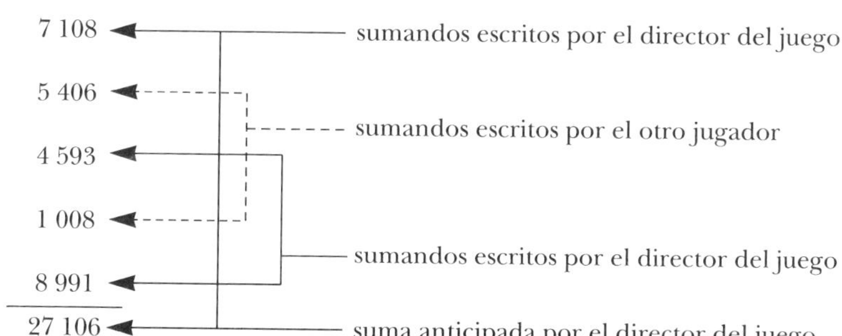

Observe que el resultado es correcto.

Ello es debido a que el director del juego sabe que en este tipo de juegos de «artimañas matemáticas», si a cada sumando del otro jugador le agrega un sumando cuyas cifras sean respectivamente el complemento a 9, se obtienen dos parejas de números cada una sumando 9 999.

$$\begin{array}{r} 5\,406 \\ +\ 4\,593 \\ \hline 9\,999 \end{array} \quad \text{y} \quad \begin{array}{r} 1\,008 \\ +\ 8\,991 \\ \hline 9\,999 \end{array}$$

Estas dos parejas de sumandos sumarán: 19 998 = 20 000 – 2.

Esto es, sabe que a su primer sumando (7 108) le sumará en total 20 000 – 2 y que:

$$\begin{array}{r} 7\,108 \\ +\ 20\,000 - 2 \\ \hline 27\,106 \end{array}$$

En este resultado se aprecia que:

- La cifra de las unidades es 2 unidades menor que la del primer sumando.
- Las cifras de las decenas, centenas y unidades de millar son las mismas que las del primer sumando.
- Da la impresión que el 2 que resta en 20 000 – 2 se transfiere como primera cifra en el resultado. La realidad es que es la suma de dos veces 9 999 y algo más del primer sumando y que, en total, hacen una cantidad mayor a 20 000.

Simbólicamente podemos escribir:

Primer sumando:		$x_1 (10)^3 + x_2 (10)^2 + x_3 (10)^1 + x_4$	
Suma de los cuatro sumandos alternados:	$20\,000$		-2
La suma de ambos es del tipo:	$2(10)^4\ +$	$x_1 (10)^3 + x_2 (10)^2 + x_3 (10)^1 + x_4$	-2
La suma es:		$x_1 (10)^3 + x_2 (10)^2 + x_3 (10)^1 + x_4$	
	$+\ 20\,000$		-2
	$20\,000\ +$	$x_1 (10)^3 + x_2 (10)^2 + x_3 (10)^1 + x_4$	-2
O bien:	$2(10)^4\ +$	$x_1 (10)^3 + x_2 (10)^2 + x_3 (10)^1 + x_4$	-2

7. La mera comprobación de una adición y de una sustracción lleva implícito el sentido de la reversibilidad del pensamiento.

Por ejemplo, en la adición:

$$\begin{array}{r} 3\,416 \\ +\; 1\,069 \\ 4\,018 \\ \hline 8\,503 \end{array} \downarrow \qquad \begin{array}{r} 8503 \\ \hline 3\,416 \\ +\; 1\,069 \\ 4\,018 \\ \hline \end{array} \uparrow$$

Y en la sustracción:

$$\begin{array}{r} 2\,316 \\ -\; 1\,009 \\ \hline 1\,307 \end{array} \quad \rightarrow \quad \begin{array}{r} 1\,307 \\ +\; 1\,009 \\ \hline 2\,316 \end{array}$$

Como el lector recordará, se comprueba que la diferencia en una sustracción es correcta cuando esa diferencia sumada al sustraendo da el minuendo.

8. Otra idea más acerca de la reversibilidad.

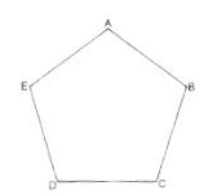

Se debe tener construido un pentágono regular inscrito en una circunferencia, pero sólo aparece el pentágono.

La construcción que sigue está apoyada en la construcción del segmento dividido en media y extrema razón es:

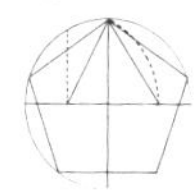

Ahora requerimos construir la circunferencia que lo circunscribe.

Para ello procedamos a la inversa.

1. Tomemos con el compás la longitud AB y apoyándolo en A tracemos un arco.

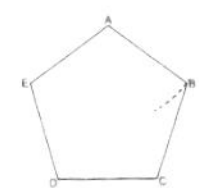

2. Bajemos una perpendicular por A.

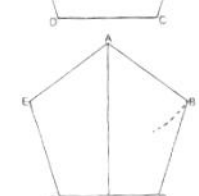

3. Con el transportador apoyado en la perpendicular AF y con el índice en A marquemos un ángulo de 30°.

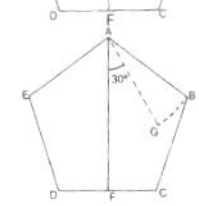

4. Donde el lado del ángulo de 30° corte al arco, se tiene un punto del diámetro (punto G). Tracemos la perpendicular de G al diámetro AF.

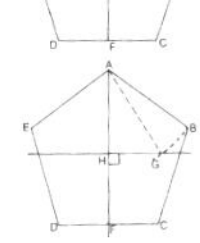

5. Así hemos localizado, en H, punto donde se cortan los dos diámetros, al centro del círculo en que se inscribe el pentágono regular. Con radio AH lo trazamos.

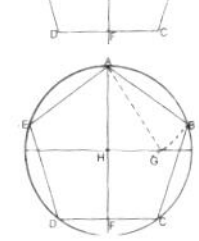

Está claro que hubiera sido más fácil trazar dos mediatrices por dos lados cualesquiera y en el punto de intersección de ellas se tendría al centro del círculo, pero este camino no es el inverso del que se nos presentó como punto de partida.

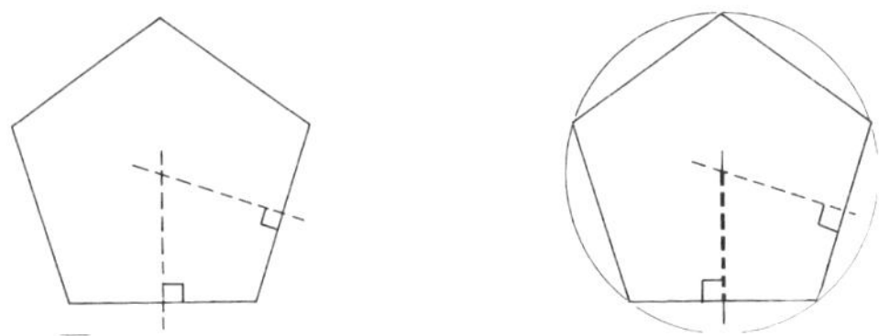

9. Sabemos que todo número decimal se puede expresar como la suma de sus valores posicionales expresados éstos en potencias de 10. Considerado así, se puede establecer que:

$3.752 = 3 + 0.7 + 0.05 + 0.002$

O bien:

$3.752 = 3(10^0) + 7(10^{-1}) + 5(10^{-2}) + 2(10^{-3})$

También:

$$3.752 = 3 \times 1 + 7 \times \frac{1}{10} + 5 \times \frac{1}{10^2} + 2 \times \frac{1}{10^3}$$

Un proceso reversible pediría, por ejemplo, que dada la descomposición en suma de valores posicionales, se dé la expresión decimal del número.

Ejemplos:

$$\frac{2}{10} + \frac{5}{100} + \frac{3}{1000} = 0.253$$

$$\begin{aligned} 3(10^1) + 4(10^0) + 7(10^{-1}) + 5(10^{-2}) &= 3(10) + 4(1) + \frac{7}{10} + \frac{5}{100} \\ &= 30 + 4 + 0.7 + 0.05 \\ &= 34.75 \end{aligned}$$

$$\begin{aligned} 5 \times \frac{1}{10} + 8 \times \frac{1}{10^2} + 9 \times \frac{1}{10^3} &= \frac{5}{10} + \frac{8}{100} + \frac{9}{1000} = \\ &= 0.5 + 0.08 + 0.009 = 0.589 \end{aligned}$$

Y más complejo aún:

$$4(10^2) + 5(10^1) + 12(10^0) + 8(10^{-1}) + 13(10^{-2}) + 23(10^{-3}) =$$
$$= 400 + 50 + 12 + 0.8 + 0.13 + 0.023$$
$$= 462.953$$

10. La reversibilidad del pensamiento la podemos apreciar en este último ejemplo, con el siguiente problema:

Se conocen de un triángulo ABC los vértices A y B, el homólogo A' de A y el homólogo C' del vértice C. Con estos elementos debe construirse tanto el eje de simetría como los vértices que determinan a las dos figuras que son simétricas.

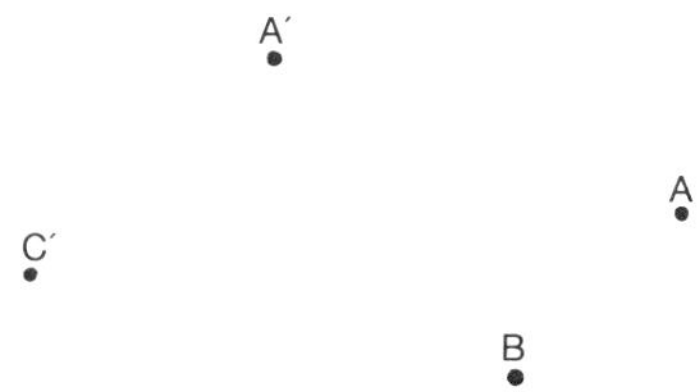

Procedimiento:

1º Se une A con A'.

2º Se localiza el punto medio de AA'.

3º Se traza la perpendicular por este punto medio. Esta perpendicular es el eje de simetría.

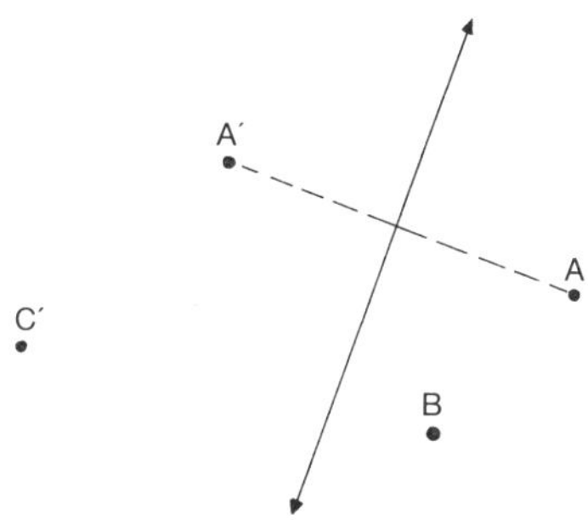

4º Se llevan perpendiculares al eje de simetría desde B y desde C', prolongándose en sentido opuesto al eje de simetría.

5º Se toman las distancias de B al eje de simetría y de C' al eje de simetría y se llevan sobre las prolongaciones respectivas a partir del punto de corte con el eje de simetría.

6º Se tienen así localizados los vértices faltantes en cada figura simétrica. Se unen los que correspondan para definir tanto al triángulo ABC como a su simétrico A'B'C'.

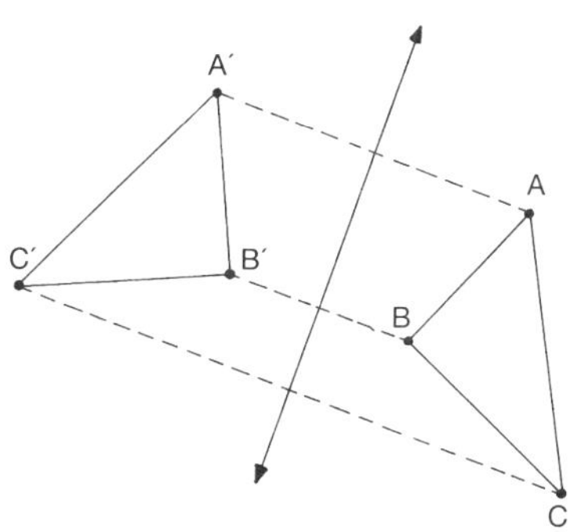

9. Acerca de la flexibilidad del pensamiento

> «Yo podría enseñar diversos caminos de resolución de un problema, pero eso me agota y consume mucho del tiempo lectivo...»

Esta es una frase común en labios de los maestros cuando se les invita a intentar meterse más de lleno en los tratamientos de los problemas que propician los nuevos contenidos programáticos en la Educación Secundaria e iniciar así una nueva práctica docente.

De hecho, esta respuesta es aferrarse a lo conocido y lineal, muy contrario al espíritu del nuevo enfoque programático y a las excelentes búsquedas que se pueden intentar por las libertades que otorga.

Sin embargo, día con día, muchos más maestros se dan cuenta que la aplicación de nuevas y diversas estrategias en la resolución de problemas:

- no siempre es posible;
- no siempre es necesaria;
- es más importante una breve discusión con los alumnos en la forma de abordar un problema a fin de ver qué se les ocurre e invitarlos a que la apliquen cuando se atisbe una que sea adecuada, aunque el permitir que usen una forma inapropiada también lleva a un aprendizaje, pues permite el choque dialéctico en el conocimiento que les obliga a buscar otros caminos;
- es muy recomendable utilizar una estrategia que provenga del propio alumno y, si acaso, usar la del maestro como contraste o como otra vía más dúctil, económica o conveniente.

Sea como fuere, es obligado que el maestro ensaye con sus alumnos la aplicación de diversas estrategias en la resolución de un problema y, a veces, utilizar una estrategia inapropiada a fin de que los alumnos descubran su inutilidad. Esto los hará más creativos y realistas.

Pasemos a ver algunos ejemplos.

1. En ocasiones, el uso de diversas estrategias de resolución ya vienen establecidas en el mismo programa, aunque no se especifique que lo son. El maestro debe estar en la disposición de entender que así ocurre. Me refiero al hecho de que, por ejemplo, cuando se pide la construcción de determinada figura geométrica (usando sólo escuadras, usando el transportador y la regla, usando el compás y las escuadras, etc.), es claro que las intenciones didácticas en cada caso son distintas y que, a veces, se piden diversas formas de construcción en tiempos y

grados diversos y, por ello, se pueden explotar explorando y aplicando diversos conceptos geométricos que ayuden, además, al desarrollo de habilidades motrices y al desarrollo de la imaginación espacial.

Veamos.

Construcción de un cuadrado.

Listemos las diversas alternativas que se nos presentan:

- Conocido el lado del cuadrado.
- Conocida la diagonal del cuadrado.
- Inscrito en una circunferencia.

Y, para cada caso, se puede recurrir cuando es posible al uso:

a) del transportador,
b) del compás,
c) de las escuadras,
d) de dobleces en papel,
e) de la medida directa.

1. *Construyamos algunas de estas vías*

A. Con el uso de escuadras sin que la medida del lado esté determinada.

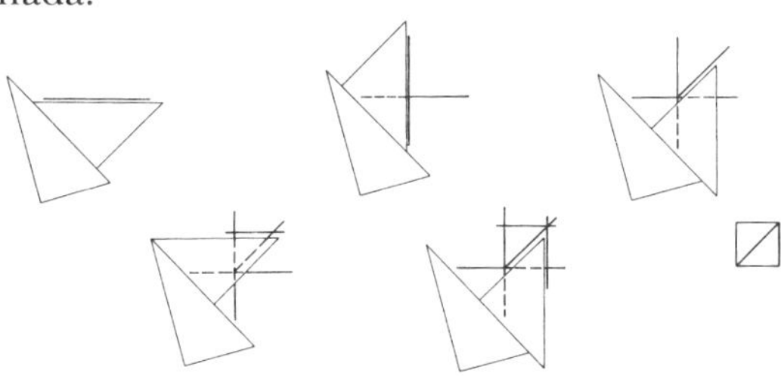

B. Con el uso del transportador y la regla.

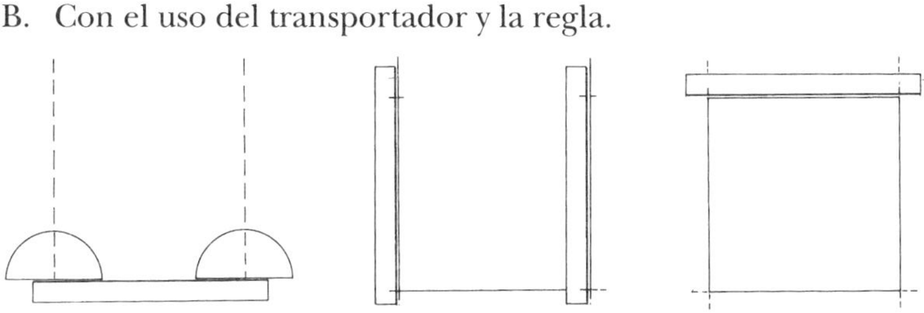

C. Inscribiendo a la figura en una circunferencia de cualquier radio (usando escuadras).

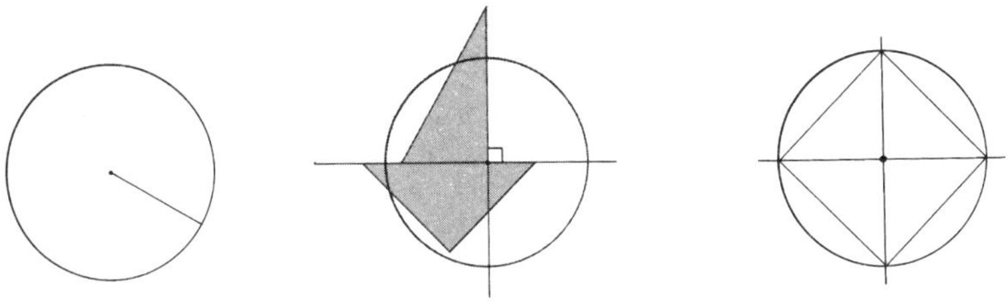

D. Cuando se conoce la diagonal del cuadrado.

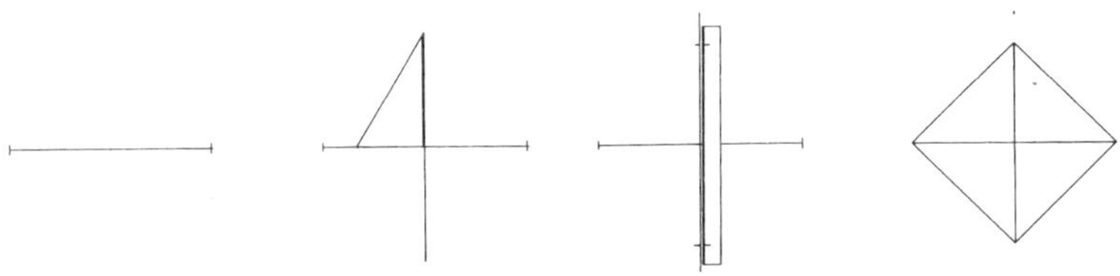

E. Por medio del trazo de perpendiculares y con regla.

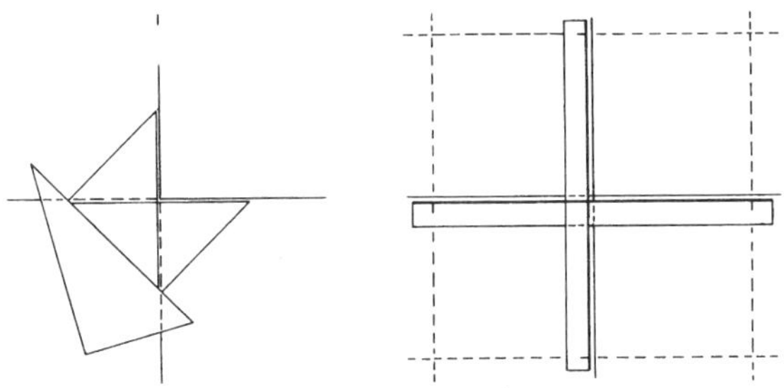

F. Por medio del trazo de perpendiculares y el uso del compás.

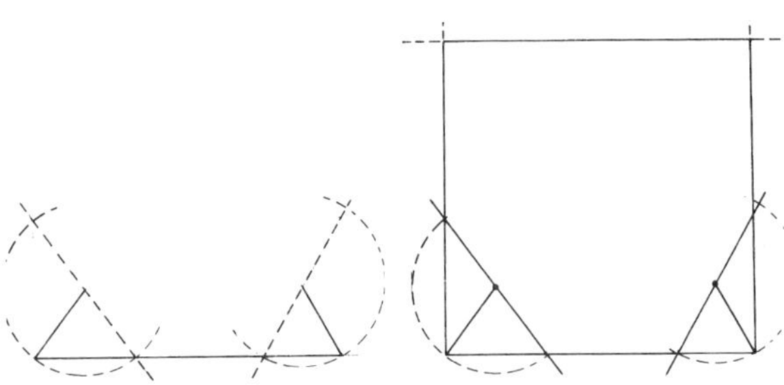

G. Con el solo uso del compás.

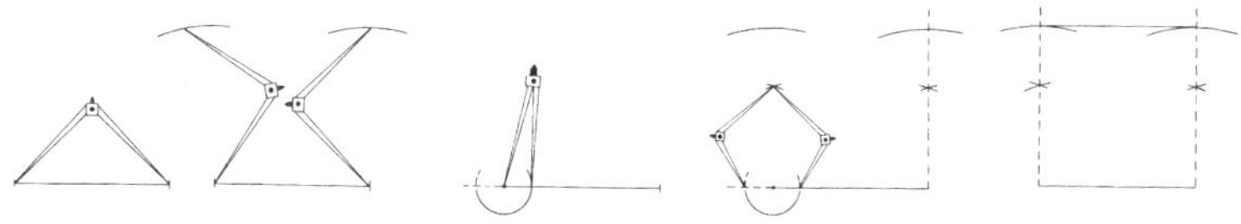

H. Por medio de dobleces (papiroflexia).

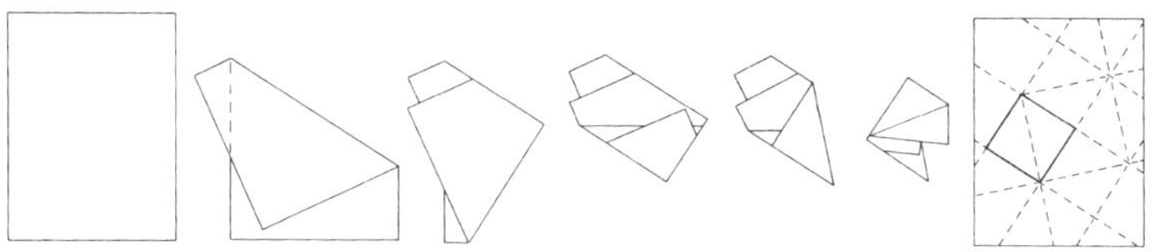

I. Por medio de dobleces sin apoyarse en los bordes de la hoja.

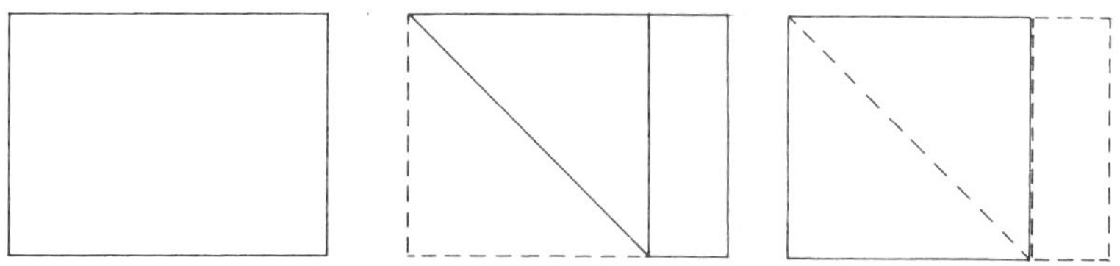

J. Con el uso de las escuadras y del compás (otra forma).

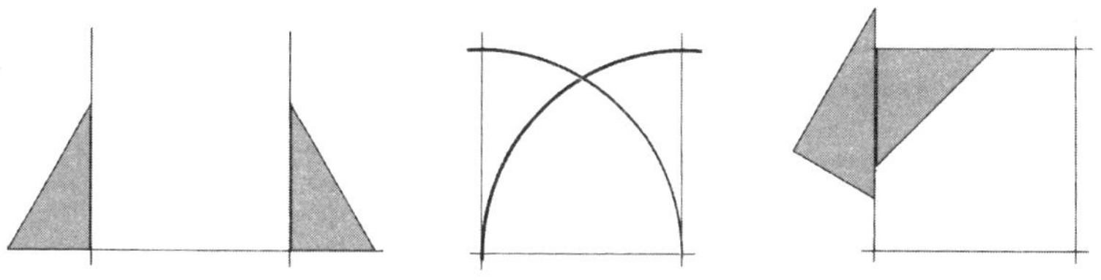

2. *Un problema*

Un comerciante compra un lote de trajes en $ 17 280.00. En el lote vienen 32 trajes. Se quiere saber:

a) Cuánto cuesta cada traje.
b) Cuánto ganó el comerciante si en lo general aumentó el 25 % a cada uno.

Para el inciso a):

Primera estrategia. Por reducción a la unidad.

$ 17 280 ÷ 32 = $ 540 c/u

Segunda estrategia. Por proporción.

$$\left.\begin{array}{ll}\$\ 17\ 280 & \rightarrow 32 \text{ trajes} \\ \$\ x & \rightarrow 1 \text{ traje}\end{array}\right\} \frac{17\ 280}{x} - \frac{32}{1} \rightarrow x - \frac{1(17\ 280)}{32}$$

$x = \$\ 540$ c/u

Tercera estrategia. Por reparto proporcional.

32 trajes	→	$ 17 280
16 trajes	→	$ 8 640
8 trajes	→	$ 4 320
4 trajes	→	$ 2 160
2 trajes	→	$ 1 080
1 traje	→	$ 540

Para el inciso b):

Primera estrategia. Por proporción.

$$\left.\begin{array}{ll}\$\ 4\ 17\ 280 & \rightarrow 100\% \\ \$\ x & \rightarrow 125\%\end{array}\right\} \frac{17\ 280}{x} - \frac{100}{125} \rightarrow \times - \frac{17\ 280(125)}{100}$$

$x = \$\ 21\ 600$ y $ 21 600 - $ 17 280 = $\boxed{\$\ 4\ 320}$

Segunda estrategia. Por porcentajes.

El 25 % de 1 traje es el 25 % de $ 540.
El 25 % de % $ 540 = 0.25 × $ 540 = $ 135

y $ 135 × 32 = $ 4 320

Tercera estrategia. Por porcentajes.

El 25 % de 32 trajes es 0.25 × 32 trajes = 8 trajes

y 8 × $ 540 = $\boxed{\$\ 4\ 320}$

Cuarta estrategia. Por porcentajes.

El 25 % de $17 280 es 0.25 × $ 17 280 = $\boxed{\$\ 4\ 320}$

Quinta estrategia. Por proporción.

$$\left.\begin{array}{ll}\$\ 17\,280 & \rightarrow 100\% \\ \$\ x & \rightarrow\ \ 25\% \end{array}\right\} \frac{17\,280}{x} = \frac{100}{125} \rightarrow x = \frac{\$17\,280(25)}{100}$$

$x = \boxed{\$\ 4\,320}$

Sexta estrategia. Por reparto proporcional.

32 trajes → \$ 17 280
16 trajes → \$ 8 640 (\$ 17 280 ÷ 2)

$\boxed{8 \text{ trajes} \rightarrow \$\ 4\,320}$ (\$ 17 280 ÷ 4)

Séptima estrategia. Por proporción.

Como el 25 % = 100 % ÷ 4, entonces

y \$ 17 280 ÷ 4 = $\boxed{\$\ 4\,320}$

Octava estrategia. Por el operador.

El 25 % de algo es su cuarta parte,

$\frac{1}{4}$ de 32 le corresponde $\frac{1}{4}$ de \$ 17 280 = $\frac{1}{4} \times \$\ 17\,280 = \$\ 4\,320$

Como se puede ver, se le ha sacado jugo al problema en cuanto a estrategias, aunque todas han sido algorítmicas. ¿Se le ocurre alguna de tipo gráfico?

10. Acerca de la imaginación espacial

Como imaginación espacial se identifica al concepto de representación de un problema o su solución, por medio de gráficos. Todos, sin excepción, nos imaginamos la representación de ciertas magnitudes que intervienen, aglutinadas, en una totalidad.

En cierto sentido, la imaginación espacial es la habilidad para representar en diversas formas ideas y conceptos con el recurso bien sea gráfico o bien al identificar en las representaciones planas al volumen real que le corresponde, «viendo» a través de lo opaco las líneas y ángulos que se forman.

Una primera idea.

1. *Representar en un modelo continuo la fracción* $\frac{1}{4}$

He aquí una buena diversidad de formas para representarla usando siempre el mismo modelo de rectángulo.

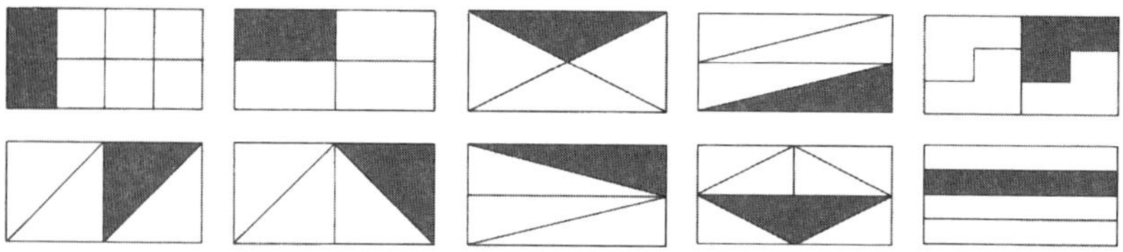

Y en otros modelos:

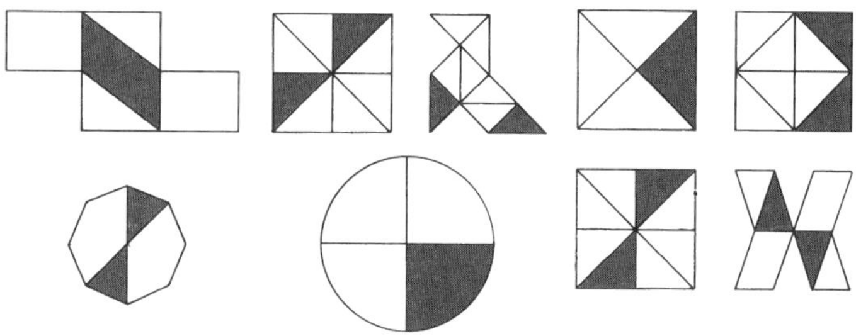

Ahora representemos a la misma fracción en un modelo discreto.

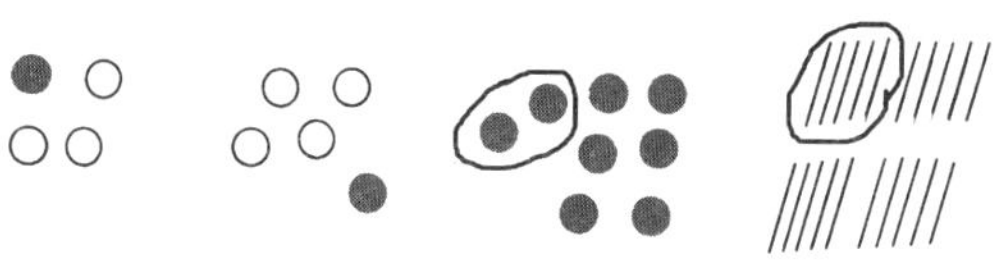

¿Alguno le incomoda? ¿Por qué?

Si se requiere representar la fracción 3/2, ello se puede hacer de muy diversas formas. He aquí algunas tanto para modelos continuos como para modelos discretos.

En modelos continuos:

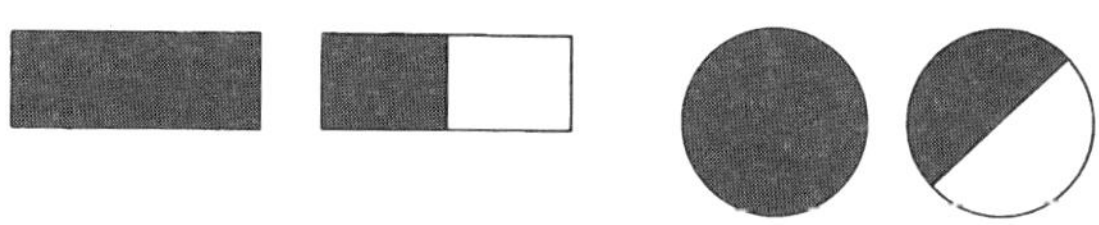

En modelos discretos:

2. *Como resultado de un problema*

Doce albañiles hacen una obra en 20 días. ¿Cuántos albañiles harán la misma obra en 15 días?

Las cantidades que intervienen en el problema están en variación inversa proporcional, así que:

$$\left.\begin{array}{lll} 12 \text{ albañiles} & \rightarrow & 20 \text{ días} \\ x \text{ albañiles} & \rightarrow & 15 \text{ días} \end{array}\right\} \frac{x}{12} - \frac{20}{15}; \rightarrow x = \frac{12(20)}{15}$$

$x = 16$ albañiles

Primera forma de representación. Por tabulación.

Albañiles	Días
20	12
→ 16	15 ←
→ 12	20 ←
10	24
8	30
6	40
4	60
...	...

Segunda forma de representación. Por áreas.

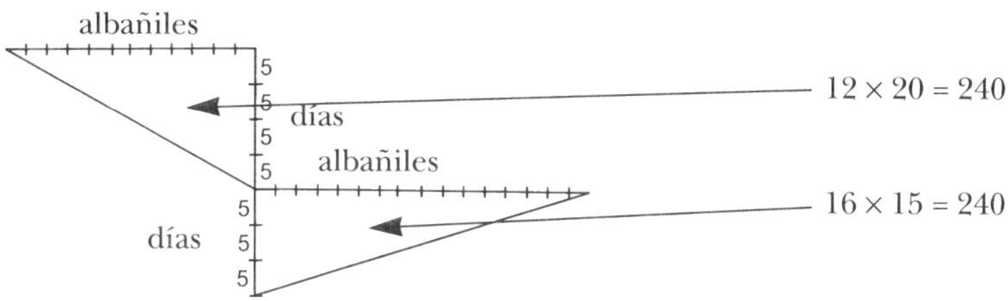

Tercera forma de representación. Por gráfica de barras.

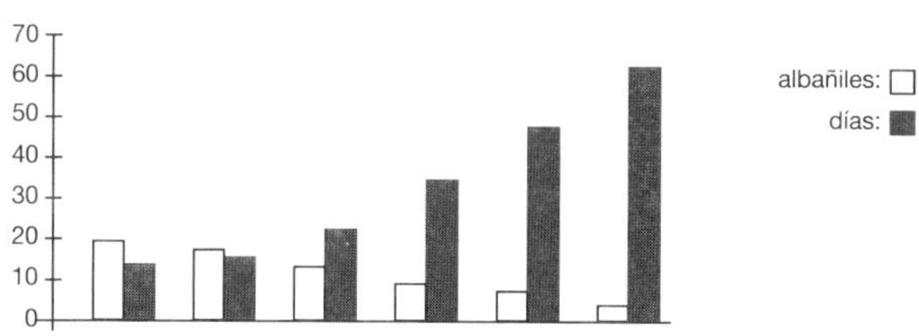

Cuarta forma de representación.

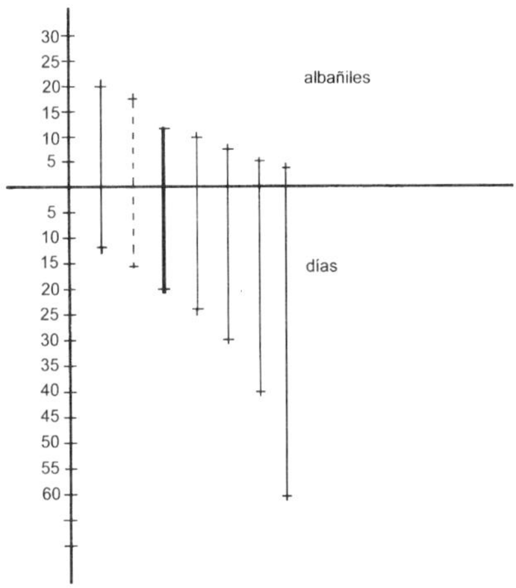

3. *La representación en monteas*

Un buen ejercicio de imaginación espacial es el de «visualizar», a partir de una montea, la forma del sólido y viceversa.

Veamos estos ejemplos en los que se muestra el cuerpo en perspectiva y a su derecha se presentan las vistas superior, lateral y de frente.

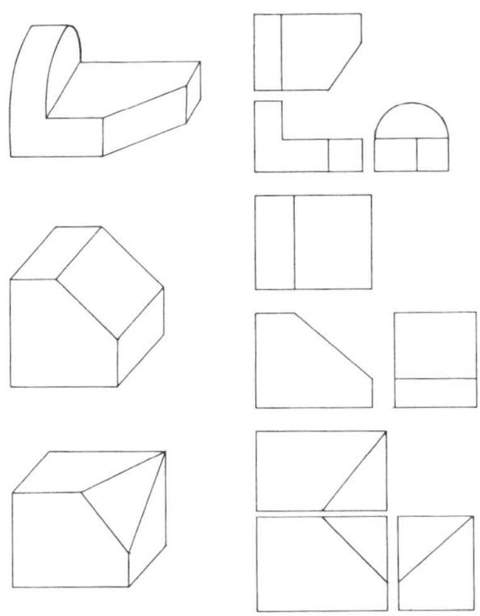

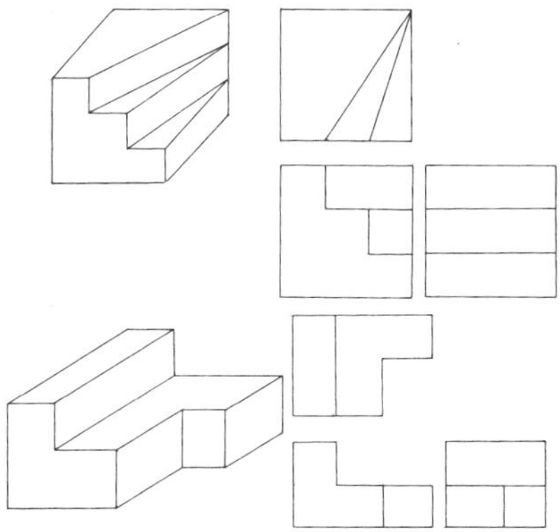

4. *Los siguientes sólidos se presentan en perspectiva*

A su derecha aparece el mismo sólido mostrándose como cuerpo transparente.

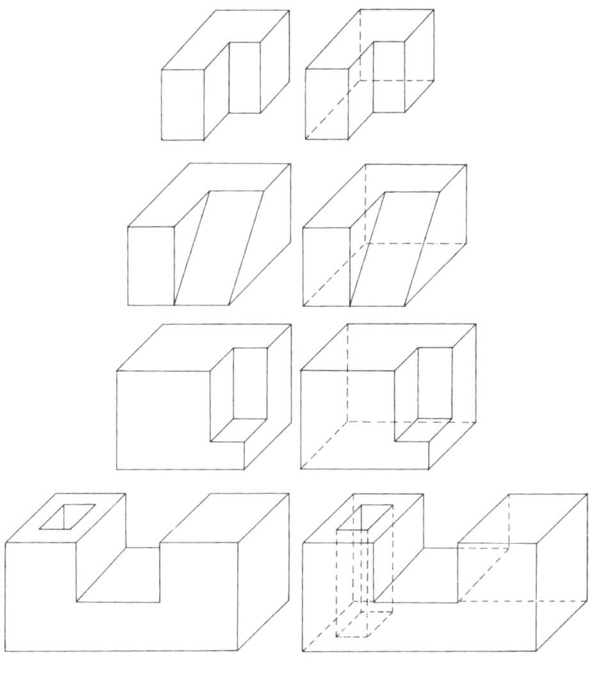

11. Imaginación espacial o la importancia de lo gráfico

De manera natural, lo que se entiende por imaginación espacial todavía no está muy precisado, pues se dan enfoques distintos, tanto por el significado como por las connotaciones que se le asignan cuando es considerada dentro de la resolución de problemas. Dos acepciones al concepto están relacionadas con el hecho de:

1. Expresar en forma gráfica, cuando ello sea posible, las relaciones que se estudian.
2. Utilizar contextos geométricos para abordar un problema o bien para representar su solución.

Sostenemos, independientemente de las dos ideas anteriores, que en la práctica docente, nueva o vieja, tradicional o de vanguardia, que el introducir una enseñanza apoyada por el recurso gráfico repercute sensiblemente en la buena comprensión de nociones, conceptos, procedimientos y actitudes de y hacia la matemática.

Nuestra vida está llena de signos y símbolos y ellos permean toda actividad; dirigen nuestra atención, sustituyen ideas, connotan situaciones, informan sucintamente y simplifican textos. Vivimos en la época de intensa actividad y gran parte de la información que recibimos, por extensa, se simplifica por medio de gráficas. Desde las primeras incursiones del niño en el espacio escolar se le invita a representar con dibujos sus apreciaciones y percepciones del mundo exterior, el íntimo, el familiar y el social. Se ha creado una inmensa gama de símbolos que invitan, prohíben, informan, sugieren y señalan acciones que debemos o podemos realizar; es un lenguaje jeroglífico que hemos aprendido en la escuela de la vida y que la escuela no ha sabido ordenar ni sistematizar, todavía, para sacarle jugo y utilizarlo como herramienta de enseñanza y de aprendizaje.

El uso del grafo es más intenso y rico en posibilidades fuera de la escuela que dentro de ella. En la escuela, si no hay cierto desprecio por él, sí se tiene un gran desconocimiento de sus posibilidades, cuando ocurre que el niño y el joven quedan dependiendo de su poder subliminal, pues desconocen su capacidad de avasallamiento, ya que el grafo muchas veces va dirigido al subconsciente. No enseñamos suficientemente a nuestros alumnos a usar, utilizar y comprender convenientemente su poder como arma de investigación y comprensión de las cosas, los fenómenos y los conceptos. El grafo, el logo y lo gráfico en su conjunto juegan un gran papel instructor en la actividad educativa.

En el aula, en nuestro campo de las matemáticas, cuando enseñamos números sólo a ello nos atenemos; cuando estamos en el álgebra sólo nos referimos a las combinaciones simbólicas algebraicas y sus implicaciones; en la geometría, donde muchas cosas saltan a la vista, rehusamos entrar a discutir lo que es evidente y nos llevamos al alumno por los intrincados caminos de lo deductivo.

Y, en efecto, es en la geometría, campo en el que muchas cosas son evidentes, donde pedimos a nuestros alumnos que dejen de ver y sólo se dediquen a «pensar», cuando una y otra cosa van de la mano, porque cuando veo, pienso, pero cuando veo también huelo y gusto y oigo y siento.

En el entendido de que los nuevos enfoques piden el uso de todas las potencias del alumno para aprender y las mías como maestro para enseñar, ello lo hago en función de las cosas de mi entorno, de mi experiencia, y lo primero que me salta a la vista en mi mundo es lo que veo, y en serio que en él no veo números, ni símbolos algebraicos, ni ordenaciones de datos agrupados ni probabilidades. Todas éstas las pienso, las elaboro mentalmente y hago abstracciones de las cosas que percibo, pero no las veo en el sentido literal de mirarlas con los ojos. En lo cotidiano reconozco al mundo percibiéndolo por medio de mis sentidos y, en principio, el primero que uso es èl visual.

En la enseñanza de las matemáticas muchas actividades podrían ser tratadas o apoyadas, según sea el caso, usando la vista para que el cerebro piense a través de lo que se ve.

Veamos, ahora sí, algunos ejemplos.

Los primeros ejemplos los remito a la sección de este libro en el que creí prudente desarrollarlos; otros aquí mismo se mostrarán.

1. *Reconocer la suma de las 7 caras ocultas de cuatro dados colocados en columna.*

Recordará el lector que he venido poniendo énfasis en el análisis de problemas por inspección visual. Adelántese y vea la página 167.

2. *La raíz cuadrada.*

Cuando vimos el recurso nomográfico para las operaciones con números enteros se mostró la raíz cuadrada y su inversa la potencia cuadrada. Ese es un recurso visual que el lector puede volver a revisar en la página 118.

3. *La secuencia espiral de la raíz cuadrada.*

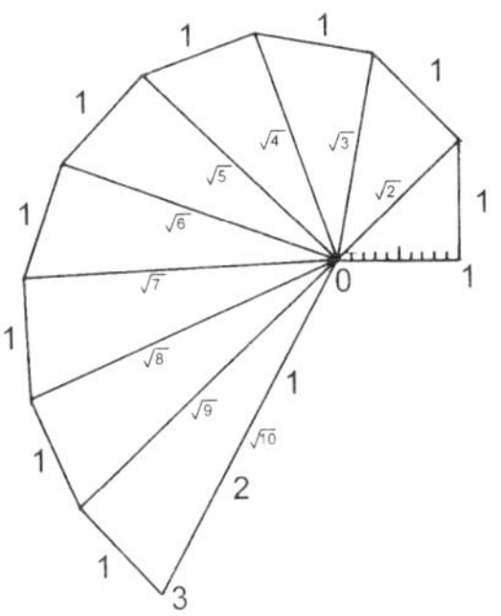

Éste es un recurso gráfico para usarlo como una curiosidad, aunque el maestro puede sacarle más jugo al recurso, en el que a partir de un triángulo rectángulo isósceles de catetos 1, se va construyendo una espiral utilizando otros triángulos rectángulos convenientemente acomodados en los que las hipotenusas son las raíces cuadradas de números naturales en forma creciente, y siempre conservando al cateto opuesto con valor unitario.

4. *La obtención gráfica de la raíz cuadrada con compás.*

El recurso gráfico que se muestra a continuación es el de las raíces cuadradas de los números naturales desde 1 hasta 10, apoyadas en

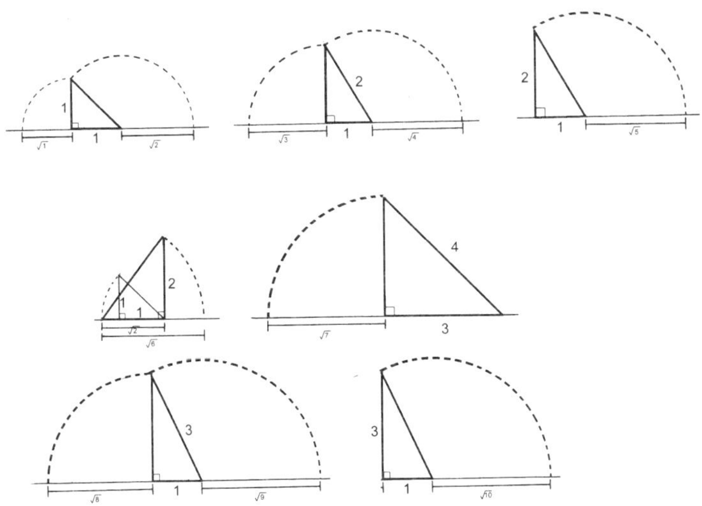

triángulos rectángulos convenientemente seleccionados y con el uso del compás y por supuesto en el conocimiento y aplicación del teorema de Pitágoras. Para ahorro de espacio, en las figuras 1, 2 y 6 se muestran las construcciones para las raíces cuadradas de dos números distintos, ya que se apoyan en el mismo triángulo rectángulo. Pedimos cautela para la obtención de la raíz cuadrada de 6, ya que en la construcción intervienen dos triángulos rectángulos superpuestos a fin de lograr el cometido.

5. *Un problema algebraico resuelto por vía gráfica.*

Conocido a través de diversos libros de difusión de la matemática, se ha venido rescatando su enunciado para ser aplicado cuando ya se tiene cierto dominio del lenguaje algebraico y de resolución de ecuaciones de primer grado. En el estupendo libro de Ignatiev: *En el reino del ingenio*, de Editorial Mir, se nos muestra a plenitud. Yo le hago pequeños ajustes de tipo didáctico.

Helo aquí.

Al volar sobre un palomar, un gavilán dijo:

– ¡Adiós mis cien palomas!

A lo que una de las palomas contestó:

– ¡No somos 100 palomas!, pero nosotras, más nosotras, más la mitad de nosotras, más la cuarta parte de nosotras más tú, gavilán, sí seríamos cien. Calcula tú cuántas somos.

Me salto por alto la resolución algebraica que el lector ya intuirá y recurro a una resolución, si no de tipo geométrico, sí con recurso gráfico apoyada en un segmento que hace las veces de la incógnita del problema y conveniente para usar con aquellos alumnos reacios al simbolismo algebraico.

Usemos al siguiente segmento para representar a las palomas que son en total. Este segmento, al igual que cualquier otro símbolo, sea geométrico o no, se puede usar en el sentido que asignamos a la incógnita en un problema. Por ello los recursos en el aula son a veces tan flexibles y frescos. Veamos cómo usarlo para expresar al enunciado de nuestro problema:

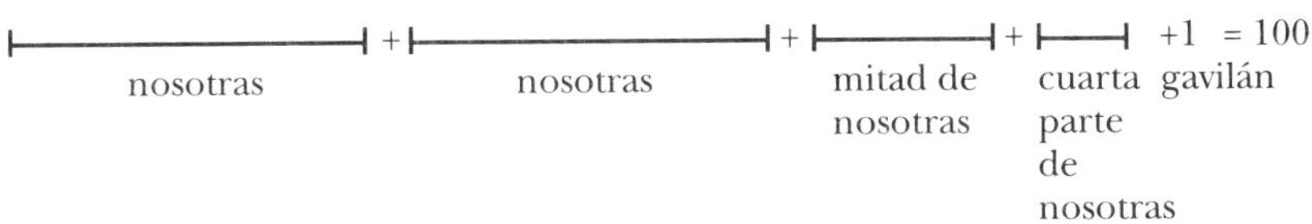

Eliminando 1 de cada miembro:

Expresando cada segmento en cuartos:

Simplificando tenemos:

Así que:

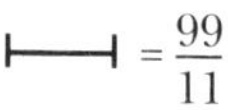

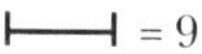

Pero como cada  vale 9, vale $9 \times 4 = 36$
En efecto, el número de palomas es 36.

6. *Dobleces.*

El doblado de papel resulta ser un recurso didáctico de tipo objetivo que puede ayudarnos a la comprensión de las propiedades de las figuras geométricas. Con este sentido lo usamos en este momento. Veamos estos ejemplos:

a) La suma de los ángulos interiores de un triángulo.
Este recurso ya fue presentado en el Capítulo III, pág. 77. Lo mostramos aquí sin explicación. La sola mirada a él nos lleva a un recurso de comprobación.

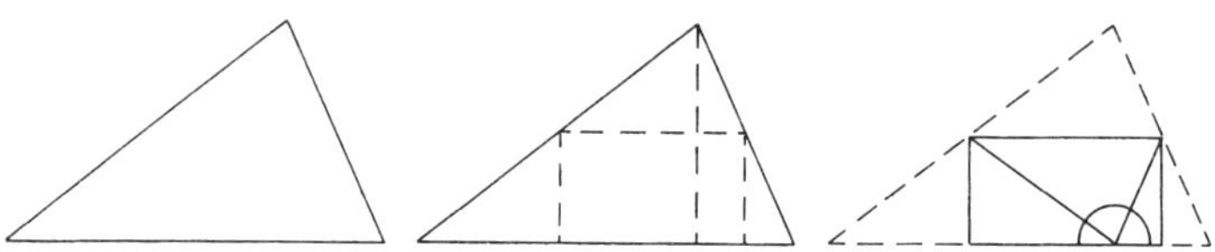

b) El valor del ángulo exterior en un triángulo (ver págs. 90-93).

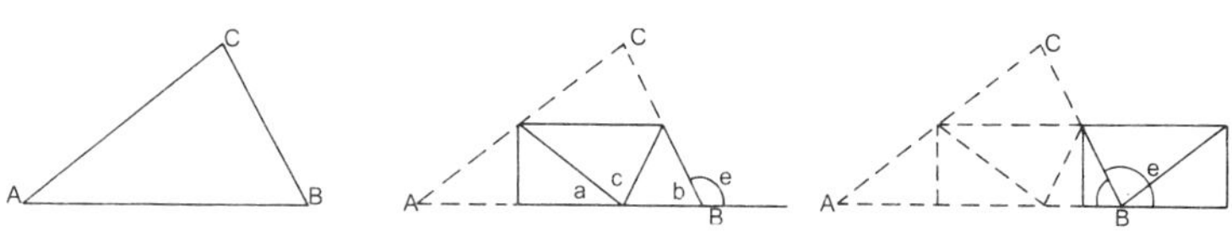

7. *Cortes y recortes.*

Ahora, en apoyo de las mismas dos propiedades arriba vistas, se muestra una comprobación de ellas utilizando el recurso del recorte de la figura en tal forma que cada área resultante contenga a uno solo de los ángulos interiores de la figura. El último paso consiste en acomodar las partes de tal manera que tengan un vértice y lados comunes.

a) La suma de los ángulos interiores de un triángulo.

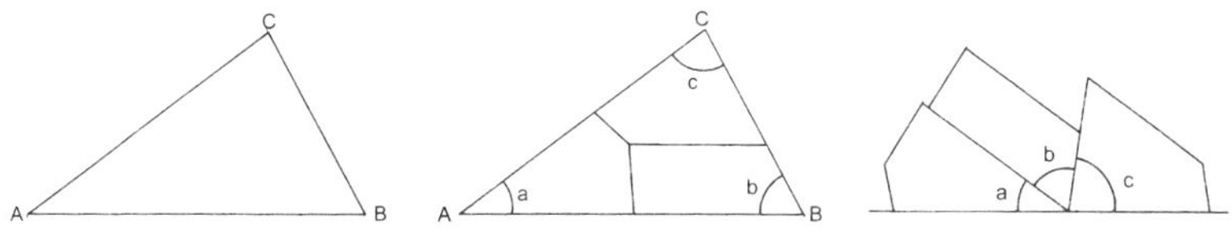

b) Valor del ángulo exterior de un triángulo (ver págs. 90-93).

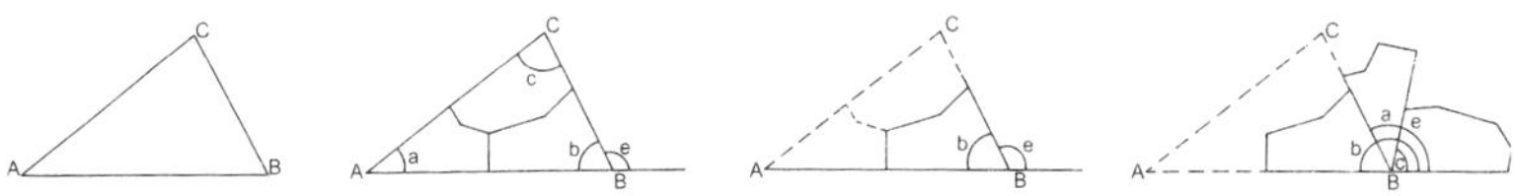

c) Suma de los ángulos interiores de un cuadrilátero cualquiera.

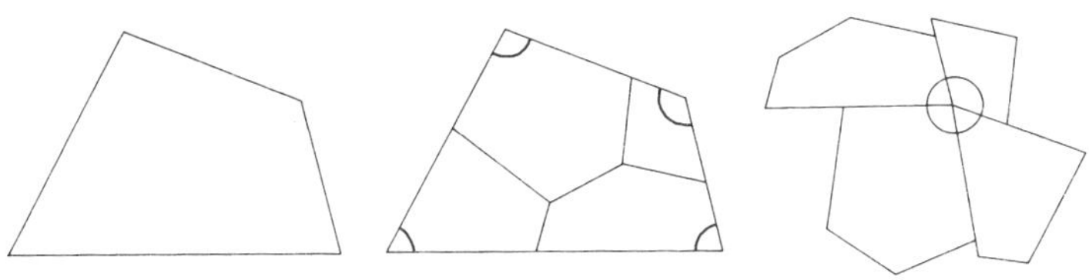

8. *Números figurados.*

La presentación dosificada del tratamiento pitagórico a los números, eliminando por supuesto toda alusión mística, es un buen ejemplo de la imaginación espacial aplicada en algunas propiedades de los números naturales y una buena entrada a su tratamiento, sin necesidad de llegar a la fórmula general de representación. Por ejemplo:

a) Números triangulares (números naturales consecutivos).

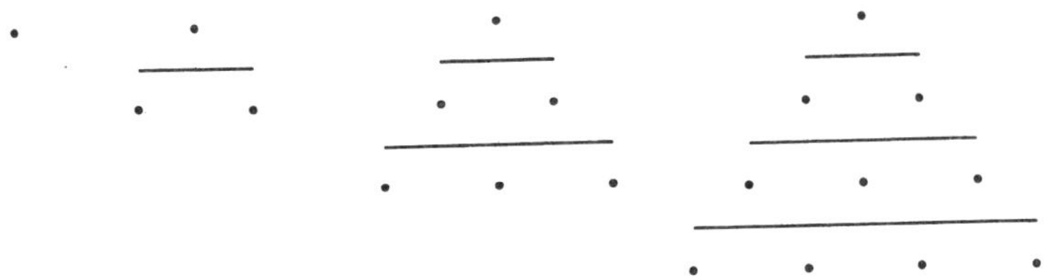

1	3	6	10
1	1 + 2 = 3	1 + 2 + 3 = 6	1 + 2 + 3 + 4 = 10

b) Números cuadrados.

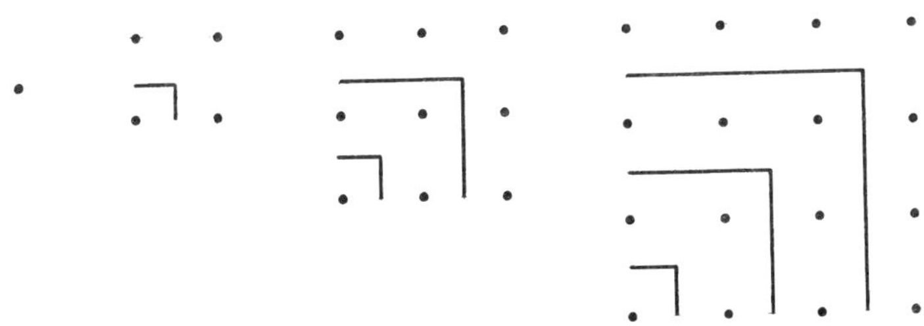

1	4	9	16
1	1 + 3 =4	1 + 3 + 5 = 9	1 + 3 + 5 + 7 = 16

c) Números rectangulares.

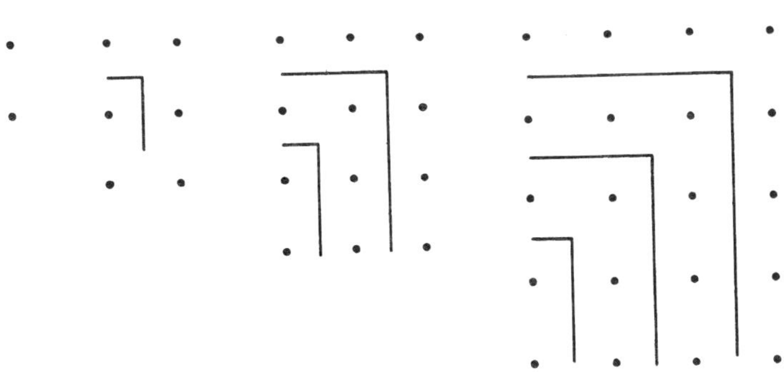

2	6	12	20
2	2 + 4 = 6	2 + 4 + 6 = 12	2 + 4 + 6 + 8 = 20

d) Números pentagonales.

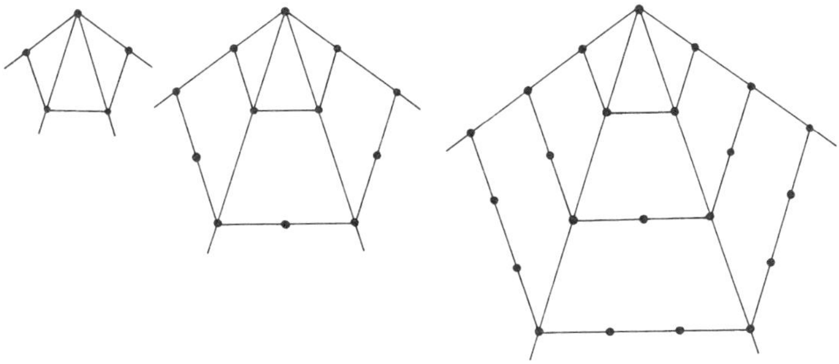

1 5 12 22

1 $1 + 4 = 5$ $1 + 4 + 7 = 12$ $1 + 4 + 7 + 10 = 22$

e) Números cúbicos.

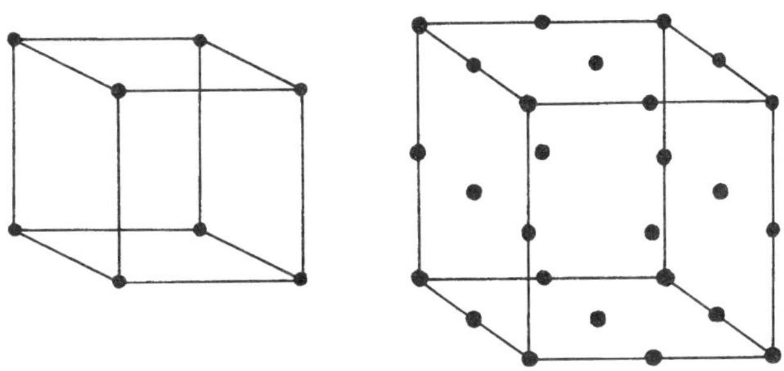

1 8 27

1 $1 + 7 = 8$ $1 + 8 + 18 = 27$

9. *Patrones geométricos.*

Éste es un recurso que se viene presentando con cierta regularidad en las revistas y libros que pretenden el desarrollo del ingenio del lector «diletanti» de la matemática y que lleva a descubrir una supuesta paradoja numérica a través de la apreciación visual. De hecho, éste sería el interés al presentarlo: no confiar demasiado en lo que nuestros ojos ven, o mejor aún, confiar en lo que nuestros ojos ven pero no miran y es que, después de apreciar que las cosas son como se ven, es compromiso poner nuestro buen juicio a funcionar. Veamos.

A continuación se dan 4 patrones geométricos de los cuales dos de ellos son triángulos rectángulos iguales de catetos 3 y 8 y dos son trapecios rectángulos iguales de bases 3 y 5. Los trapecios son, además, isósceles pues los dos lados que forman el ángulo recto son iguales. Se han compuesto las figuras formando un cuadrado y un rectángulo. ¿Es cierto que en los dos casos las áreas son iguales?

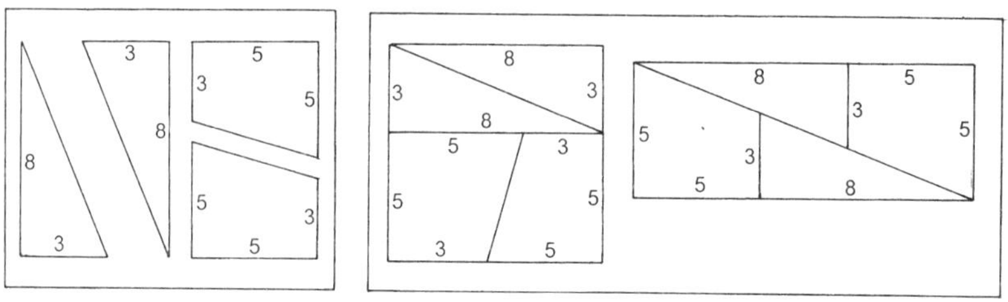

Como se ve inmediatamente, las áreas formadas son distintas aun cuando están formadas por las mismas figuras, pues en el cuadrado el área es de 64 m^2 y en el rectángulo es de 65 m^2 . ¿Cómo es esto posible?

Vamos a dar dos explicaciones a la aparente paradoja.

1ª Tomemos los dos patrones distintos y coloquémoslos como un triángulo. En este «triángulo» lo que es la hipotenusa viene a dar la explicación del por qué la diferencia entre las áreas de 64 y 65.

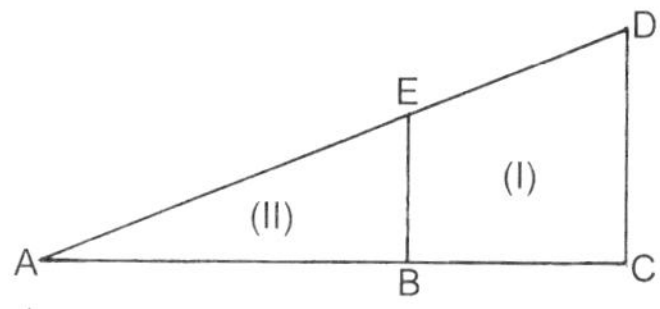

Si, como se puede suponer, ACD es un triángulo rectángulo y ABE también, y ambos tienen al ángulo agudo común EAB, son triángulos semejantes y se debe cumplir que:

$$\frac{AC}{DC} = \frac{AB}{BE}$$

Sustituyamos los valores conocidos en esta igualdad:

$$\frac{13}{5} = \frac{8}{3} \rightarrow 2.6 = 2.666\ldots \quad \text{cosa que no es cierta.}$$

Entonces las figuras no son semejantes y no forman juntas un triángulo, o dicho en otra forma, el lado AE no es prolongación de ED. Al no formar triángulo el acoplamiento de las dos figuras, tampoco forman un rectángulo.

2ª Para esta segunda forma de analizar el problema partamos de la misma figura del triángulo anterior formado por los dos patrones.

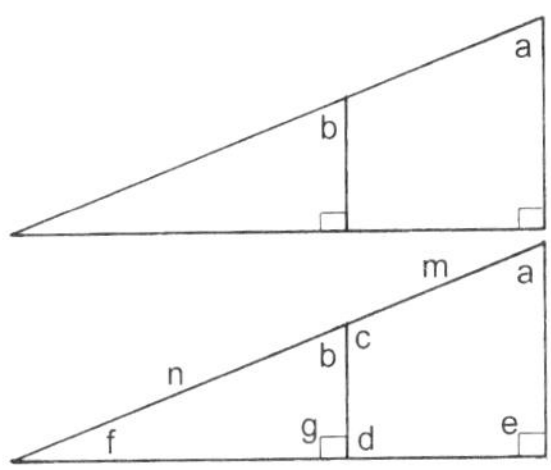

Si hacemos un pequeño cálculo en cuanto a los ángulos marcados **a** y **b**, veremos que no son iguales y esto implica que los lados **m** y **n** no son colineales.

Es cierto que:

$\angle e = \angle d = \angle g = 90°$.

Ahora haciendo uso de la trigonometría:

En el triángulo (I):

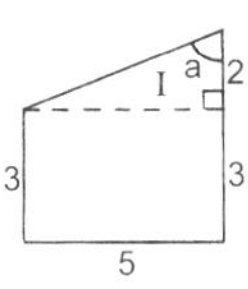

$\tan\ a = \dfrac{5}{2} = 2.5;\ \angle a = 68°11'$

En el triángulo (II):

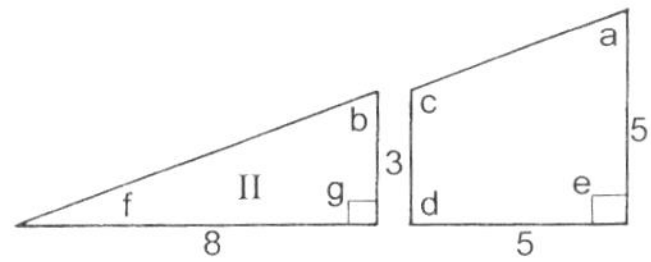

$\tan\ b = \dfrac{8}{3} = 2.66;\ \angle b = 69°26'$

Como se aprecia, ∠a ≠ ∠b, ya que difieren en algo así como 1° 15', ángulo éste casi imperceptible a la vista y lo suficientemente pequeño como para crear la ilusión de que los lados **m** y **n** están alineados.

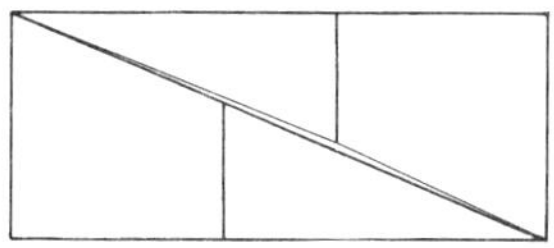

Esto quiere decir, por ejemplo, que si en la figura del rectángulo definiéramos con mucha precisión su trazo, como los lados **m** y **n** no están alineados, se vería un hueco, cuya área debe ser la diferencia entre las 65 y las 64 unidades cuadradas; esto es, de una unidad cuadrada.

12. El juego matemático como recurso de aprendizaje

Éste es un recurso didáctico desgraciadamente poco explotado, cuando los alumnos de este nivel tienen una carga lúdica importante y una gran imaginación para ser utilizada cuando ella se dirige convenientemente en la resolución de los contenidos del programa, pues a veces motivan, en ocasiones permiten la confirmación de ideas y siempre estimulan la búsqueda de estrategias que lleven a soluciones no comunes.

No podemos recrearnos mucho en este apartado, pero vamos a dejar establecidos varios juegos que puedan servir de ejemplo.

A. *Juegos con numeros*

Por lo general, este tipo de juegos consiste en pedirle a un interlocutor que realice un menú de operaciones en un orden específico y, a partir de ello, el personaje que las va indicando debe «adivinar» cuál es el número que nuestro interlocutor ha usado al comenzar el juego.

1. *¿Cuál es el número de tres cifras?*

Interlocutor:	Ejemplo:
– Escribe un número de 3 cifras.	123
– Multiplícalo por 2.	$123 \times 2 = 246$
– Suma 4.	$246 + 4 = 250$
– Multiplica por 5.	$250 \times 5 = 1250$
– Suma 12.	$1250 + 12 = 1262$
– Multiplica por 10.	$1262 \times 10 = 12620$
– ¿A qué número llegaste?	12620

Para «adivinar» el número, a la cantidad obtenida habrá que restarle 320. Esto es:

$12620 - 320 = 12300$

Como se intuirá, si x es el número:

$(((((x \times 2) + 4) \times 5) 12) \times 10) - 320 = x \times 100$

2. *La edad de dos personas.*

Interlocutor:	Ejemplo:
– A tu edad multiplícala por 5.	$25 \times 5 = 125$
– Suma 36.	$125 + 36 = 161$
– Multiplica por 20.	$161 \times 20 = 3220$
– Suma la edad de otra persona.	$3220 + 42 = 3262$
– ¿A qué número llegaste?	3262

Para «adivinar» las edades de ambas personas, al número obtenido habrá que restarle 720. Esto es:

$3262 - 720 = 2542$

Si x, y son las edades de ambas personas:

$((((x \times 5) + 36) \times 20) + y) - 720 = xy$

3. *¿Cuál es el peso y la estatura de una persona?*

Interlocutor:	Ejemplo:
– Anota tu peso en kilogramos. cerrados.	25
– Multiplícalo por 2.	$25 \times 2 = 50$
– Suma 5.	$50 + 5 = 55$
– Multiplica por 500.	$55 \times 500 = 27500$
– Suma tu estatura en centímetros.	$27500 + 172 = 27672$
– Resta 3758.	$27672 - 3758 = 23914$

–¿A qué número llegaste? 23914

Para «adivinar» el peso y la estatura de esa persona, al número obtenido habrá que sumarle 1258. Esto es:

$23914 + 1258 = 25172$

Si P es el peso y E la estatura de esa persona:

$(((((P \times 2) + 5) \times 500) + E) - 3758) + 1258 = 1000P + E$

B. *Juegos de salón*

Con esta denominación designamos a los juegos que llevan a «adivinar» una carta, una ficha o el valor de dados en los llamados juegos de salón. Como ellos son muchos, sólo nos dedicaremos a tres de ellos: los dados, el dominó y la baraja inglesa.

La intención de estos juegos, al igual que los anteriores, es la de, a la vez de motivar y divertir, buscar explicaciones racionales a su funcionamiento y, de ser posible, varias estrategias para resolverlos. Presentémoslos en forma de MAQUETAS DIDÁCTICAS (véase MAQUETAS DIDÁCTICAS, Capítulo V, pág. 229).

1. *Los cuatro dados en columna.*

Este juego consiste en obtener una estrategia que permita obtener la suma de las caras ocultas de las caras de apoyo de cierto número de dados que se colocan en columna. Por ejemplo, partamos de que tenemos cuatro dados legales colocados en columna. ¿Cuál es la suma de las siete caras, en este caso, en que se apoyan los dados?

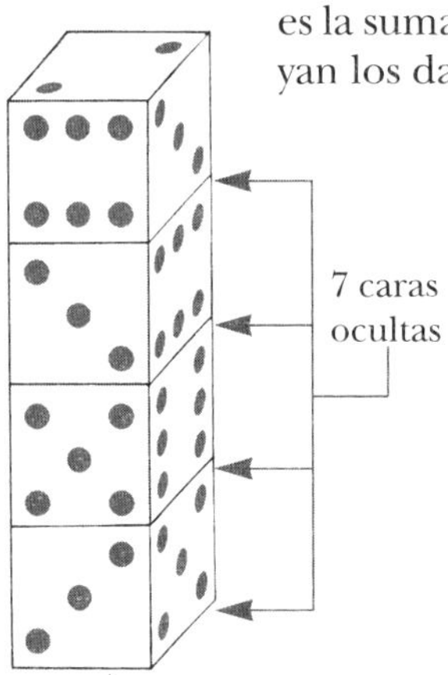

Primera estrategia.

El esquema de la figura adjunta nos muestra un ejemplo de este juego. En él se aprecia que son siete las caras ocultas las que, por supuesto, no se ven. Para resolver el juego es muy importante conocer que:

> «En todo dado legal la suma de cada par de caras opuestas es igual a 7».

En efecto, observando un dado legal, se puede ver que las caras opuestas son:

la 1 con la 6; suman 7
la 2 con la 5; suman 7
la 3 con la 4; suman 7

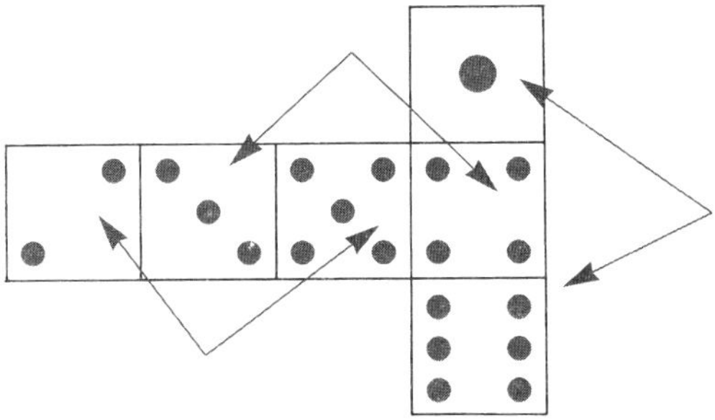

Resolución:

Con estos antecedentes podemos saber cuál es la suma de las 7 caras ocultas, ya que:

- Son cuatro dados en columna.
- La suma de cada par de caras opuestas es 7.
- La cara superior está a la vista.

Entonces:

Número de dados × 7 – Cara a la vista = Suma de las 7 caras ocultas

Si llamamos D al número de dados que se tienen, C a la cara a la vista y S a la suma de las caras ocultas, se tiene:

$$D \times 7 - C = S$$

Segunda estrategia.

Con los mismos antecedentes, se resuelve el juego, partiendo de un dado menos de los dados que se pongan en columna (D–1) los que se multiplican por 7; esto es, (D–1) × 7, y se suma a la cantidad que se obtenga el valor de la cara opuesta a la de la cara a la vista C. Esta cara opuesta siempre será un complemento a 7. Lo que se obtiene es, por supuesto, la suma de las 7 caras ocultas (S).

Entonces:

$$(D-1) \times 7 + C = S$$

Tercera estrategia.

Una tercera estrategia se puede dar por medio de la visualización del problema, en términos de las dos caras laterales que están a la vista y sus correspondientes caras opuestas.

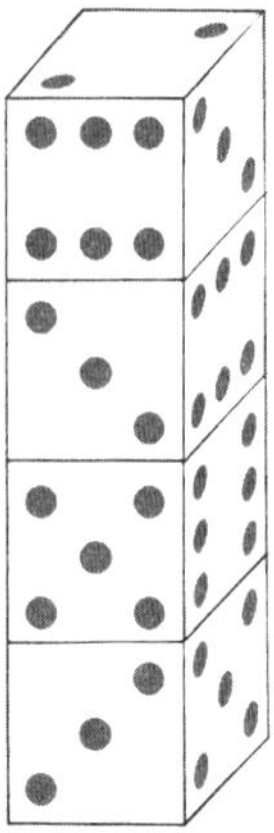

En el dado inferior las caras que se ven son 3 y 5, así que sus caras opuestas son, respectivamente, 4 y 2. Esto quiere decir que las caras ocultas en columna que no se ven son 6 y 1.

En el siguiente dado las caras que se ven son 5 y 6 y las que no se ven deben ser 2 y 1, respectivamente, por ser las opuestas a éstas. Esto quiere decir que las caras ocultas en columna son 3 y 4.

En el tercer dado las caras que se ven son 3 y 6, así que sus respectivas opuestas son 4 y 1, lo que significa que las que no se ven en columna son 2 y 5.

En el dado de arriba no es necesario fijarse en las caras laterales ya que se ve la cara superior que es 2. Su opuesta es 5.

Esto nos lleva a aceptar que las siete caras en columna, no importando en qué lugar estricto estén, son 6 y 1, 3 y 4, 2 y 5, y 5.

La suma de estas caras nos da la suma (S) de las caras en columna:

$$S = 6+1+3+4+2+5+5 = 26$$

Este valor, por supuesto, se obtiene por cualquiera de las dos estrategias anteriores. Ésta es la estrategia más socorrida en el análisis que hacen los alumnos avezados cuando se enfrentan a este problema por ser de carácter visual y no por ello el menos interesante.

Seguramente que se apreciará que este juego puede ser variado en cuanto al número de dados que se pueden utilizar, teniendo como límite el número de dados que permita el equilibrio de los dados.

Llevado al plano de la abstracción, una vez que se ha asegurado el conocimiento pleno del juego se pueden hacer generalizaciones tales como la de preguntar cosas como las siguientes:

A. Se tienen 100 dados legales en columna y la cara a la vista muestra al número 3. ¿Cuál es ahora la suma de las 199 caras ocultas?

B. Se tienen cinco dados adjuntos como se muestra en la figura de la derecha. ¿Cuál es la suma de las caras opuestas a las que se muestran de frente?

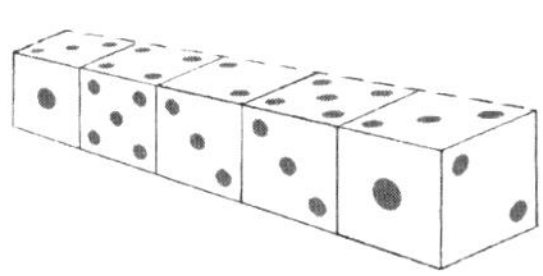

C. En la misma figura, ¿cuál es la cara lateral del dado colocado en el extremo izquierdo?

En todos estos casos del juego con dados, predomina el análisis de tipo aritmético en cada uno de ellos.

Pasemos ahora a ver otros juegos en donde se puede echar mano del álgebra para su interpretación.

2. *La ficha del dominó.*

Este segundo juego consiste en «adivinar» una ficha del dominó que un interlocutor saca de entre las 28 fichas de que consta el juego (dominó europeo), a partir de una serie de operaciones que se indica que han de realizarse.

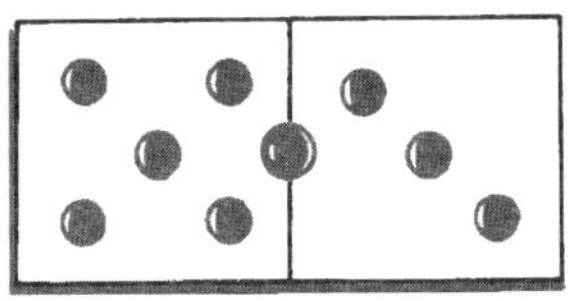

Por ejemplo, supongamos que de entre las 28 fichas del dominó, después de «hacer la sopa», alguien separa una ficha, la 5-3, y la muestra a la concurrencia. Uno puede «adivinar» cuál es esa ficha si al intelocutor se le indica que haga las siguientes operaciones:

1º. Que anote el número de alguna de las dos caras de esa ficha.
2º. Duplique ese número.
3º. Sume 7.
4º. Multiplique por 5.
5º. Agregue el número de la otra cara de la ficha.

Uno, que no ha vista esa ficha, puede saber cuál es si pregunta a qué número se ha llegado en el quinto paso, pues basta con que le reste 35. La diferencia que se obtiene, que será de dos cifras, nos indicará, con cada dígito, a cada cara de la ficha original.

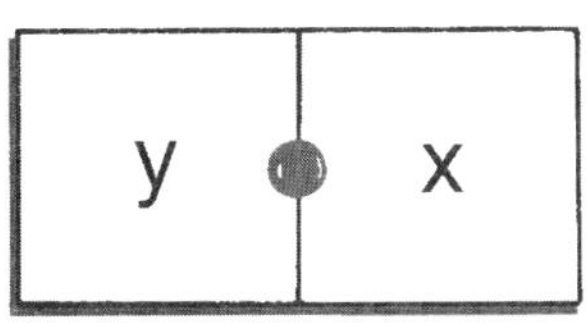

Para que esto quede entendido partamos de la ficha del ejemplo y comparémosla con una ficha en lo general, la ficha **y-x**. Esto es, una ficha general es aquella que representemos por literales, **y** para una de las caras y **x** para la otra. Mostramos en forma comparativa el ejemplo numérico con el caso general:

PASOS:	SIMBOLIZACIÓN:	EJEMPLO NUMÉRICO:
1. Anota el número de una de las caras.	y	5
2. Duplica este número.	$2(y) = 2y$	$2 \times 5 = 10$
3. Suma 7.	$2y+7$	$10+7 = 17$
4. Multiplica por 5.	$(2y+7)5 = 10y+35$	$17 \times 5 = 85$
5. Agrega el número de la otra cara de la ficha.	$10y+35+x$	$85+3 = 88$
Llegado a este paso se pregunta a qué número se ha llegado.	$10y+x+35$	88
Para adivinar la ficha restamos 35.	$10y+x+35-35 = 10y+x$	$88-35 = 53$

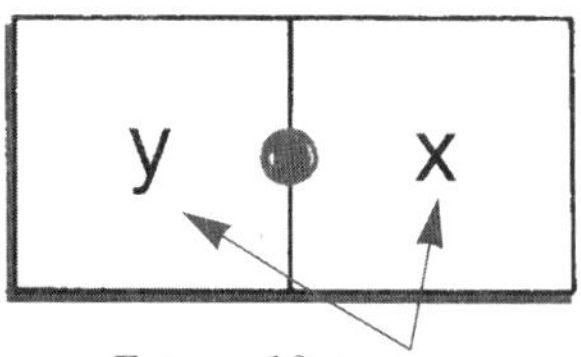

Esto es $10y+x = yx$

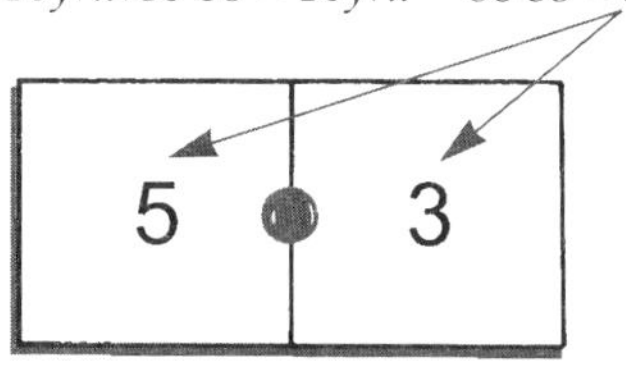

Esto es $53 = 50+3$
$= 10 \times 5+3$

La diferencia a la que se llegue nos indica mediante cada cifra a los números de cada cara de la ficha ya que $10y+x$ es la forma desarrollada de un número de dos cifras, en numeración decimal posicional.

Es recomendable mostrar que el juego puede variarse al gusto del que lo aplique, con la sola condición de que se llegue, en una u otra forma, a la expresión $10y+x$. Así que los pasos 2 y 4 pueden intercambiarse y en el paso 3 se puede agregar (o restar) la cantidad que se desee teniendo en cuenta que se debe saber de antemano a qué nueva constante se va a llegar con estas combinaciones operatorias, pues ellas determinarán el nuevo número que habrá que sumar (o restar) para «adivinar» la ficha.

3. *La carta de la baraja inglesa.*

Este último juego que presentamos de los llamados juegos de salón, consiste en «adivinar» una carta de la baraja inglesa partiendo del reparto en tres montones cierto número de ellas.

Recordemos que la baraja inglesa está formada por 52 cartas distribuida en cuatro colores con 13 cartas cada uno: picas, diamantes, tréboles y corazones (los comodines se eliminan del juego).

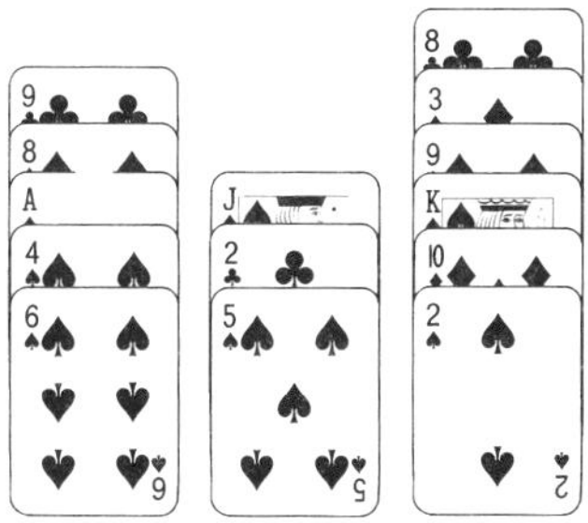

Expliquemos por pasos el juego con un ejemplo.

1º Se baraja el mazo de cartas.
2º Se forman tres montones de cartas, en la siguiente forma:

Se saca una carta, evitando que la vea el que va a «adivinar» y, según sea el número que tenga, completar a 13 sabiendo que la jota vale 11, la reina 12 y el rey 13.

Supongamos que la primera carta que se saca es un 8. Se pone boca arriba y sobre ésta, también boca arriba, se colocan tantas cartas que completen hasta el número 13, sin importar qué número y figura tienen las restantes; esto es, a partir de 8 contamos 9, 10, 11, 12 y 13 (cinco cartas). Hecho esto se voltea el montón boca abajo.

Se forman los otros dos montones de cartas en forma similar a lo dicho en el párrafo anterior.

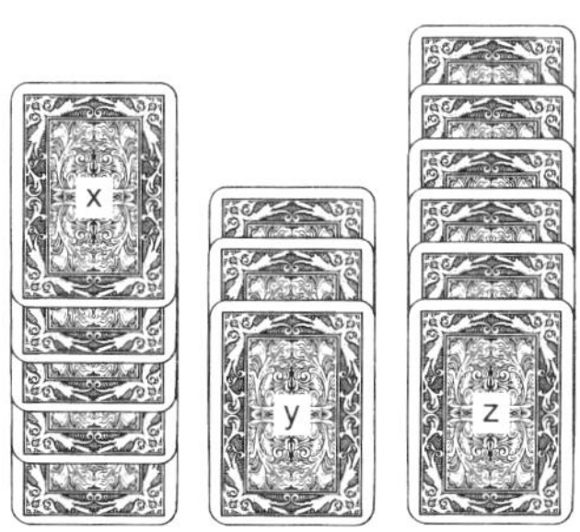

3º Pedimos que otra persona cuente y diga en voz alta el número de cartas que han sobrado.

4º De los tres montones de cartas boca abajo, alguien destapa la carta de arriba de dos de ellos.

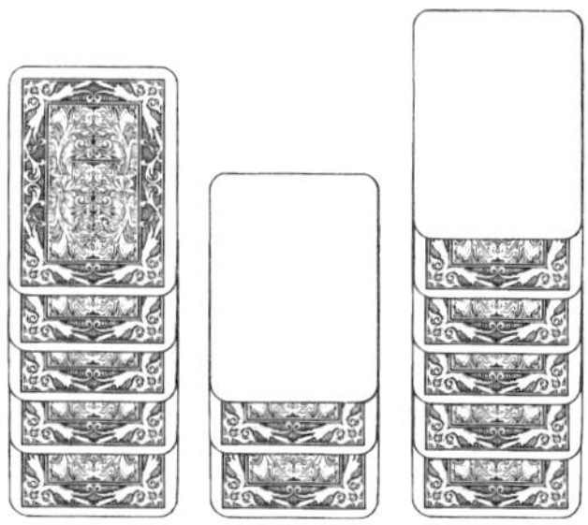

5º Ahora es posible «adivinar» cuál es la carta del montón intacto si:

a) Se suman los números de las dos cartas destapadas.
b) Se agrega 10 a esa suma.
c) Se resta lo obtenido al número de cartas sobrantes.

Hecho esto, el número que se obtenga debe corresponder con el de la carta superior que no se ha destapado del montón intacto.

6º Se destapa la carta del montón intacto y su número (no importando la figura) debe coincidir con el que se dio en el inciso c) del paso 5.

Veamos la justificación de esto:

Expresemos por **x**, **y**, **z** a las primeras cartas que se han sacado para cada uno de los tres montones.

Tomemos en cuenta que al voltearse boca abajo cada montón, la primera carta de cada uno de esos montones es la que queda como carta superior.

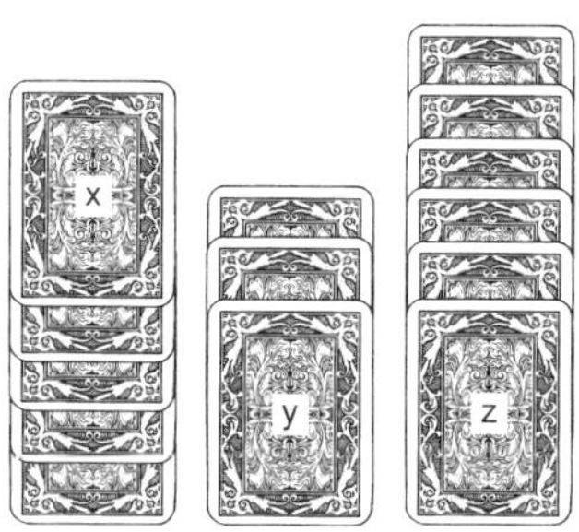

$\underbrace{13-(9-1)}_{5}$ $\underbrace{13-(11-1)}_{3}$ $\underbrace{13-(8-1)}_{6}$

1º El número de cartas para cada montón es:

$13-(x-1),\ 13-(y-1),\ 13-(z-1).$

2º. La suma de las cartas de estos tres montones es:

$$13-(x-1)+13-(y-1)+13-(z-1)=$$
$$39-x+1-y+1-z+1=39+3-x-y-z=$$
$$42-x-y-z$$

3º El sobrante de cartas en el mazo es:

$$52-[42-x-y-z]=52-42+x+y+z$$
$$=10+x+y+z$$

4º Ahora, supongamos que se destaparon las cartas superiores de los montones segundo y tercero; esto es, las cartas **y**, **z**.

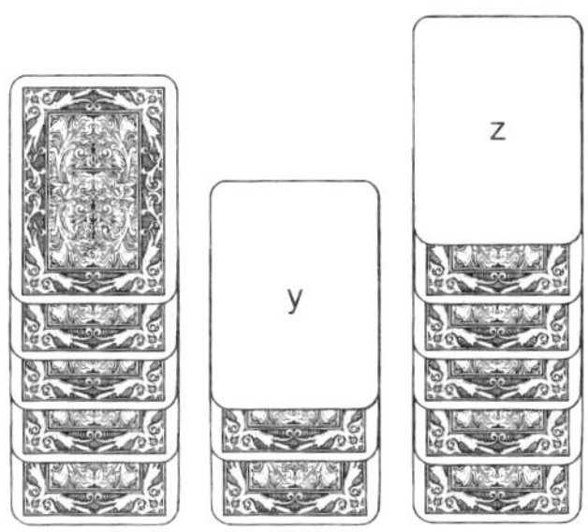

5º Entonces, los tres pasos del inciso 5º son:

a) $y+z$
b) $10+y+z$
c) $10+x+y+z-(10+y+z)=x$

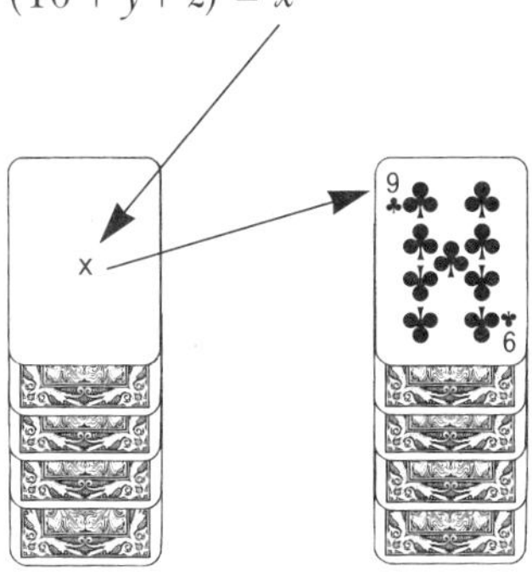

Esto es, al hacer los tres pasos del inciso 5º se llega a la carta **x**, que es, precisamente, el número de la carta superior del montón intacto.

En nuestro ejemplo:

– Cartas sobrantes: $5 + 3 + 6 = 14$
$52 - 14 = 38$

– Paso 5º:
a) $11 + 8 = 19$
b) $19 + 10 = 29$
c) $38 - 29 = 9$

C. *Problemas históricos*

Otros recursos interesantes que pueden ser utilizados en el aula como propiciadores de ideas, estrategias, motivaciones, afirmaciones del conocimientos y evaluaciones, según sea el caso, son los llamados problemas históricos. A través de ellos se puede recurrir a la anécdota, al desentrañamiento de enunciados curiosos, a la propia historia y mil cosas más que, utizadas en el momento oportuno, estimulan la imaginación, remontan en el tiempo y pueden provocar el interés por algunos aspectos curiosos de la historia de la matemática y hacen ver que el ingenio del matemático también ha incursionado por estas rutas del juego y del entretenimiento.

A guisa de ejemplo veamos algunos de ellos.

1. *El número mágico en cuadrados mágicos*

Los cuadrados mágicos son ordenaciones de números naturales colocados en una criba o cedazo cuadrado en un orden tal que se obtienen sumas iguales. Las formas gráficas en las que se han presentado son muy diversas; en ocasiones se utilizan las fichas del juego del ajedrez, otras las fichas del dominó, y lo más común es mediante simples números. Se llegaron a utilizar como amuletos, simples adornos o como muestra de jerarquías. Una representación muy interesante es la que aparece en el libro «I-ching» o *Libro de los cambios y las mutaciones*. Este cuadrado mágico es un cuadrado de tercer orden que equivale a:

4	9	2
3	5	7
8	1	6

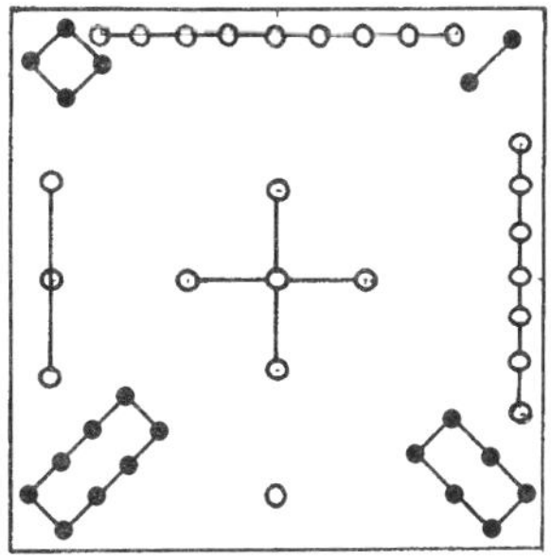

En realidad, un cuadrado mágico es una ordenación de números naturales a partir de 1 y hasta $\mathbf{n}^2$, siendo **n** el número de cuadros que tiene por lado el cuadrado, y colocados de tal manera que la suma en cada renglón, columna y diagonal sea una cantidad constante.

En este cuadrado, por la definición que se acaba de dar, la cantidad constante, que recibe el nombre de número mágico, es 15.

Supongamos que desconocemos cuál es esta constante para el caso del cuadrado aludido. Para obtenerla, hagamos lo siguiente:

1º Formemos un cuadrado en el que cada cuadro (escaque) esté representado por una incógnita.

X_1	X_2	X_3
X_4	X_5	X_6
X_7	X_8	X_9

2º Formemos ecuaciones con cada fila y cada columna, llamando k a la constante, así:

3º Sumemos las ecuaciones término a término y miembro a miembro:

$$\begin{aligned} x_1 + x_2 + x_3 &= k \\ x_4 + x_5 + x_6 &= k \\ x_7 + x_8 + x_9 &= k \\ + \quad x_1 + x_4 + x_7 &= k \\ x_2 + x_5 + x_8 &= k \\ x_3 + x_6 + x_9 &= k \\ \hline 2(x_1+x_2+x_3+...+x_9) &= 6k \ ... \ (\mathrm{I}) \end{aligned}$$

Nota: Véase que cada incógnita aparece dos veces en el total de ecuaciones.

4º Pero la suma $x_1+x_2+x_3+...+x_9$ es conocida, ya que representa, en el orden que sea, a la de los 9 primeros números naturales:

$1 + 2 + 3 + 4 + 5 + 6 + 7 + 8 + 9 = 45.$

5º Al sustituir el valor de esta suma en la ecuación (I), tenemos que: $2(45) = 6k$.

6º Al despejar a k en esta última igualdad:

$$2(45) = 6k \rightarrow 90 = 6k \rightarrow 90/6 = k \rightarrow 15 = k$$

En efecto, 15, como se había adelantado, es el número mágico para el cuadrado mágico de tercer orden.

En forma similar se puede obtener la constante mágica para un cuadrado mágico de cuarto orden y de cualquier orden, aunque, claro está, el procedimiento se va complicando.

En general, el número mágico de cualquier cuadrado mágico se puede obtener por medio de la fórmula:

$$k = \frac{n^3 + n}{2}$$

La demostración para llegar a esta fórmula puede ser un buen ejercicio para un alumno del tercer curso de la educación secundaria.

Demostración de la fórmula para obtener el número mágico. En un cuadrado mágico, de orden **n**, los números que lo forman son:

$$1, 2, 3, \ldots, n^2$$

Colocados en el cuadrado mágico, en sus $\mathbf{n^2}$ escaques, su suma es:

$$S = 1 + 2 + 3 + \ldots + n^2 - 2 + n^2 - 1 + n^2$$

Y colocada la suma en orden inverso:

$$S = n^2 + n^2 - 1 + n^2 - 2 + \ldots + 3 + 2 + 1$$

Sumando estas dos igualdades miembro a miembro y término a término:

$$2S = (n^2+1) + (n^2-1+2) + (n^2-2+3) + \ldots + 1+n^2$$

$$2S = \underbrace{(n^2+1) + (n^2+1) + (n^2+1) + \ldots + (n^2+1)}_{n^2 \text{ sumandos}}$$

$$2S = n^2(n^2+1)$$

$$S = \frac{n^2(n^2+1)}{2}$$

Ahora bien, si llamamos por **k** a la suma de los números de cada columna, ya que hay **n** columnas, la suma de todos los números del cuadrado mágico también se puede expresar por:

$$kn = \frac{n^2(n^2+1)}{2}$$

De donde $k = \dfrac{n^2(n^2+1)}{2n} = \dfrac{n(n^2+1)}{2} = \dfrac{n^3+n}{2}$

2. *El cuadrado mágico de «La melancolía»*

Un cuadrado mágico interesantísimo es el de cuarto orden que aparece en el grabado «La melancolía» del pintor y grabador alemán Alberto Durero, realizado en 1514. Nos detendremos en él un rato para demostrar dos propiedades curiosas, entre las muchas que tiene este cuadrado mágico.

Este cuadrado mágico es:

16	3	2	13
5	10	11	8
9	6	7	12
4	15	14	1

Dos propiedades importantes de este cuadrado nos dicen que:

1ª «La suma de los 4 escaques centrales es igual a *k*».
2ª «La suma de los 4 escaques esquineros es igual a *k*».

Para demostrarlas, sustituyamos los números de cada cuadro por variables, en forma similar a como lo hicimos con el cuadrado de tercer orden, así:

X_1	X_2	X_3	X_4
X_5	X_6	X_7	X_8
X_9	X_{10}	X_{11}	X_{12}
X_{13}	X_{14}	X_{15}	X_{16}

Para la primera propiedad:

1º Formamos ecuaciones con cada una de las diagonales y con cada una de las columnas intermedias:

$$x_1 + x_6 + x_{11} + x_{16} = k$$
$$x_2 + x_6 + x_{10} + x_{14} = k$$
$$x_3 + x_7 + x_{11} + x_{15} = k$$
$$x_4 + x_7 + x_{10} + x_{13} = k$$

2º Sumamos las cuatro ecuaciones considerando que las variables x_6, x_7, x_{10} y x_{11} aparecen dos veces en la suma:

$$(x_1 + x_2 + x_3 + x_4) + 2(x_6 + x_7 + x_{10} + x_{11}) + (x_{13} + x_{14} + x_{15} + x_{16}) = 4k \ldots \text{(II)}$$

3º Pero: $x_1 + x_2 + x_3 + x_4 = k$ y $x_{13} + x_{14} + x_{15} + x_{16} = k$, ya que son la primera y cuarta filas, respectivamente.

4º Al sustituir estas dos igualdades en (II) tenemos que:

$$k + 2(x_6 + x_7 + x_{10} + x_{11}) + k = 4k$$
$$2(x_6 + x_7 + x_{10} + x_{11}) + 2k = 4k$$
$$x_6 + x_7 + x_{10} + x_{11} = \frac{4k - 2k}{2}$$
$$x_6 + x_7 + x_{10} + x_{11} = k,$$

donde $x_6 + x_7 + x_{10} + x_{11}$ es la suma de los cuatro escaques centrales.

Para la segunda propiedad:

1º Formamos ecuaciones con cada diagonal:

$x_1 + x_6 + x_{11} + x_{16} = k$ y $x_4 + x_7 + x_{10} + x_{13} = k$

2º Sumamos estas igualdades:

$$\begin{array}{r} x_1 + x_6 + x_{11} + x_{16} = k \\ +\quad x_4 + x_7 + x_{10} + x_{13} = k \\ \hline x_1 + x_6 + x_{11} + x_{16} + x_4 + x_7 + x_{10} + x_{13} = 2k \end{array}$$

3º Ordenamos convenientemente los términos de esta última igualdad:

$$(x_1 + x_4 + x_{16} + x_{13}) + (x_6 + x_7 + x_{10} + x_{11}) = 2k \ldots \text{(III)}$$

4º Pero, por la propiedad que acabamos de demostrar, sabemos que:

$$x_6 + x_7 + x_{10} + x_{11} = k$$

5º Sustituimos esta igualdad en (III):

$$x_1 + x_4 + x_{16} + x_{13} + k = 2k$$

6º Despejamos a k en esta igualdad:

$$x_1 + x_4 + x_{16} + x_{13} = 2k - k \rightarrow x_1 + x_4 + x_{16} + x_{13} = k,$$

donde $x_1 + x_4 + x_{16} + x_{13}$ es la suma de los cuatro escaques esquineros.

Grabado «La melancolía». Alberto Durero, 1514.

3. *El valor de π entre los egipcios*

El problema 48 del papiro Rhind nos presenta un buen recurso para mostrar que los egipcios conocían en forma implícita el valor del cociente de la longitud de la circunferencia entre el de su diámetro correspondiente y que representamos actualmente por la letra griega π.

El problema aludido indica más o menos lo siguiente:

> «Si del diámetro de un círculo se resta su novena parte, tomando a esos ocho novenos como lado de un cuadrado, se construye un cuadrado de área equivalente a la del círculo».

Esto, que es una aproximación constructiva, permite descubrir que los egipcios tenían como valor implícito del número que conocemos como π a 3 enteros y un sexto.

Veamos en qué consiste el procedimiento que nos permite descubrir a este valor implícito de π.

Partamos de la siguiente figura:

1º Del diámetro D de ese círculo se quita su novena parte:

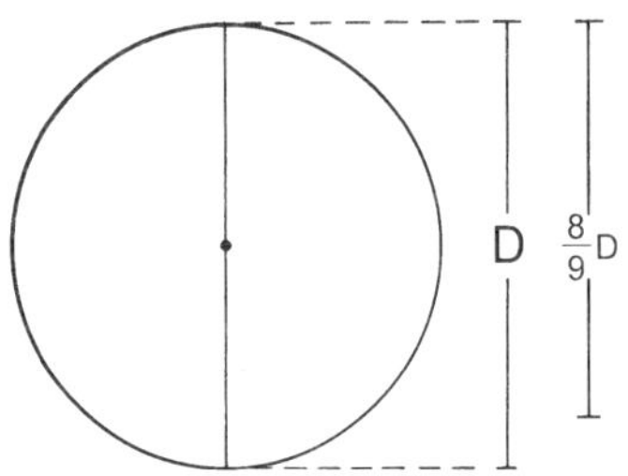

$$D - \frac{1}{9}D = \frac{9}{9}D - \frac{1}{9}D = \frac{8}{9}D$$

2º Construimos con 8/9D como medida de lado a un cuadrado:

3º Pero: $D = 2r \rightarrow r = \dfrac{D}{2}$

Área del círculo: $A = \pi r^2$

$$= \pi\left(\frac{D}{2}\right)^2$$

Lado del cuadrado: $L = \dfrac{8}{9}D$

Área del cuadrado: $A = L^2$

$$= \pi\left(\frac{8}{9}D\right)^2$$

4º Como las áreas deben ser equivalentes según se dice en el enunciado del problema:

$$\pi\left(\frac{D}{2}\right)^2 = \left(\frac{8}{9}D\right)^2$$

5º Al despejar a π en la igualdad anterior:

$$\pi = \frac{\left(\frac{8}{9}D\right)^2}{\left(\frac{D}{2}\right)^2} = \frac{\frac{64}{81}D^2}{\frac{D^2}{4}} = \frac{4(64)D^2}{81D^2} = \frac{256}{81} \doteq 3.16049 \doteq \boxed{3\frac{1}{6}}$$

que se conoce como valor de π por exceso, ya que sabemos que:

$\pi = 3.141592...$

4. *El valor de π entre los babilónicos*

El valor implícito de π también era conocido entre los matemáticos babilónicos. Podemos llegar a él apoyándonos en una tablilla de arcilla cocida escrita en caracteres cuneiformes. En esa tablilla, el escriba presenta al número 0.96 (traducido a nuestra moderna notación decimal posicional) como la razón del perímetro del hexágono regular a la circunferencia circunscrita a él. De aquí se puede deducir que $\pi = 3.125$, que es un valor por defecto.

Partamos de la figura adjunta en la que se muestra a un hexágono regular inscrito a una circunferencia de radio r.

Llamemos P al perímetro del hexágono regular y C a la circunferencia circunscrita a él.

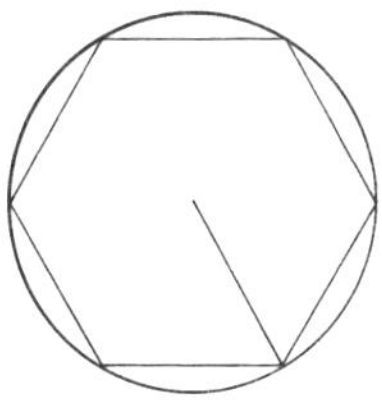

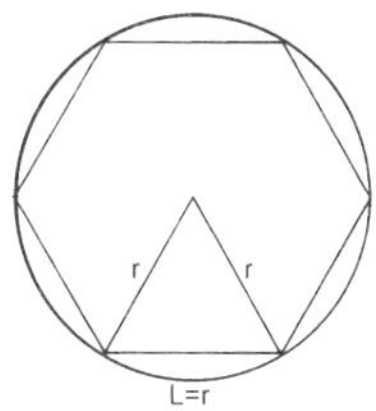

1º La razón del perímetro del hexágono regular a la circunferencia es:

$$\frac{P}{C} = 0.96$$

2º Pero como $P = 6L$ y $C = 2\pi r$:

$$\frac{6L}{2\pi r} = 0.96$$

3º Y como $L = r$:

$$\frac{6r}{2\pi r} = 0.96 \rightarrow \frac{3}{\pi} = 0.96 \rightarrow \pi = \frac{3}{0.96}$$

Así que $\pi = 3.125 = 3\frac{1}{8}$

5. *La ecuación cuadrática en las culturas de Mesopotamia*

Una reafirmación del conocimiento al que se llegue acerca de la ecuación cuadrática, en un tercer curso, por ejemplo de la educación secundaria, se puede dar a través del siguiente dato:

En una tablilla de arcilla cocida escrita en caracteres cuneiformes, se lee:

> «Hallar el lado de un cuadrado si su área menos el lado es igual a 870».

Por supuesto, el valor 870 está escrito en nuestra notación decimal posicional. Por otro lado, la ecuación que evidentemente resuelve el problema es:

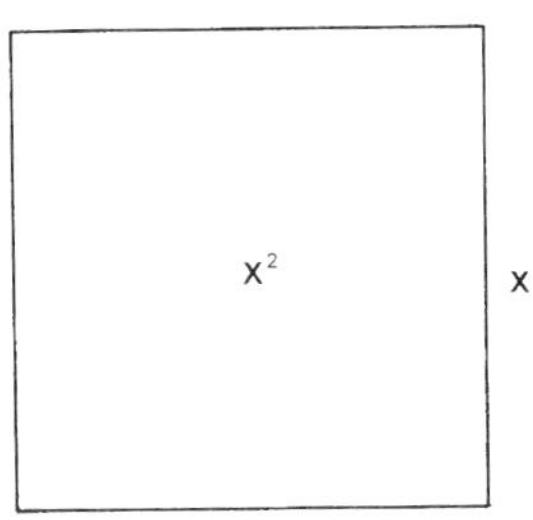

$x^2 - x = 870$, que es una ecuación del tipo $x^2 - px = q$,

en la que $p = 1$ y $q = 870$.

En la tablilla, el escriba indica la serie de pasos que llevan a resolver el problema. Hagamos esos pasos, que se describirán, y al mismo tiempo expresémoslos en lenguaje algebraico.

PASOS DEL ESCRIBA:	EXPRESIÓN ALGEBRAICA:
1º Toma la mitad de 1 que es 0.5:	$\frac{p}{2} = 0.5$
2º Multiplica 0.5 por 0.5, que es 0.25:	$\left(\frac{p}{2}\right)^2 = 0.25$
3º Suma este número a 870:	$\left(\frac{p}{2}\right)^2 + q = 870.25$
4º Este es el cuadrado de 29.5:	$\sqrt{\left(\frac{p}{2}\right)^2 + q} = 29.5$
5º Ahora suma 0.5 a 29.5:	$\sqrt{\left(\frac{p}{2}\right)^2 + q} + \frac{p}{2} = 30$
6º Cuyo resultado es 30, que es el lado del cuadrado:	$x = \sqrt{\left(\frac{p}{2}\right)^2 + q} + \frac{p}{2} = 30$

En realidad, 30 es la raíz positiva de la ecuación $x^2 - x = 870$, misma que es del tipo $x^2 - px = q$.

Pero esta forma particular de la ecuación cuadrática no se suele utilizar en la Educación Secundaria, así que un buen ejercicio puede ser el que el profesor lleve de esta forma particular a la forma de la ecuación cuadrática completa:

Por ejemplo, se podría hacer:

$$x^2 - px = q \rightarrow x^2 - px - q = 0, \text{ en que } a = 1,\ b = -p \text{ y } c = -q$$

Y al sustituir en la fórmula general de la ecuación cuadrática

$x = \dfrac{-b \pm \sqrt{b^2 - 4ac}}{2a}$, usando sólo la raíz positiva se tiene que:

$$x = \frac{-(-p) + \sqrt{(-p)^2 - 4(1)(-q)}}{2(1)} = \frac{p + \sqrt{p^2 + 4q}}{2} = \frac{p}{2} + \sqrt{\frac{p^2 + 4q}{4}} =$$

$$= \frac{p}{2} + \sqrt{\left(\frac{p}{2}\right)^2 + q} = \sqrt{\left(\frac{p}{2}\right)^2 + q} + \frac{p}{2}$$

En fin, éstos son algunos ejemplos que se pueden presentar a los alumnos acerca de todas las cosas que se rescatan de la matemática y que tienen que ver con la cultura en su conjunto.

D. *Problemas de lo cotidiano*

En este título se pueden incluir un buen número de problemas que se obtienen de las cosas simples y comunes de lo cotidiano y que pueden ser llevados al ámbito de lo escolar matemático con una determinada intención didáctica.

1. *El calendario*

He aquí algo muy cotidiano, simple y objetivo. Usémoslo para obtener un recurso que nos permita hacer conteos rápidos, ya que los programas actuales los incluyen. En realidad, sí podemos hacerle ver al alumno que el calendario es un buen recurso para hacer sumas rápidas a partir de un solo dato. El recurso consiste en tomar un calendario cualquiera y de él el mes que más se nos acomode. De este mes localizamos un arreglo de días en formación cuadrada, de tres líneas por tres columnas. Ejemplos de estos arreglos son los siguientes que están tomados del calendario de 1994, en los meses de enero, mayo y septiembre, respectivamente.

10	11	12
17	18	19
24	25	26

7	8	9
14	15	16
21	22	23

12	13	14
19	20	21
26	27	28

Ahora bien, se puede hacer una suma rápida, en no más de dos o tres segundos, de los nueve números que están en el cuadrado, con la sola condición de que se nos diga cuál es el menor de esos números.

Esta idea es intereseante, toda vez que la persona que va a hacer la suma rápida no debe ni es necesario que esté viendo el calendario.

El problema se puede entender si recurrimos a la generalización literal del arreglo y hacer la suma de los términos que componen el arreglo, así que representemos al primer número por una variable y expresemos a los demás en términos de ésta. Por ejemplo, si llamamos **x** al primer número, que además es el menor de todos los escogidos en el arreglo, los demás de esa línea serán sus consecutivos respectivos y los de las líneas inferiores difieren de estos en siete, ya que todo calendario está formado por septenas. Esto es:

x	$x+1$	$x+2$
$x+7$	$x+8$	$x+9$
$x+14$	$x+15$	$x+16$

Ahora bien, como lo que se pretende es obtener una suma de los términos del arreglo, ésta da:

$$x + x + 1 + x + 2 + x + 7 + x + 8 + x + 9 + x + 14 + x + 15 + x + 16 = 9x + 72$$

Pero la expresión $9x + 72$ es factorizable y nos da: $9x + 72 = 9(x + 8)$

Y esta es la clave de la suma rápida, ya que **x** es el menor número, el que se pregunta, al que, como se aprecia en este último resultado, si se le suma 8 y a esa suma se la multiplica por 9, se tiene la suma rápida. Por ejemplo:

Para el primer arreglo, en que **x** es 10, $9(10 + 8) = 9(18) = 162$
Para el segundo arreglo, en que **x** es 7, $9(7 + 8) = 9(15) = 135$
Para el tercer arreglo, en que **x** es 12, $9(12 + 8) = 9(20) = 180$

Esto puede servir como apoyo para buscar algunas generalizaciones, pero ahora desligando al problema del restringido espacio del calendario.

2. *Las tablas pitagóricas*

Se llaman así las ordenaciones de valores numéricos que siguen una determina relación numérica en términos de potencias de dos. Se han usado para la «adivinanza de números» que se ordenan en tablas de valores numéricos y que, a simple vista, pareciera que no tienen una variación precisa. Por ejemplo, una tabla de esta índole es:

1	2	4
3	3	5
5	6	6
7	7	7

Ahora bien, se puede «adivinar» cuál es el número que una persona puede escoger de entre los que aparecen en ellas si por condición le establecemos que nos diga en cuáles de las tres tablas aparce ese número. A nosotros nos bastará con sumar los primeros números (o el menor de ellos si no están ordenados) de cada tabla, siendo la suma el número que se ha escogido.

Así pues, tomemos como ejemplo que se haya escogido al número 5. Vemos que este número aparece en la primera y segunda tablas y que los primeros números en ellas son 1 y 4. Pues se ve que la suma de estos dos números (1 + 4 = 5) es el número que se había escogido.

Cuando se forman tablas más complejas el estímulo para realizar y entender el juego es mayor y se puede hacer una estupenda referencia a la base dos y al sistema binario.

Veamos la composición de estas tablas para poder llegar a algunas generalizaciones, partiendo de la menor posible, aunque ella no nos serviría para realizar el juego ya que no se prestaría a «adivinar», son:

De una tabla:

1

De dos tablas:

1	2
3	3

De tres tablas:

1	2	4
3	3	5
5	6	6
7	7	7

De cuatro tablas:

1	2	4	8
3	3	5	9
5	6	6	10
7	7	7	11
9	10	12	12
11	11	13	13
13	14	14	14
15	15	15	15

De cinco tablas:

1	2	4	8	16
3	3	5	9	17
5	6	6	10	18
7	7	7	11	19
9	10	12	12	20
11	11	13	13	21
13	14	14	14	22
15	15	15	15	23
17	18	20	24	24
19	19	21	25	25
21	22	22	26	26
23	23	23	27	27
25	26	28	28	28
27	27	29	29	29
29	30	30	30	30
31	31	31	31	31

Un análisis de formación de las tablas nos permite observar que la primera está formada por los números impares a partir de 1, que es la primera potencia de 2 ($2^0 = 1$); la segunda, a partir de la segunda potencia de 2 (2^1) se forma por dos números consecutivos y los otros dos consecutivos inmediatos que no se escriben, y así escribiendo dos sí y dos no; la tercera, a partir de la tercera potencia de 2 ($2^2 = 4$), se escriben cuatro números consecutivos sí y los cuatro números consecutivos inmediatos no; la cuarta tabla, a partir de la cuarta potencia de 2 ($2^3 = 8$), se escriben ocho números consecutivos sí y los ocho números consecutivos inmediatos no; y, por último, la quinta tabla se forma, a partir de la quinta potencia de 2 ($2^4 = 16$), se escriben 16 números consecutivos y, por supuesto, con esto se acaba su formación.

En realidad, estas tablas tienen en cada columna el mismo número final y son tantas que se forman en términos de la relación:

$2^n - 1$,

en que n representa al número de columnas y los resultados que se van obteniendo para $n = 1, 2, 3, \ldots$ nos da el mayor número posible en cada columna. Esto es:

Si $n=1$, $2^1 - 1 = 2 - 1 = 1$
Si $n=2$, $2^2 - 1 = 4 - 1 = 3$
Si $n=3$, $2^3 - 1 = 8 - 1 = 7$
Si $n=4$, $2^4 - 1 = 16 - 1 = 15$
Si $n=5$, $2^5 - 1 = 32 - 1 = 31$

Estas tablas tienen por sustento el concepto de que todo número natural puede ser expresado como una potencia de 2 o como una suma de potencias de 2.

Por ejemplo, $19 = 2^0 + 2^1 + 2$ $\quad 8 = 2^3$
$24 = 2^4 + 2^3$ $\quad 128 = 2^7$
$5 = 2^2 + 2^0$

Lo curioso, si es que lo podemos llamar así, es que la expresión antes mencionada que es la que dirige a este juego, la vamos a encontrar en varios otros juegos más. Por ejemplo, en el juego del ajedrez es la relación que nos permite calcular la suma de granos que se obtendrían si se colocara un grano en la primera casilla, dos en la segunda, cuatro en la tercera, ocho en la cuarta y así hasta la casilla número 64.

3. *El juego del ajedrez*

Uno de los varios relatos en que se cuenta el origen del juego del ajedrez, nos dice:

> «Seta, inventor del juego del ajedrez, lo dio a conocer a su sultán, Sheram, con la intención de ayudarle a distraer su profundo aburrimiento. Quedando el sultán bastante impresionado con el ingenioso juego, mandó llamar a Seta a fin de recompensarlo. Después de algunas insistencias, Seta aceptó que se le diera un grano de trigo por la primera casilla o escaque del tablero del ajedrez, el doble de lo anterior por la segunda casilla, el doble de ésta por la tercera casilla y así hasta llegar a la última casilla, la casilla número 64. Aunque el sultán quedó muy disgustado por la «pobreza» de la petición, ordenó a sus administradores que cumplieran

con ella. Tiempo después, administradores y matemáticos de la corte acudieron al sultán para expresarle que no podrían cumplir con tal encargo, ya que ni sembrando toda la superficie de sus dominios por varios siglos podrían cumplir con ella».

Veamos cuántos granos debería de haberle dado el sultán a Seta para cumplir con el compromiso de recompensa:

Los granos que daría son:

$1 + 2 + 4 + 8 + 16 + ... + 2^{63}$

O bien, expresando esta suma como potencias de 2:

$2^0 + 2^1 + 2^2 + 2^3 + 2^4 + ... + 2^{63}$

Pero esas cantidades las podemos expresar como:

$1 = 1 + 0$	casilla 1
$2 = (1) + 1$	casilla 2
$4 = (1 + 2) + 1$	casilla 3
$8 = (1 + 2 + 4) + 1$	casilla 4
$16 = (1 + 2 + 4 + 8) + 1$	casilla 5
... ...	
$2^{63} = (1 + 2 + 4 + ... + 2^{63}) + 1$	casilla 64

Por la forma en que hemos colocado estos números, se ve que, en cada casilla, la cantidad de granos que se dan es la suma de todos los granos en sus casillas predecesoras, más uno.

Por eso, para sumar los granos dados, desde la casilla 1 hasta la última casilla (2^{63}), bastará con añadir a esta última la suma de todas sus predecesoras; es decir, se agrega a 2^{63} el mismo número, restado en una unidad, ya que:

$$2^{63} = (1+2+4+ ... +2^{62}) \rightarrow 2^{63} - 1 = 1+2+4+ ... +2^{62}$$

Así que sumemos todos los anteriores con los del último:

$$2^{63} + (1+2+4+ ... +2^{62}) = 2^{63} + 2^{63} - 1 = 2(2^{63}) - 1 = 2^1 2^{63} - 1$$
$$= 2^{1+63} - 1 = 2^{64} - 1$$

Y, como se ve, en el total de casillas se dan 2^{64} - 1 granos.

Como una curiosidad, la cantidad de granos que se tendrían que haber pagado como recompensa son:

18 446 744 073 709 551 615

4. *La torre de Hanoi*

Otro juego en el que queda implícito el uso de la relación anterior es el de «La torre de Hanoi». Un relato interesante nos lo da a conocer:

> «En el templo de Benares, bajo la cúpula que señala el centro del Mundo, hay una bandeja de bronce con tres agujas de diamante, cada una de un codo de alta y del grosor del cuerpo de la abeja. En la Creación, colocó Dios sesenta y cuatro discos de oro puro, el mayor de ellos inmediatamente encima de la bandeja de bronce y los demás, cada vez más pequeños, hacia arriba. Esta es la torre de Brahma, que especifica que el sacerdote en turno no ha de mover más de un disco a la vez, y que ha de colocarlo en otra de las agujas, de tal manera que no quede debajo de él ningún disco más pequeño. Cuando los sesenta y cuatro discos hayan sido transferidos desde la aguja en que los colocó Dios en la Creación a otra de las agujas, se desharán en añicos la torre, el templo y los brahamanes y, enmedio de un trueno, el mundo dejará de existir».

En resumen, se tienen que insertar los discos que están en una varilla inicial en otra que se tomará como varilla final, teniendo como apoyo a una tercera varilla, intermedia a ellas, y para ello se dan tres condiciones:

1ª Un disco mayor no puede quedar encima de otro menor.

2ª Sólo se puede mover un disco a la vez.

3ª Hay que pasar todos los discos a otra aguja, de tal manera que queden según la posición original.

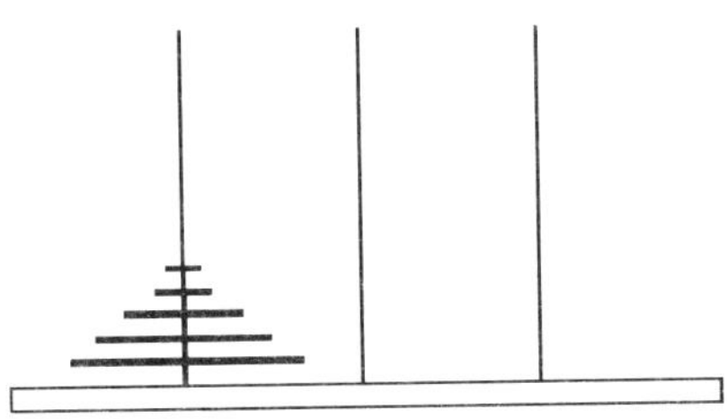

Si vamos haciendo esquemas de los primeros pasos nos encontramos con lo siguiente:

a) Con un disco se necesita un paso.

b) Con dos discos, tres pasos.

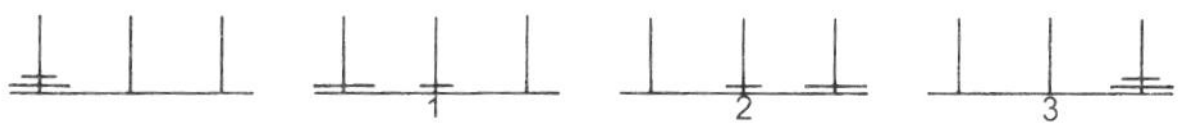

$2^2 - 1 = 3$

c) Con tres discos, siete pasos.

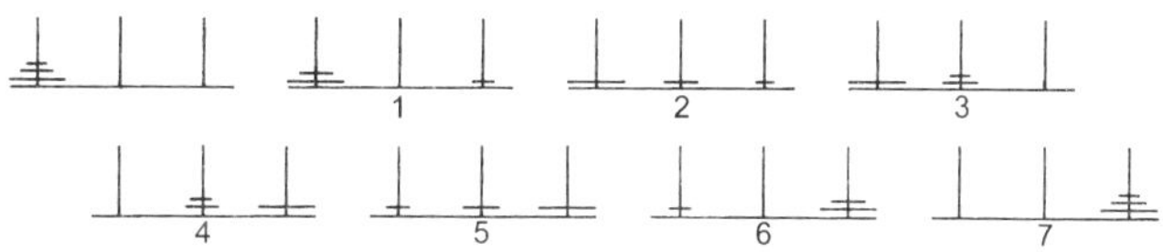

$2^3 - 1 = 7$

d) Con cuatro discos, quince pasos.

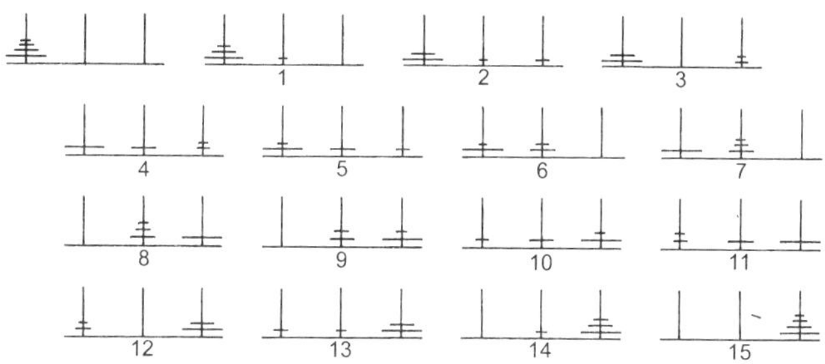

$2^4 - 1 = 15$

*Con n discos, $2n - 1$ pasos.

Y se ve así, en forma gráfica, que la relación $2^n - 1$ se viene a encontrar en diversos contextos.

E. *Problemas con ecuaciones*

Muchos problemas que se presentan en la Escuela Secundaria se plantean y resuelven en términos de la formación de ecuaciones lineales, sistemas de ecuaciones y ecuaciones cuadráticas. Se podrían presentar un buen número de ellos con muy diversas intenciones. Veamos sólo tres.

Problema 1. A un aficionado a los rompecabezas le preguntaron su edad. Como era muy rebuscado en sus intervenciones, contestó:

> «Tomad tres veces los años que tendré dentro de 3 años, restadle tres veces los años que tenía hace 3 años y resultará mi edad actual».

Es evidente que este tipo de problemas es muy artificial y que esto va algo en contra de las nuevas tendencias pedagógicas, pero ¿quién que se haya dedicado con behemencia a la enseñanza de la matemática en este nivel puede sustraerse al embrujo que provocan estos enunciados? Además, sería mentir el que no nos haya ocurrido, al menos en una ocasión, que sean nuestros propios alumnos los que se acerquen a proponérnoslos a fin de que se los expliquemos.

Lo importante es que tengamos disposición a enfrentarnos a ellos no como un conocimiento en sí mismo, sino como formas de motivación, de entretenimiento y de desarrollo de estrategias en enunciados problemáticos. Bien, veamos qué se puede hacer.

Planteemos el problema:

Edad actual:	x
Edad dentro de 3 años:	$x + 3$
Edad que se tenía hace 3 años:	$x - 3$

Este planteamiento inicial nos lleva al esbozo de las condiciones del problema:

Tres veces la edad que tendré dentro de tres años:	$3(x + 3)$
Tres veces la edad que tenía hace tres años:	$3(x - 3)$
La diferencia de estas dos últimas situaciones da la edad actual:	$3(x + 3) - 3(x - 3) = x$
Desarrollando paréntesis y resolviendo la ecuación:	$3x + 9 - 3x + 9 = x$ $18 = x$

Así que la edad del aficionado a los rompecabezas es de 18 años.

Problema 2. La tradición ha establecido que el problema que presentamos a continuación fue elaborado por Euclides. Indcpendientemente de que esto sea cierto, el problema resulta interesante y lleva al establecimiento de un sistema de dos ecuaciones de primer grado con dos incógnitas. Veamos:

> Con sus dos sacos a lomo, un mulo y un jumento lentamente marchaban por el largo camino... Viendo a su camarada hecho un puro lamento, el mulo, enternecido, así dijo al pollino:
>
> «Dime, ¿por qué tu queja, hermano, es tan amarga? Sabe, si ello te sirve de alivio de tus males, que si me das un saco, te doblo yo en la carga, y si yo te doy uno, las cargas son iguales».
>
> Avispado geómetra, ¿podrías, sin gran molestia, decirnos cuántos sacos llevaba cada bestia?

Planteemos:

Llamemos m al número de sacos del mulo y p al número de sacos de pollino.

Número de sacos del mulo:	m
Número de sacos del pollino:	p
Cuando el mulo da un saco le quedan:	$m - 1$
Cuando el mulo recibe un saco tendrá:	$m + 1$
Cuando el pollino recibe un saco tendrá:	$p + 1$
Cuando el pollino da un saco tendrá:	$p - 1$

Si el pollino da un saco al mulo,
la carga de éste es doble: $m + 1 = 2(p - 1)$

Si el mulo da un saco al pollino,
entonces las cargas son iguales: $m - 1 = p + 1$

Al reducir y ordenar estas dos ecuaciones se tiene que:

$m + 1 = 2(p - 1) \rightarrow m + 1 = 2p - 2 \rightarrow m - 2p = -3 \ldots (1)$
$m - 1 = p + 1 \rightarrow m - p = 2 \ldots (2)$

Al resolver el sistema por resta: $-p = -5 \rightarrow p = 5$
Al sustituir $p = 5$ en (2): $m - (5) = 2 \rightarrow m = 2 + 5$
$m = 7$

Así que el mulo tiene 7 sacos y el pollino 5 sacos.

Problema 3. Un problema con desigualdades.

María tiene los cabellos más oscuros que Lilia y María es más rubia que Susana. ¿Cuál de las tres tiene los cabellos más oscuros?

Planteemos: María = x
Lilia = y
Susana = z

Ahora, para resolver este problema usemos las relaciones (>) mayor que y (<) menor que.

Pongamos el contenido del problema en términos de cabello oscuro y usemos la relación (<) como preponderante.

Así que las frases:

María tiene los cabellos más oscuros
que Lilia se puede expresar por: $x > y$

También podemos decir que:

Lilia tiene los cabellos menos
oscuros que María: $y < x$ ... (I)

María es más rubia que Susana: $x > z$

También podemos decir que:

María tiene los cabellos menos
oscuros que Susana: $x < z$ ... (II)

Ahora aplicamos transitividad a las desigualdades (I) y (II):

Si $y < x$
y $x < z$
Entonces: $y < z$

Pero $y < z$ significa que: «Lilia tiene los cabellos menos oscuros que Susana».

De aquí concluimos que Susana tiene los cabellos más oscuros de las tres, ya que Lilia (y) los tiene menos oscuros que María (x) y María (x) los tiene menos oscuros que las otras dos.

Capítulo V

APOYOS. LAS FORMAS PARA AYUDAR

Introducción

En esta sección he creído conveniente la presentación de algunos contenidos programáticos de la Educación Secundaria por el peso y la importancia que tienen como formadores de conceptos, por su utilidad propedéutica y por su valor instrumental. Son producto de la experiencia personal acumulada en la actividad en el aula y algunos otros como resultado de investigaciones y propuestas didácticas que no es común encontrar en otras obras, y tienen la intención de profundizar en temas significativos en los que se evitan desarrollos formales, con la idea de ofrecer muestras de cómo pueden ser utilizados por el profesor y que éste retome las partes que crea que le pueden ser interesantes para que, una vez que las haya matizado, las aplique en el espacio y en el tiempo académico que considere conveniente.

Estos temas se escribieron de acuerdo con el esquema general de la obra, apoyan las secciones anteriores y, en cierta medida, los complementan. Se presentan en forma muy escueta, pues se quiso decir lo indispensable, aunque cada una, como resultará evidente, puede ser motivo de un desarrollo más amplio como tema específico y aquí no es ése el propósito. Todos son temas nodales, tienen un alto grado de dificultad tanto para el aprendizaje de los alumnos como en la enseñanza por parte de los maestros. El último tema, el de Maquetas Didácticas, es una excepción en cuanto a la presentación y va dirigido como una información-formación de contenidos especialísimos, a nivel público escolar y como actividad no necesariamente de aula, sino, más bien, de pasillo.

1. La raíz cuadrada

Vuelvo a insistir sobre la importancia de recurrir al recurso histórico, rico en posibilidades, por el peso del hecho mismo y lo que representa como síntesis didáctica del aporte de esfuerzos conjuntos concretados en una sola persona.

Creo que no se ha dicho mucho todavía sobre la raíz cuadrada, en referencia a su algoritmo como en su papel de recurso didáctico. Veamos dos procedimientos de esto mismo.

A. *El metodo babilónico para obtener la raíz cuadrada de un número (procedimiento de aproximación)*

El procedimiento, que no método, consiste en partir de un rectángulo de área conocida que es la del número cuya raíz cuadrada se desea obtener. Consiste el procedimiento en convertir, por aproximaciones sucesivas mediante promedios, al rectángulo dado en rectángulos tales que sus respectivos largos y anchos se acerquen lo más posible a un cuadrado de la misma área que el rectángulo que sirve como punto de partida.

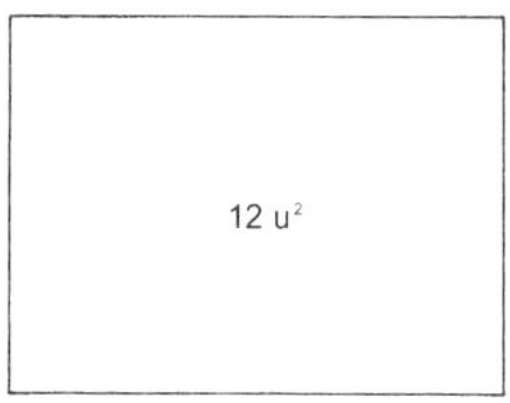

Ejemplo.
Obtener la raíz cuadrada de 12. ($\sqrt{12}$).

1. Partamos de un rectángulo de 12 u^2 de área.

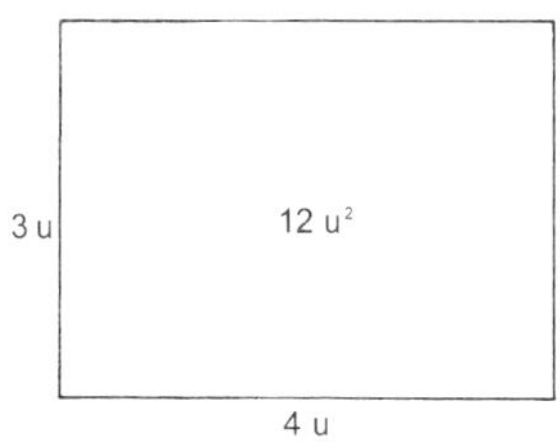

2. Como la parte entera de $\sqrt{12}$ es 3, $\frac{12\ u^2}{3\ u}$, el largo del rectángulo debe tener 4 u y el ancho 3 u.

3. Hagamos el promedio entre estas dos dimensiones:

$$\frac{4\ u + 3\ u}{2} = \frac{7\ u}{2} = 3.5\ u$$

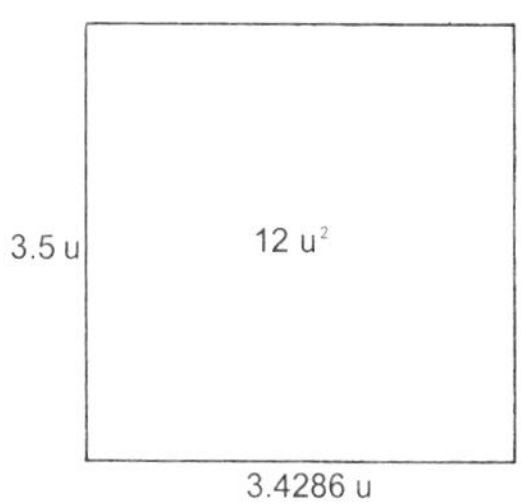

Este nuevo valor de 3.5 u debe ser el ancho de un nuevo rectángulo de 12 u^2 de área, cuyo largo es:

$$\frac{12\ u^2}{3.5\ u} = 3.4286\ u$$

4. Hagamos un segundo promedio entre las nuevas dimensiones:

$$\frac{3.5\ u + 3.4286\ u}{2} = 3.4643\ u$$

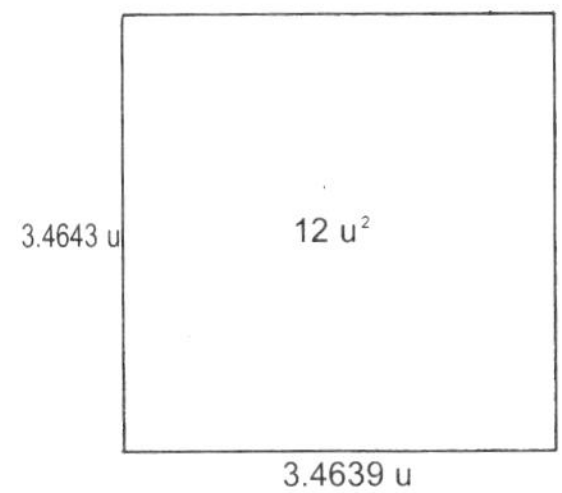

Este nuevo valor de 3.4643 u debe ser el ancho de un nuevo rectángulo de 12 u^2 de área, cuyo largo es:

$$\frac{12\ u^2}{3.4643\ u} = 3.4639\ u$$

5. Hagamos un tercer promedio entre las nuevas dimensiones:

$$\frac{3.4643\ u + 3.4639\ u}{2} = 3.4641\ u$$

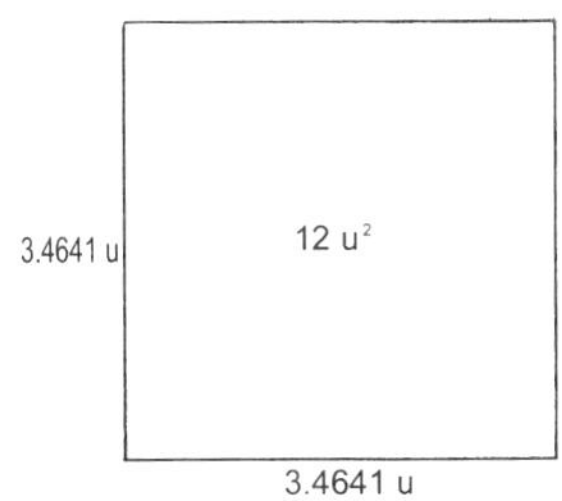

Este nuevo valor de 3.4641u debe ser el ancho de un nuevo rectángulo de 12 u^2 de área, cuyo largo es:

$$\frac{12\ u^2}{3.4641\ u} = 3.4641\ u$$

Como se ve, hemos logrado que las dos dimensiones, largo y ancho, sean iguales por aproximación. Tenemos, entonces, un cuadrado de área 12 u^2 equivalente a la del rectángulo original y en el que cada lado representa a la $\sqrt{12}$.

En efecto, a guisa de comprobación con la calculadora, $\sqrt{12} \doteq$ 3.4641 u.

Se puede apreciar, además, que éste es un procedimiento de cuadratura.

B. *El procedimiento de la media proporcional*

El procedimiento consiste en obtener la media proporcional de dos magnitudes, la de la raíz cuadrada que se desea calcular y la de la unidad.

Ejemplo.
Obtener la raíz cuadrada de 7 ($\sqrt{7}$).

1. Sobre un segmento de apoyo se ubica la unidad y a continuación de ésta 7 unidades más.

2. Sobre esta longitud total como diámetro se construye una semicircunferencia.

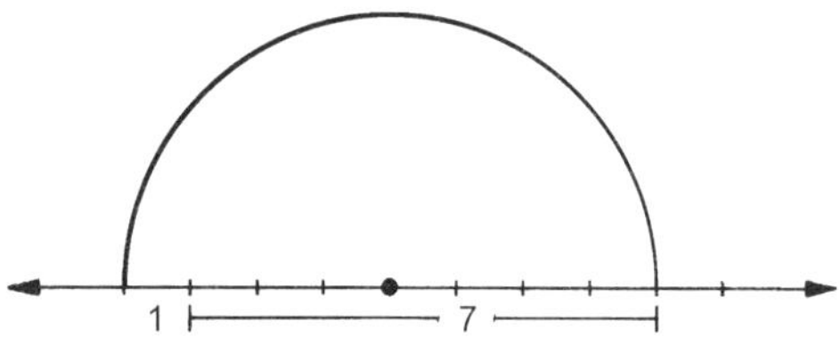

3. Por el punto común de los dos segmentos se levanta un segmento que corte a la semicircunferencia. Este segmento representa, mediante su medida, a la $\sqrt{7}$.

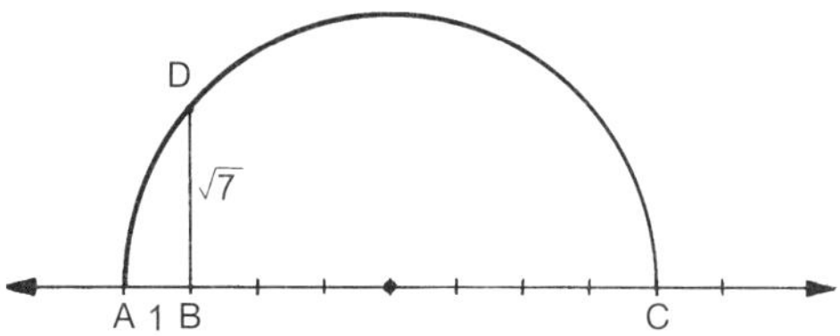

Esto es correcto, ya que si se une D con A y D se une con C, se tiene al ΔADC que está inscrito en la semicircunferencia. Así que:

ΔADC es rectángulo, y $\Delta ADC \sim \Delta ABD \sim \Delta CDB$.

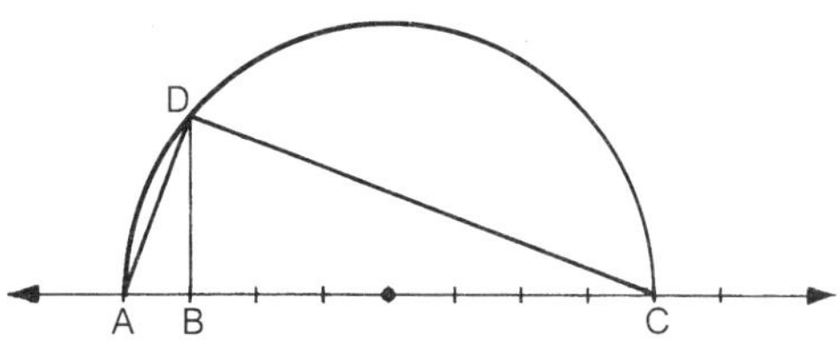

Entonces, en los triángulos ABD y CDB, por semejanza, se tiene que:

$$\frac{AB}{BD} = \frac{BD}{BC} \rightarrow \frac{1}{BD} = \frac{BD}{7} = BD^2 = 7 \rightarrow BD = \sqrt{7}$$

En general, para toda figura en estas mismas condiciones, se cumple que:

$$\frac{AB}{BD} = \frac{BD}{BC} \rightarrow = BD^2 = AB \times BC \rightarrow BD = \sqrt{AB \times BC}$$

Esta última relación lleva a otra idea derivada, utilizable con intención didáctica, que establece: «La raíz cuadrada de un número que puede expresarse como factores es igual a la media proporcional de éstos».

Veamos. Obtener la $\sqrt{15}$.

1. 15 puede expresarse como el producto 3×5.
2. Llevemos sobre una recta base un segmento de medida 3 y a continuación otro de medida 5.
   Construimos la semicircunferencia que tiene por diámetro la suma de estos segmentos.
3. Se levanta una perpendicular por el punto común a los segmentos hasta que corte la semicircunferencia. Esta perpendicular es la raíz cuadrada de 15, que es, además, la media proporcional entre 3 y 5.

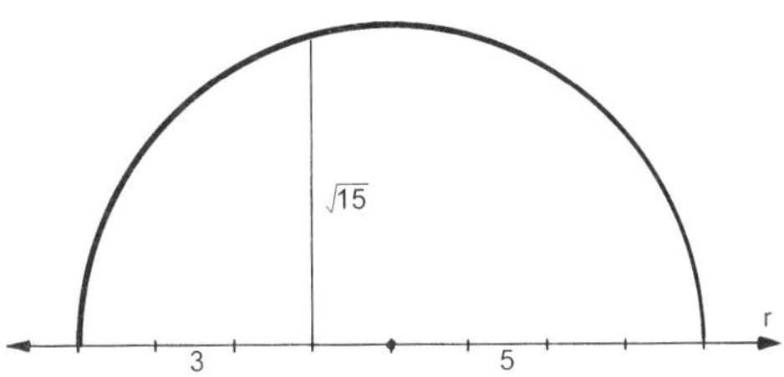

2. Los números primos

–«¡Nada hay más estéril que la enseñanza de los números primos» –comentaba un maestro ante varios colegas reunidos en sesión técnica en un centro de secundaria. Tenía mucha razón porque su referencia la hacía en función de los contenidos del programa y su enfoque operativo.

Sin embargo, pocos temas como éste han generado tal cúmulo de ideas notables en la aritmética. Todavía se encuentran muchos investigadores que se aferran a dilucidar la validez de los enunciados que se han quedado como conjeturas matemáticas, en tanto que no se encuentren contraejemplos o se llegue a la demostración de propiedades pendientes en la mesa de las discusiones formales.

Enunciados sobre números primos.

Enunciados acerca de los números primos pendientes de resolución son:

1. Obtener un número primo mayor que otro.
2. Determinar una relación general que permita obtener un número primo.
3. Plantear cómo obtener el número primo que sigue a otro.
4. Especificar la cantidad de números primos que sean menores que un número cualquiera.
5. Calcular cuál es el número primo deseado en el orden de los números naturales.

Estos enunciados pueden ser mostrados al alumno como motivadores para introducirse en su estudio. También es conveniente mostrarles algunas ideas curiosas alrededor de los números primos, tales como:

- Salvo 2 y 5, se ha visto que los números primos pueden acabar en cualquiera de las cifras 1, 3, 7 o 9.
- A excepción de 2 y 3, si a un número primo se le suma o bien se le resta la unidad, el número resultante es divisible entre 6.

  $13 - 1 = 12$ y 6 divide a 12.
  $17 + 1 = 18$ y 6 divide a 18.

- Las expresiones:

  $n^2 + n + 17$ para valores de 0 a 16
  $2n^2 + 19$ para valores de 0 a 28
  $n^2 + n + 41$ para valores de 0 a 40, presentadas por Euler (1707-1783) generan números primos.

- El número primo 37 divide exactamente a 111, 222, 333, 444, 555, 666, 777, 888 y 999.
- En los 100 primeros números naturales hay 25 números primos y en los 1000 primeros hay 168.
- Entre todo número natural mayor que 1 y su doble hay, al menos, un número primo:

Número natural	*Doble del número natural*	*Números primos que hay*
2	4	3
3	6	5
4	8	5 y7
5	10	7
6	12	7 y11
7	14	11 y 13
8	16	11 y 13
9	18	11, 13 y 17
10	20	11, 13, 17 y 19

- El número primo llamado Número de Mersenne $2^p - 1$, expresión en la que p es un número primo, permite encontrar números primos muy grandes en orden de magnitud.
  $2^p - 1$, con p = 7, 11, 13, 17, 19, 23, 29 y 31 permite llegar a los respectivos números primos:
  127, 2 047, 8 191, 131 071, 524 287, 8 388 607, 536 870 911 y 2 147 483 647.

- Las interesantísimas conjeturas de Goldbach.
  Todo número natural mayor que 2:
  a) Si es par es igual a la suma de dos números primos.

4 = 2+2	8 = 5+3	12 = 5+7	16 = 5+11
6 = 3+3	10 = 5+5	14 = 7+7	18 = 5+13

  b) Si es impar, entonces es un número primo o es igual a la suma de tres números primos.

3 = primo	9 = 2+2+5	15 = 3+5+7	21 = 3+5+13
5 = primo	11 = primo	17 = primo	23 = primo
7 = primo	13 = primo	19 = primo	25 = 3+5+17

Una idea interesante para mostrar a los alumnos, con precaución y con detalle, haciendo tiempo y recreando la construcción, es la «espiral cuadrada de números primos». Veámosla:

– La espiral cuadrada de números primos.

Se puede tener una hoja cuadriculada e ir construyendo la idea paso por paso. Por ejemplo, explicar primero que se va a formar una espiral cuadrada y que ello se hace a partir de la relación:

$$n^2 + n + 17,$$

de Euler, vista anteriormente. Recuérdese que ella generaba números primos en el intervalo de 0 a 16.

Estos valores son, respectivamente 17, 19, 23, 29, 37, 47, 59, 73, 89, 107, 127, 149, 173, 199, 227, 257 y 289.

En la cuadrícula se ven todos estos números primos de 17 a 289 de tal manera que:

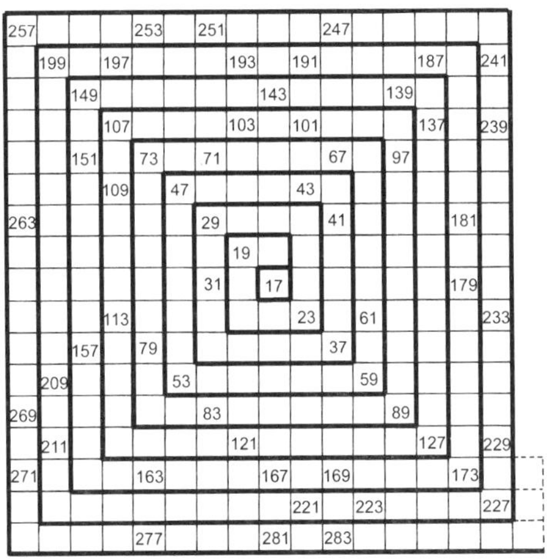

1. Todos ellos van conformando una espiral cuadrada.
2. Los números obtenidos de la relación mencionada quedan alineados en la diagonal cuadrada, colocados alternativamente, en orden de aparición, a partir del número primo 17, unos hacia la dirección NW y otros a la dirección SE.

Criba de sexenas.

En esta criba, distinta de la criba de Eratóstenes, se ordenan los números naturales de 6 en 6 hasta donde se requiera o estime conveniente, en la siguiente forma:

1	2	3	4	5	6
7	8	9	10	11	12
13	14	15	16	17	18
19	20	21	22	23	24
25	26	27	28	29	30
31	32	33	34	35	36
37	38	39	40	41	42
43	44	45	46	47	48
49	50	51	52	53	54
55	56	57	58	59	60
61	62	63	64	65	66
67	68	69	70	71	72
73	74	75	76	77	78
79	80	81	82	83	84
85	86	87	88	89	90
91	92	93	94	95	96
97	98	99	100	101	102
103	104	105	...		

En esta criba se procede a:

1. Eliminar el 1 que no es primo.
2. Eliminar los múltiplos de 2, 3 y 5, a excepción de ellos mismos.
3. Eliminar totalmente las columnas encabezadas por 4 y 6, ya que todos los números contenidos en ellas son pares.
4. Trazar una diagonal de 5 a 25, eliminando todos los números que están en ella exceptuando el primero (5), que es primo, y todos los números en las diagonales paralelas a ésta. Esto se da cada 5 renglones a partir de aquél en el que está colocado el 5. Véase que los números en estas diagonales paralelas son múltiplos de 5.
5. Trazar la diagonal de 7 a 42, eliminando todos los números que están en ella, exceptuando el primero (7), que es primo, y los números en las paralelas a ésta. Esto se da cada 7 renglones a partir de aquél en el que está colocado el 7. Nótese que todos los números en estas diagonales son múltiplos de 7.

Hecho esto, los números que no quedaron en las líneas verticales ni en las paralelas mencionadas son números primos. Sin embargo, es comprensible que la criba no puede prolongarse mucho en forma práctica y que se puede necesitar conocer si un número natural muy adelante de la parte de la criba que hemos anotado es primo o no.

En este caso es recomendable dividir el número dado entre 6, que es el número de columnas que tiene esta criba y, enseguida:

1	2	3	4	5	6
7	8	9	10	11	12
13	14	15	16	17	18
19	20	21	22	23	24
25	26	27	28	29	30
31	32	33	34	35	36
37	38	39	40	41	42
43	44	45	46	47	48
49	50	51	52	53	54
55	56	57	58	59	60
61	62	63	64	65	66
67	68	69	70	71	72
73	74	75	76	77	78
79	80	81	82	83	84
85	86	87	88	89	90
91	92	93	94	95	96
97	98	99	100	101	102
103	104	105	...		

1. Si el cociente es exacto, el número está colocado en la última columna (de izquierda a derecha) de la línea que indique el cociente obtenido.
2. Si el cociente es inexacto, el número propuesto estará ubicado en la siguiente línea a la que nos indique el cociente obtenido y el residuo a la columna en que está ubicado.

Nota. Si el cociente de estas divisiones fuera 0, 2 ó 4, ello indicaría que se ha dado para investigar un número par, que de principio ya no es primo. Recuerde que un número primo, salvo 2 y 5, sólo puede tener en la cifra de las unidades 1, 3, 7 ó 9.

Es claro que si el número cae en las líneas 2ª, 3ª, 4ª ó 6ª, el número no es primo. Nos queda investigar qué hacer cuando el número dado cae en la 1ª y en la 5ª líneas, pues en ellas se cruzan líneas diagonales que, como ya vimos, son en las que se encuentran los múltiplos de 5 ó de 7 y algunos posibles números primos. Como el criterio de divisibilidad entre 5 es muy evidente, pues «son números divisibles entre 5 aquellos con 0 ó 5 en el orden de las unidades», sólo quedaría investigar si el número es divisible entre 7.

Recuerde que el criterio establece que un número es divisible entre 7 cuando está sujeto a este procedimiento:

a) Si el doble de la cifra de las unidades del número dado, restado al resto del número, da cero o múltiplo conocido de 7, el número es divisible entre 7.

b) Si el número al cual se llegó en el inciso anterior no es 0 o múltiplo conocido de 7, se repite el procedimiento hasta lograrlo o no.

Ejemplos.

1. Determinar si 1 652 es divisible entre 7.
   a) $2 \times 2 = 4$; $165 - 4 = 161$
   b) $1 \times 2 = 2$; $16 - 2 = 14$
   14 es múltiplo de 7, entonces 7 divide a 1652.

2. Determinar si 2586 es divisible entre 7.
   a) $6 \times 2 = 12$; $258 - 12 = 246$
   b) $6 \times 2 = 12$; $24 - 12 = 12$
   12 evidentemente no es múltiplo de 7, entonces 2586 no es divisible entre 7.

Veamos algunos ejemplos para investigar con la *criba de sexenas* si un número natural es primo o no.

Ejemplo 1. Determinar si 5 231 es número primo.

$5\,231 \div 6 = 871$

Como el número está en la línea $871 + 1 = 872$, y en la columna 5, es probable que el número sea primo. Determinemos si no es divisible entre 5 y 7.

1. El número 5 231 no es divisible entre 5 pues la cifra de las unidades no es 0 ni 5.

2. a) $1 \times 2 = 2$; $523 - 2 = 521$.
   b) $1 \times 2 = 2$; $52 - 2 = 51$
   51 evidentemente no es divisible entre 7, entonces 5 231 no es divisible entre 7.

El número está colocado en la quinta columna en la criba de sexenas y no es divisible entre 5 ni entre 7, entonces el número es primo.

Ejemplo 2. Investigar si 707 es número primo.

El número dado está en la línea 118 y en la columna 5. Puede ser número primo. Veamos si es divisible entre 7, pues es evidente que no lo es entre 5.

707; $7 \times 2 = 14$; $70 - 14 = 56$

56 es múltiplo de 7, así que no es número primo, pues admite como divisor a 7.

El que 707 esté en la línea 118, columna 5 y no sea primo, significa que estará en un lugar donde lo alcance una de las diagonales paralelas a la diagonal que comienza con el número 7.

3. LA CALCULADORA DIGITAL ELEMENTAL: INSTRUMENTO DIDÁCTICO EN EL AULA

Una primera serie de observaciones

La calculadora digital elemental, ese maravilloso instrumento electrónico al alcance de la mayoría de la gente, es un estupendo medio y recurso didáctico si sabemos hacerlo nuestro aliado y lo usamos como un medio y no como un fin.

En los escasos treinta años de estar en el mercado las calculadoras digitales «de bolsillo», han desatado las más variadas exaltaciones entre dos posiciones encontradas de docentes, de detractores y defensores, en cuanto a su uso en el aula. Lo cierto es que usada con mesura y en el momento adecuado en ciertas actividades escolares, puede proporcionarnos beneficios enormes tanto en los aspectos operativos como en los conceptuales. Y es aquí donde está su acertado uso, tal que nos será difícil desentendernos de ella, no importando que la inmensa mayoría de los usuarios la utilice en un bajo porcentaje de sus posibilidades. Puntualicemos, si se quiere usarla con fines didácticos, que lo primero que se requiere es conocerla a fondo. Dado este primer paso, el instrumento se convierte en un buen aliado para el maestro y un inmejorable «juguete pedagógico».

Por supuesto, no requerimos, como cosa indispensable, conocer su estructura tecnológica, aunque sí conocerla adecuadamente en todo lo que puede hacer por el maestro y como sostén del alumno en alguna que otra actividad.

Un segundo requisito es no permitir que en el aula, para un mismo grupo de alumnos, se maneje cualquier modelo o tipo de calculadora en forma indiscriminada, sino aquellas que tienen características comunes, independientemente de la marca.

Usos didácticos de la calculadora

No son pocos los investigadores pedagógicos que se han preocupado por el uso de la calculadora en el aula (Hitt, F.; Wenzelburger, E.; Jimenes, J. R.), proponiendo tareas, exponiendo los resultados de investigaciones o recuperando algunas experiencias a punto de perderse de sujetos anónimos. Nosotros coincidimos con ellos en sus apreciaciones generales. A partir de nuestra propia experiencia podemos especificar que entre los usos didácticos más significativos que se le pueden dar a la calculadora digital elemental son:

* Como herramienta de cálculo en sustitución de las operaciones manuales.
* Como herramienta para descubrir comportamientos o patrones numéricos.
* Como medio de verificación de una operación.
* Como apoyo en la búsqueda de estrategias de resolución.
* Como instrumento de juego pedagógico.
* Como sustituto de tablas de concentración de valores numéricos.

En todo esto, ponemos énfasis en que para la educación básica basta con el uso de la llamada calculadora elemental, aquella cuya estructura interna operativa es de carácter aritmético.

En principio, nuestra sugerencia es que se usen los modelos que tengan el mismo número de dígitos en pantalla, preferentemente de 8 dígitos, con fuente de energía solar y que tengan entre 23 y 25 teclas, tales que incluyan las correspondientes a:

- tecla correctora [C], [AC], [CA], [CE/C].
- teclas de memoria [M+], [M–] y [MRC].
- tecla de raíz cuadrada [√].
- tecla de [%].
- tecla de cambio de signo [+/–].

Es claro que no se enuncian las teclas obligadas de símbolos numéricos, la de [=] y las de los signos operativos de las operaciones aritméticas fundamentales, ya que ellas son el soporte fundamental para trabajar en la máquina.

Pues bien, una vez unificado el criterio de los modelos convenientes para usar en el aula, con los criterios acabados de enunciar, es indispensable que el maestro dedique unas cuantas sesiones a enseñar el buen manejo del instrumento.

Veamos, pues, algunos usos convenientes en el aula.

A. *Para obtener acercamientos*

Dentro de este título proponemos algunas experiencias como las siguientes:

1. ¿Cuáles dos números naturales suman 48?
   ¿Es la solución propuesta única?
2. ¿Qué par de números naturales tienen por diferencia 24?
   ¿Existe solución única?
3. ¿Qué par de números naturales dan como producto 675?
   ¿Es posible otra solución distinta a la presentada?

Aquí, es posible que la estrategia de un alumno sea la de operar apoyándose en la divisibilidad entre 5, pues puede resultarle evidente que un factor sea 5 debido a que el número propuesto tiene 5 en el lugar de las unidades.

4. ¿Qué par de números naturales dan como producto 123?
   ¿Es solución única? ¿Por qué?

Con esta última pregunta se pudiera llevar a un primer acercamiento a la noción de números primos y compuestos.

5. ¿Qué dos números decimales de la forma a.b y c.d pueden dar como producto 9.18?
6. ¿Qué número decimal de la forma a.bc cumple con la operación a.bc × a.bc = 16.9744?

Una estrategia puede ser la del tanteo consecutivo. Otra puede ser la de operación inversa a partir de apreciar que:

a.bc x a.bc = $(a.bc)^2$ y que la raíz cuadrada de 16.9744 lleva al resultado. Esto en espera de aclarar al alumno, una vez manejado el concepto de número racional, qué otra raíz (la simétrica) resuelve también la pregunta.

7. Una hoja en forma de cuadrado tiene por área 441 cm^2.
   g) ¿Cuánto mide el lado del cuadrado?
   h) ¿Cuánto mide el perímetro de la misma figura?

8. Si se duplica el área del cuadrado anterior:
   h) ¿Cuánto mide por lado el cuadrado?
   i) ¿Cuánto mide el perímetro de este nuevo cuadrado?

9. Contesta las siguientes preguntas usando la calculadora, pero no puedes utilizar la tecla [÷]:
   i) ¿Cuántas veces cabe 0.2 en 3?
   j) ¿Cuántas veces cabe 1.5 en 6.3?
   k) ¿Cuántas veces cabe 4 en 2.5?
   l) ¿Cuántas veces cabe 16 en 2?

Aquí, intencionadamente se ha dejado la pregunta más simple de contestar en último término a fin de que ella no lleve a una realización mecánica por analogía de las primeras preguntas.

10. Encuentra un número entre 0.275 y 0.276. Después explica cuál fue tu estrategia de resolución.

B. *Para establecer patrones numéricos*

En este apartado incluimos aquellas preguntas que, apoyadas en el uso de la calculadora, lleven a la realización de operaciones rápidas a fin de observar el comportamiento en los resultados que se van obteniendo.

1.

5^2		[5]	[×]	[=]	→	25.
15^2	[1]	[5]	[×]	[=]	→	225.
25^2	[2]	[5]	[×]	[=]	→	625.
35^2	[3]	[5]	[×]	[=]	→	1225.

...

La idea es que el alumno aprecie que en el cuadrado de todo número natural en el que las unidades es 5, siempre se encontrará con un resultado en el que en el orden de la unidades y decenas aparecerá 25.

2.	3.	4.
$1^2 = 1$	$2 \times 3 \times 37 \times 91 = 20202$	$1 \times 3 \times 37 = 111$
$11^2 = 121$	$11 \times 3 \times 37 \times 91 = 111111$	$2 \times 3 \times 37 = 222$
$111^2 = 12321$	$25 \times 3 \times 37 \times 91 = 262626$	$3 \times 3 \times 37 = 333$
$1111^2 = 1234321$	$64 \times 3 \times 37 \times 91 = 646464$	$4 \times 3 \times 37 = 444$
...	...	...

5.	6.	7.
$23 \times 1001 = 23023$	$23 \times 10101 = 232323$	$23 \times 10001 = 230023$
$54 \times 1001 = 54054$	$54 \times 10101 = 545454$	$54 \times 10001 = 540054$
$76 \times 1001 = 76076$	$76 \times 10101 = 767676$	$76 \times 10001 = 760076$
$99 \times 1001 = 99099$	$99 \times 10101 = 999999$	$99 \times 10001 = 990099$
...	...	...

8.	9.	10.
$1 \times 9 + 2 = 11$	$9 \times 9 + 7 = 88$	$143 \times 7 = 1001$
$12 \times 9 + 3 = 111$	$98 \times 9 + 6 = 888$	$143 \times 14 = 2002$
$123 \times 9 + 4 = 1111$	$987 \times 9 + 5 = 8888$	$143 \times 21 = 3003$
$1234 \times 9 + 5 = 11111$	$9876 \times 9 + 4 = 88888$	$143 \times 28 = 4004$
...	...	...

Estas combinaciones numéricas, así vistas, pueden llevar a despertar cierta inquietud entre el alumnado, por sí mismas, y provocar la curiosidad entre algunos de los jóvenes, quienes pueden intentar otras composiciones operativas en busca de resultados sistemáticos. Sin embargo, a cada serie de ejercicios se le puede acompañar de la pregunta ¿por qué?, antes de que alguno de los alumnos nos la haga.

C. *Para eliminar pérdidas de tiempo*

En un buen número de los problemas que planteamos a nuestros alumnos se tienen que dar operaciones engorrosas, más debido a la magnitud de los números que intervienen que por la complicación conceptual y algorítmica. En estos casos es muy conveniente el uso de la calculadora a fin de ahorrar tiempo, que se puede dedicar a actividades más creativas dentro del aula. Ejemplo de esto son las siguientes operaciones, que, por otro lado, pueden ser objeto de tratamiento y ejercitación para el adecuado manejo del instrumento en cuestión.

1. $3.486 + 0.0078 + 11.007 - 3.061$
2. $5.8 + 42.67 \times 123.648$
3. $\sqrt{486.1278}$
4. $A = 4\pi r^2 = 4 \times 3.1416 \times 5.25^2$

5. $V = \frac{4\pi r^2}{3} = \frac{4 \times 3.1416 \times 11.6^2}{3}$

6. $a = b \times \tan A = 5.64 \times 0.6148$

7. $V = \frac{B \times H}{3} = \frac{4.16 \times 7.84}{3}$

8. $V = \sqrt{\frac{D}{d}} = \sqrt{\frac{16.42}{5.18}}$

9. $\frac{1}{3} + \frac{2}{7} + \frac{5}{6} \doteq 0.3333333 + 0.2857142 + 0.8333333$

10. $A = \frac{(B + b) \times h}{2} = \frac{(5.83 + 3.14) \times 4.62}{2}$

Como se ve, este tipo de operaciones aparece con alguna frecuencia en la resolución de ciertos problemas que el lector ya habrá identificado. Ellas son un ejemplo del por qué no se debe perder tiempo en realizarlas a mano, a condición de que el maestro del grupo tenga la certeza de que sus alumnos, llegado el caso, sepan realizarlas por medio de los algoritmos manuales convencionales.

D. *Para comprobar propiedades de los números naturales*

Para comprender este apartado, proponemos los siguientes problemas:

1. ¿Habrá dos números naturales consecutivos cuyo producto dé 840?

   El alumno puede proceder por medio de tanteos, así:

   Primer tanteo:
   $20 \times 21 = 420$ (acercamiento por defecto)

   Segundo tanteo:
   $30 \times 31 = 930$ (acercamiento por exceso)

   Tercer tanteo:
   $26 \times 27 = 701$ (acercamiento por defecto)

   Cuarto tanteo:
   $28 \times 29 = 812$ (acercamiento por defecto)

   Quinto tanteo:
   $29 \times 30 = 870$ (buen acercamiento por exceso)

En vista de estos dos últimos tanteos, se ve que no existen dos números naturales consecutivos cuyo producto dé 840.

En otra estrategia, un alumno pudo recurrir a la división como recurso. Por ejemplo:

Primer intento:	$840 \div 25 = 33.6$	
Segundo intento:	$840 \div 26 = 32.30...$	
Tercer intento:	$840 \div 27 = 31.111...$	
Cuarto intento:	$840 \div 28 = 30$	(sin embargo, 28 y 30 no son números naturales consecutivos)
Quinto intento:	$840 \div 29 = 28.96...$	
Sexto intento:	$840 \div 30 = 28$	(ocurre lo mismo que en el cuarto intento)

Se desprende, de los tanteos 4º y 6º que no existen dos números naturales consecutivos cuyo producto dé 840.

Una vez hecho esto, se pueden desprender, en discusión intencionada con el grupo, algunas aclaraciones, como por ejemplo:

Los números **a** y **a** + 1, siendo números naturales consecutivos, qué comportamiento tendrían en el promedio de ellos. Esto es:

$\frac{a(a+1)}{2} = m$, donde, en nuestro ejemplo **a** es par y **a** + 1 impar o viceversa.

Por otro lado, ver qué ocurre con la descomposición en factores primos de **a** y **a** + 1 y establecer si el producto de ellos, expresados en esos factores primos, dan **m**.

Bueno, no sigo. El lector ya se estará dando cuenta a qué se quiere llegar. Esto es:

$\mathbf{a(a+1) = 2m} \rightarrow$ **a** divide a **2m** y **a + 1** divide a **2m**, siendo **a**, **a + 1** y **2m** números naturales.

2. ¿Cuál es el número natural que multiplicado por sí mismo da la mejor aproximación a 700?

Primera estrategia:

Cierto tipo de alumnos podría proceder por tanteos, así:

$20 \times 20 = 400$ (tanteo bajo)

$25 \times 25 = 625$ (tanteo cercano)
$26 \times 26 = 674$ (tanteo más cercano aún)
$27 \times 27 = 729$ (buen tanteo pero excedido)

Esto haría ver al alumno que 26 y 27 son las posibles soluciones, aunque usando el criterio de razón aritmética, se tiene que:

$700 - 674 = 26$
$729 - 700 = 29$,

así que la mejor aproximación la da el número 26, ya que su cuadrado da una diferencia menor respecto de 700.

Segunda estrategia:

Otro tipo de alumno podría darse cuenta que lo que se pide está en la relación:

$a \times a = a^2 = 700 \rightarrow a = \sqrt{700}$,

así que puede recurrir al uso de la tecla [√]:

[7] [0] [0] [√] → [26.457513]

y observaría que 26 es una buena aproximación. Es posible que comprobara este resultado y que, además, probara con 27 también:

$26 \times 26 = 26^2$

[2] [6] [×] [=] → [676.]

$27 \times 27 = 27^2$

[2] [7] [×] [=] → [729.]

De estos dos resultados tomaría el más conveniente como respuesta a la pregunta del problema.

3. ¿Habrá algún par de números naturales consecutivos que dé como producto 223?

Es posible que cierto tipo de alumno se preste al uso de tanteos.

Otro tipo de alumno puede dedicarse al análisis y proponerse ver qué ocurre cuando se da el producto de números naturales consecutivos en breves exploraciones. Por ejemplo, vería que:

$1 \times 2 = 2$
$2 \times 3 = 6$
$3 \times 4 = 12$
$4 \times 5 = 20$
...

Y así observaría que el producto de dos números naturales consecutivos siempre es un número natural par.

Este análisis puede llevar al maestro a expresar otras preguntas, como:

¿Qué tipo de número natural se obtiene al multiplicar:

- Dos números naturales pares?
- Dos números naturales impares?
- Dos números naturales pares consecutivos?
- Dos números naturales impares consecutivos?
- Tres números naturales pares?
- Tres números naturales impares?

E. *Para completar operaciones*

Con este título involucramos el uso de la calculadora como un medio para representar, mediante esquemas de procedimientos, operaciones en las que se desconoce al menos un elemento y al cual se debe llegar a partir del conocimiento de las propiedades implícitas de las mismas. Pero también es posible aplicar el sentido común, los tanteos y la intuición. Veamos algunos casos.

1. Escribe dentro de cada tecla vacía el símbolo operativo que corresponda para que la operación se cumpla.

1		3		2	=	→	6.		
2		3		1	=	→	7.		
1		3		2	=	→	5.		
4		4		4		4	=	→	28.
4		4		4		4	=	→	36.
4		4		4		4	=	→	48.
5		5		5		5	=	→	25.

2. La tecla [6] está descompuesta. Haz una secuencia de teclas para realizar cada una de las siguientes operaciones con la limitación impuesta.

54×6
$62 + 34$
$62 + 16$
$106 - 27$
$66 \div 6$

3. ¿Cuál es el signo operativo que tendrás que incluir en la tecla vacía en cada operación para que se cumplan los resultados indicados?

6	[ ]	4	=	→	24.
6	[ ]	4	=	→	10.
6	[ ]	4	=	→	1.5
6	[ ]	4	=	→	2.

4. ¿Qué número falta en cada operación?

[ ]	4	+	7	=				→	31.
[ ]	4	−	[ ]	5	=			→	79.
[ ]	[ ]	×	8	=				→	96.
	4	[ ]	÷	3	=			→	15.
	2	3	·	[ ]	÷	4	=	→	5.875

5. Escribe una solución para esta operación.

1	3	·	2	[ ]	[ ]	[ ]	[ ]	[ ]	[ ]	=	→	18.7
					signo			signo				

6. Haz la gráfica de la secuencia de teclas para la siguiente operación sabiendo que la tecla [5] está descompuesta.

$23 + 52 - 5 = 70$

7. Introduce en cada tecla vacía el número que falta para que la operación sea correcta.

[ ] [ ] [×] [ ] [ ] [+] [4] [=] → [184.]

8. En cada tecla vacía debe escribirse un signo operativo y no debe repetirse.

[6] [ ] [8] [ ] [4] [ ] [1] [ ] [7] [=] → [6.]

9. En cada tecla vacía debe colocarse un número, que no debe repetirse, para que la operación resulte correcta.

[ ] [÷] [ ] [×] [ ] [–] [ ] [+] [ ] [=] → [19.]

10. No funciona la tecla [2]. Con esta limitación, haz la secuencia de teclas para la siguiente operación:

123 + 24 – 52 – 2

F. *Para tanteos*

Ahora, lo que se pretende es precisamente eso, no recurrir a estrategia alguna, salvo aquella tan socorrida por nuestros alumnos en forma mayoritaria. Esto es, los tanteos.

1. Al dividir 50 entre otro número se debe encontrar a un número que esté ubicado entre 1.5 y 1.6.
2. Obtén un número natural que al ser multiplicado por 18 se encuentre entre 1250 y 1270.
3. Describe una secuencia de teclas que te permita obtener un número entre 0.156 y 0.157.
4. Establece todos los divisores de 450.
5. Hallar el m.c.m. y el M.C.D. de 28, 400 y 1100.

Otras ideas interesantes que se pueden explorar a partir de la calculadora elemental son:

- Obtener patrones numéricos a partir de la posición de las teclas numéricas de la calculadora.
- Interpretar lo que ocurre cuando la calculadora muestra error al hacer una operación.

- Identificar las operaciones que se pueden hacer sin recurrir a la tecla [=].
- Valorar fracciones con el mismo denominador.
- Identificar y usar una constante en operaciones aritméticas básicas.
- Usar la calculadora como máquina de conteo.
- Observar cuando se satura el display (ventanilla).
- Interpretar el número que aparece en la ventanilla cuando ésta queda sobresaturada.
- El uso de las teclas [%], [+/–], [M+], [M–] y [MRC].
- Juegos con calculadora.
- Acercamientos a la comprensión de truncamiento y redondeo.

Veamos algo de esto.

G. *Conocimiento de las posibilidades de la calculadora*

Nos referiremos a algunos de estos aspectos.

a) *Patrones operativos por la disposición de las teclas numéricas en la calculadora digital elemental*

De todos es conocido que la disposición de las teclas numéricas en cualquier calculadora es:

7	8	9
4	5	6
1	2	3

Las demás teclas, según modelo y marca, pueden variar de ubicación. Esta disposición invariable de las teclas numéricas permite obtener patrones operativos significativos como:

1. Resta por líneas o columnas.

789 – 456 = 333 (número formado en la primera línea - número formado en la segunda línea)
456 – 123 = 333 (2da línea – 3ra línea)
789 – 123 = 666 (3ra columna – 2da columna)
963 – 852 = 111 (3ra columna – 2da columna)

852 – 741 = 111
963 – 741 = 222
951 – 753 = 198 (resta de números en una diagonal)
357 – 159 = 198 (resta de números en una diagonal)

Observar que todos estos números son divisibles entre 3 y entre 11.

2. Resta por números invertidos.

741 – 147 = 594	987 – 789 = 198	Resultados, todos divisibles entre 3, 11 y 6.
852 – 258 = 594	654 – 456 = 198	
963 – 369 = 594	321 – 123 = 198	

3. Adición en línea o en columna.

987 + 654 = 1641	789 + 456 = 1245	Resultados, todos divisibles entre 3.
654 + 321 = 975	456 + 123 = 579	
951 + 753 = 1704	159 + 357 = 516	

4. Sustracción en parejas de números invertidos.

41 – 14 = 27	98 – 89 = 9	Resultados, todos divisibles entre 3 y 9.
85 – 58 = 27	54 – 45 = 9	
63 – 36 = 27	21 – 12 = 9	

5. Adición en parejas de números invertidos.

41 + 14 = 55	87 + 78 = 165	Resultados, todos divisibles entre 11.
52 + 25 = 77	54 + 45 = 99	
63 + 36 = 99	21 + 12 = 33	

6. Adición en línea o en columna de números invertidos.

987 + 789 = 1776	963 + 369 = 1332	Resultados, todos divisibles entre 3 y 6
654 + 456 = 1110	852 + 258 = 1110	
321 + 123 = 444	741 + 147 = 888	

b) *La palabra* ERROR *en la pantalla*

Es frecuente que el alumno se sorprenda cuando en la ventanilla de la calculadora vea la palabra «ERROR» o simplemente «E». Es el momento en que el profesor del grupo puede tomar esta experiencia para explicar o hacer preguntas convenientemente dirigidas y plantear al alumno ejercicios del tipo:

1. [9] [÷] [0] [=] → [E.]
2. [1] [2] [×] [=] [=] [=] [=] [=] [=] [=] → [E.]
3. [9] [+/−] [√] → [E.]

c) *Identificar operaciones que no necesitan de presionar la tecla* [=], *para obtener el resultado en la ventanilla de la calculadora.*

Se debe hacer referencia a las teclas [√] y [%].

H. *Valorar fracciones con el mismo denominador*

Aquí nos referimos a la facilidad y economía de tiempo para obtener el equivalente decimal de fracciones con el mismo denominador, usando la calculadora elemental. Veamos estos ejemplos:

Encontrar los equivalentes decimales respectivos de las fracciones:

$$\frac{1}{2}, \frac{2}{2}, \frac{3}{2}, \frac{4}{2}, \frac{5}{2} \ldots$$

Para ello haz la secuencia:

[2] [÷] [=] → [0.5] (queda registrado el denominador 2 en la memoria interna de la calculadora)

[1] [=] → [0.5] (valor de $\frac{1}{2}$)

[2] [=] → [1.] (valor de $\frac{2}{2}$)

[3] [=] → [1.5] (valor de $\frac{3}{2}$)

[4] [=] → [2.] (valor de $\frac{4}{2}$)

[5] [=] → [1.] (valor de $\frac{5}{2}$)

...

↑ numeradores de las fracciones que deben valorarse

I. *Uso de constantes en operaciones aritméticas*

El alumno debe estar familiarizado con el manejo de una constante operativa. Veamos algunos ejemplos con las secuencias de teclas para cada operación aritmética básica.

En adición.

En esta secuencia se ve que el segundo sumando es el que queda integrado como constante aditiva.

[3] [+] [7] [=]	→ [10.]
[=]	→ [17.]
[=]	→ [24.]
[=]	→ [31.]

...

Una vez incorporada la operación 3 + 7, al ir presionando sucesivamente la tecla [=], el segundo operador (segundo sumando) actúa como constante aditiva. De ahí los resultados secuenciados de 10, 17, 24, 31, ...

En sustracción.

En esta secuencia se ve que el sustraendo es el que queda integrado como constante sustractiva.

[3] [1] [–] [4] [=]	→ [27.]
[=]	→ [23.]
[=]	→ [19.]
[=]	→ [15.]

...

En multiplicación.

En esta secuencia se ve que el primer factor es el que queda integrado como constante multiplicativa.

[6] [×] [2] [=]	→ [12.]
[=]	→ [72.]

[=]	→	432.
[=]	→	2592.

...

En división.

En esta secuencia se ve que el divisor es el que queda integrado como constante divisoria.

[3]	[2]	[4]	[÷]	[3]	[=]	→	108.
					[=]	→	36.
					[=]	→	36.
					[=]	→	36.

...

J. *La calculadora como «máquina de contar»*

A partir de la idea anterior es posible darle el uso de máquina contadora a la calculadora, con el auxilio de las constantes integradas. Ejemplos:

– Contar de uno en uno.	[1]	[+]	[=]	→	1.
			[=]	→	2.
			[=]	→	3.
			[=]	→	4.

...

– Contar de dos en dos.	[2]	[+]	[=]	→	2.
			[=]	→	4.
			[=]	→	6.
			[=]	→	8.

...

– Contar de tres en tres.	[2]	[+]	[=]	→	3.
			[=]	→	6.
			[=]	→	9.
			[=]	→	12.

...

K. *Interpretar el número que aparece en la ventanilla cuando ésta queda sobresaturada*

En ocasiones, la magnitud numérica que se obtiene como resultado de una operación sobresatura la pantalla, marcando la palabra «ERROR», aunque el número que aparece en ella es parte integrante del resultado correcto que debiera obtenerse. ¿Cómo interpretar el número que aparece en pantalla? Veamos.

1. 7 000 × 4 500 000 = 31 500 000 000

En pantalla aparece: | E 315.00000 |

(315 — 3 cifras)

Esto significa que habrá de compensarse el número en pantalla con 3 cifras más que se complementan con ceros:

31500000 000

8 dígitos en pantalla — 3 ceros de compensación

2. 48 700 x 48 700 = $(48\ 700)^2$ = 2 371 690 000

En pantalla aparece: | E 23.716900 |

(23 — 2 cifras)

Entonces habrá que compensar con dos ceros el número que aparece en la pantalla:

23716900 00

8 dígitos en pantalla — 2 ceros de compensación

3. 42 580 471 x 6 = 255 482 826

En pantalla aparece: | E 2.5548282 |

(2 — 1 cifra)

Entonces habrá que compensar el número en pantalla con una cifra más, que en este caso debe ser la cifra 6, ya que al multiplicar las unidades del multiplicando (1) por las del multiplicador (6), da como producto 6.

25548282 6

8 dígitos en pantalla — 1 cifra de compensación

4. 99 999 999 x 99 999 999 = 9 999 999 888 888 801

En pantalla aparece: [E 99999998]

Siguiendo con el criterio mencionado, se tendrá:

99999998 00000000

8 dígitos en pantalla — 8 cifras de compensación

Nota: La cifra de compensación debe ser 1, ya que el producto de unidades en los dos factores es de 81.

L. *Uso de las teclas de memoria* [M+], [M–] y [MRC].

Nunca será insuficiente el insistir acerca de las ventajas que trae el uso de las teclas de memoria. Nos ayudan a resolver operaciones combinadas, incluyendo las de alta complejidad. Veamos algunos ejemplos:

1. $(12 \times 5) + (15 + 8) - (28 \div 7) + (19 - 3)$

[1] [2] [×] [5] [M+] [1] [5] [+] [8] [M+] [2] [8]
[÷] [7] [M–] [1] [9] [–] [3] [M+] [MRC] → [95.]

2. $(18 \times 5) - \dfrac{(24 - 3)}{6}$

[1] [8] [×] [5] [M+] [2] [4] [–] [3] [÷] [6] [M–]
[MRC] → [86.5.]

M. *Como referencia a la noción de jerarquía operatoria*

Operaciones como $6 + 4 \times 3$ quedan definidas matemáticamente porque existe el convenio de «jerarquía operatoria» entre las operaciones.

Si la operación dada se resolviera sin mayor explicación para el alumno, en la calculadora elemental, cuya estructura operativa interna es de tipo aritmético, lo que se apreciaría es que el instrumento iría realizando las operaciones según se las fuesen presentando, así:

$6 + 4 \times 3 \quad = \quad \underline{6 + 4} \times 3 \quad = \quad \underline{10 \times 3} \quad = \quad 30$

primera operación — segunda operación

Sin embargo, en una calculadora científica con mecanismo operatorio interno algebraico, en el cual se respeta la jerarquía operatoria, esta operación se resuelve así:

$6 + 4 \times 3 \quad = \quad 6 + \underline{4 \times 3} \quad = \quad \underline{6 + 12} \quad = \quad 18$

primera operación en jerarquía — segunda operación en jerarquía

Se debe hacer ver al alumno estas jerarquías a fin de no llegar a resultados equivocados.

Por ejemplo, la operación resuelta en la calculadora elemental pudo realizarse por estos dos caminos:

1º $6 + 4 \times 3 = 4 \text{ x } 3 + 6$ [4] [×] [3] [+] [6] [=] → [18.]

2º $6 + 4 \times 3$ [6] [M+] [4] [×] [3] [M+] [MRC] → [18.]

Y en operaciones como $6 + 4^3 \times 5$, en la que se presentan tres operaciones involucradas (adición, potenciación y multiplicación), hacer ver que también hay que respetar la jerarquía operatoria, la cual es:

Potenciación	⟶	multiplicación	⟶	adición
Radicación	⟶	división	⟶	sustracción

Por esto, la operación planteada se debe resolver, en la calculadora elemental, en las dos formas siguientes:

$6 + 4^3 \times 5 = 4^3 \times 5 + 6$

1ª [4] [×] [=] [=] [×] [5] [+] [6] [=] → [326.]

2ª [4] [M+] [4] [×] [=] [=] [×] [5] [M+] [MRC] → [326.]

N. *Truncamientos y redondeos*

Estas ideas de truncamientos y redondeos pueden validarse con la calculadora elemental. Éstas están construidas, aunque no en todos los modelos, para truncar los números. Por ejemplo:

1. Al obtener el equivalente decimal de $\frac{2}{3} = 0.666... = 0.\overline{6}$

   [2] [÷] [3] [=] → [0.6666666]

Pero en una calculadora que no trunque, se presenta en la pantalla el valor por redondeo:

[2] [÷] [3] [=] → [0.6666667]

En este valor en pantalla se observa que la cifra de las cienmillonésimas (que no aparece en la pantalla) por ser de valor mayor que 5, redondea a su inmediata anterior (la de las diezmillonésimas), aumentándola en una cifra.

Si algún modelo de calculadora utilizado en la clase tuviera esta peculiaridad, aunque ello es ahora harto difícil, por ser la tendencia de los fabricantes la de utilizar el truncamiento, pudiera ser ello utilizado por el maestro para abundar en la diferencia de estos dos conceptos.

Ñ. *La calculadora como instrumento de juego*

Una forma de buscar el acercamiento a la calculadora como instrumento y como recurso didáctico, puede serlo mediante la resolución de juegos. Algunos de éstos llevan a la parte operativa y otros simplemente a la distracción y al entretenimiento.

Partamos de esta peculiaridad de la calculadora debida al formato que adoptan los números en los últimos modelos de calculadoras, a base de líneas enmarcadas en un rectángulo de base una línea y de altura dos líneas:

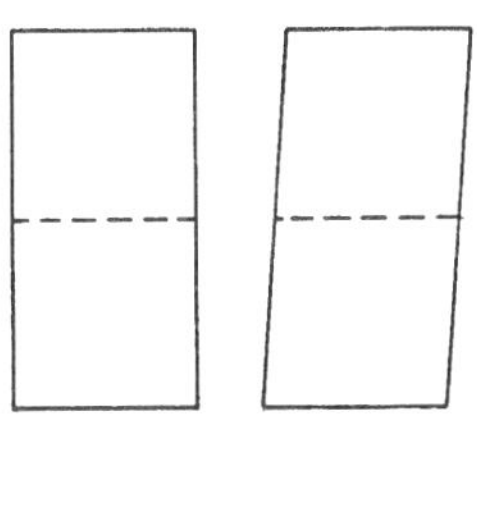

Así, los dígitos completos en una calculadora son:

0 123456789

Pues esta conformación de los dígitos es la que permite «ver» que cada uno de ellos se corresponde con una letra del alfabeto si el dígito se pone de cabeza. Así:

El cero (O) parece la letra ***o*** mayúscula.
El uno (I) parece la letra ***i*** mayúscula
El dos (Z) parece la letra ***z*** mayúscula
El tres (E) parece la letra ***e*** mayúscula
El cuatro (h) parece la letra ***h*** minúscula
El cinco (S) parece la letra ***s*** mayúscula
El seis (g) parece la letra ***g*** minúscula
El siete (L) parece la letra ***l*** minúscula
El ocho (B) parece la letra ***b*** mayúscula
El nueve (b) parece la letra ***b*** minúscula

Con este sentido de apariencia se pueden leer palabras, frases y oraciones mediante la composición de ciertos números. Por ejemplo:

370 se lee *ole*
705 se lee *sol*
615 se lee *gis*
3838 se lee *bebe* o *bebé*
50705 se lee *solos*
50807 se lee *lobos*

Entonces, aceptando este convenio, ciertos números dan expresiones curiosas como las siguientes:

51953053 → *eso es gis*
53353 → *ese es*
21753 → *es Liz*

50808507 → *los bobos*
50535507 → *los sesos*

Y, claro, si la pantalla de la calculadora tuviera una mayor capacidad de visión numérica, se podrían leer frases como:

7055301734	→	*helio es sol*
517183838	→	*bebe bilis*
53705730705	→	*sólo el sol es*
5165315053	→	*eso sí es gis*
5073750808507	→	*los bobos lelos*
506370214507	→	*los hizo legos*

Actividades (Con la calculadora digital elemental)

Ya es conocido, como se mencionó con anterioridad, que los gráficos numéricos de la calculadora, cuando ésta se pone de cabeza, dan la apariencia de expresar números. Usando este truco, se pueden plantear problemas diversos de juego y entretenimiento que lleven al uso de este indispensable instrumento educativo. Por ejemplo:

1. *El piropo.*

Una hermosa joven paseaba por la calle cuando un hombre muy galantemente le dijo:

– Cada día del año al verte pasar te diría lo mismo y más por cada mano, por cada uno de tus relucientes ojos y por esa carita morena que tienes.

¿Qué habrá tras lo que le dijo?
Si sumas en tu calculadora cada cosa que menciona y volteas ésta, lo sabrás.

2. *Mensaje a la novia.*

Siempre que visitaba a la novia, Juan no podía ni acercársele, pues era seguro que alguien de la familia de ella estuviera presente en forma impertinente. Un día él le dijo:

– ¿Sabes, mi vida? Algo deseo que nos pase.
– Shhh,... no lo digas, dámelo en clave.

Y, a esta invitación, él le susurró lo siguiente:

– A los dedos de tu mano derecha multiplicados por 10, júntale el número de orificios de tu cabeza, también multiplicados por 10 y júntale los dedos de tu mano izquierda. Eso deseo, mi vida, al estar contigo.

Sigue estas pistas y al voltear la calculadora donde hagas estas operaciones sabrás qué es lo que desea el novio.

3. *Contestación de la novia.*

– Por lo que me acabas de decir te regalo esto.

La novia le pasó un papelito en el que estaba escrita una combinación operativa de números. El papel decía:

«$(3 + 2) \times 10 \times 1000 + 1000 - 360 - (8 \times 5) - 100 + 38$»

Haz las operaciones indicadas en tu calculadora y, al terminar, si volteas la calculadora sabrás qué cosa le escribió la novia.

4. *El piloto en apuros.*

Un piloto está solo en un aeroplano averiado. La radio no funciona bien porque hay mucha estática y en la radio del aeropuerto únicamente se alcanza a escuchar:

62..., 101..., 89..., 206..., 7..., 40...

¿Qué habrá de hacerse con estos números para luego poner la calculadora de cabeza a fin de saber qué cosa está informando el piloto?

5. *La calificación de Pepito.*

– A ver, Pepito, ¿cuál ha sido tu calificación en matemáticas este mes?
– No sé, papá.
– ¿Cómo que no sabes?
– Sí, la maestra me calificó con este problema y me dijo que yo mismo averiguara cuánto saqué de calificación.
– Déjame ver... ¡Uhmm! Aquí dice:
  «Siete al cuadrado más uno deben multiplicarse por mil; dividir el resultado entre 10, a lo que debes sumar dos veces setenta y cinco; luego restar veinticinco y finalmente sumar 10».

El papá de Pepito hizo estas indicaciones en la calculadora y supo, al poner de cabeza la calculadora, cuál es la calificación en matemáticas de su hijo.

4. Maquetas didácticas

Uno de los recursos didácticos de gran importancia en el mundo de la comunicación masiva, de impacto inmediato y de información sucinta, de tipo sinóptico, es el que se materializa en las llamadas *maquetas didácticas* o *maquetas pedagógicas*.

Mediante este recurso se pretende mostrar, a grandes rasgos, una información global acerca de un solo tópico de conocimiento, breve, claro, de interés general, que se resuelve en sí mismo y que, además, puede ser motivante para el alumnado en general en el área de estudio. Se utilizan en todas las materias de conocimiento de la Educación Secundaria y se presentan en material de gran formato, tipo poster, a la vista del público, aunque no cumple la función de periódico mural necesariamente. Su importancia va más allá de la nota anecdótica y el dato espontáneo. Con la idea de no ser asunto de conocimiento en el aula, puede servir para introducir información cultural, histórica, formativa y valorativa.

En síntesis, es la presentación, tipo cartel, en formato generalizado a doble carta, sobre un conocimiento fuera de programa en el que se plantea y resuelve en el mismo espacio un tema muy específico. En él se indican:

- la base del conocimiento o fuente del mismo
- el tema al que se refiere
- el nivel educativo al que va dirigido
- el enunciado problemático
- el desarrollo resolutivo o de situación
- la conclusión a la que se llega,

con intenciones fundamentalmente de tipo motivacional y cultural.

Aunque existen diversas presentaciones, a continuación mostramos algunos ejemplos de este recurso insuficientemente explotado en las comunidades educativas.

La presentación que aquí se hace de cada una de las ocho maquetas didácticas, debería tener, en realidad, un formato de 28 cm × 42 cm o medidas cercanas a ella (formato doble carta).

MAQUETA 1

Base: LA BARAJA ESPAÑOLA
Tema: Práctica de operaciones aritméticas
Nivel: Segundo Grado de la Secundaria Obligatoria. 13/14 años.

LA BARAJA ESPAÑOLA

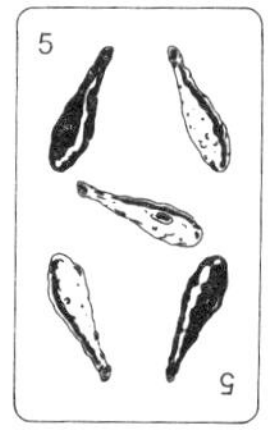

Ya conoces la baraja española.
Está formada por 40 cartas, con 4 figuras distintas y 10 cartas para cada figura.
La figuras son OROS, COPAS, ESPADAS y BASTOS.
Las diez cartas para cada figura son:

1, 2, 3, 4, 5, 6, 7, 10,	11	y	12
As sota	caballo		rey

Hagamos un juego con la baraja, que consiste en «adivinar» una carta que se saca del mazo, después que éste se ha barajado.

PASOS:	EXPLICACIÓN ALGEBRAICA:	EJEMPLO NUMÉRICO:
1. Saca una carta y tápala.		
2. Ahora haz estas operaciones:		
– Anota el número de ella en un papel:	x	5
– Duplica ese número:	$2(x) = 2x$	$2 \times 5 = 10$
– Suma 1 a lo que obtuviste:	$2x + 1$	$10 + 1 = 11$
– Multiplica por 5 la suma anterior	$(2x + 1)5 = 10x + 5$	$11 \times 5 = 55$
– Hecho esto, al número que llegaste:		
* súmale 1 si la figura es oros.		
* súmale 2 si la figura es copas.		
* súmale 3 si la figura es espadas.		
* súmale 4 si la figura es bastos.	$10x + 5 + n$	$55 + 4 = 59$
3. Dí a qué número llegaste:	$10x + n + 5$	59

Ahora se puede adivinar tanto el número de la carta como su figura, con el número que acabas de dar.

Para ello sólo se tiene que restar 5 al número al que llegaste. En este nuevo número, las decenas **x** nos indican el número de la carta y las unidades **n** la figura.	$10x + 5 + 4 - 5 =$ $10x + n + 5 - 5 =$	$59 - 5 =$
	$10x + n$	54

figura
número de la carta

MAQUETA 2

Base: JUEGO CON NÚMEROS
Tema: Propiedad de los números naturales
Nivel: Tercer Grado de la Secundaria Obligatoria. 14/15 años.

ADIVINANDO UN NÚMERO PREVIAMENTE OCULTADO

	EJEMPLO NUMÉRICO:
Este juego consiste en que logres llegar a conocer un número que previamente se ha anotado y mantenido oculto. El juego se hace entre dos personas.	
Para ello:	
La primera persona anota en un papel un número entre 1 y 50 y se lo guarda.	42
La segunda persona que juega anota en otro papel un número entre 51 y 100.	67
Ahora, a la segunda persona:	
1. Se le pide que agregue a su número otro número. Este número a agregar debe ser la diferencia entre 99 y el número que anotó la primera persona, cosa que no sabe la segunda persona.	67 + 57 = 124
2. A la suma que obtuvo le quita la cifra de las centenas y la suma al resto del número.	1, 24; 24 + 1 = 25
3. La diferencia que haya obtenido se resta al número que anotó originalmente.	67 – 25 = 42
Ahora se saca el papel donde anotó el número la primera persona, se ve qué número tiene anotado y debe coincidir con el número al que se llegó en el paso 3.	42 y 42

Veamos por qué ocurre esto.

La primera persona anota el número:	x
La segunda persona anota el número:	y
1. La segunda persona debe agregar a su número 99-x (diferencia entre 99 y el número que anotó la primera persona).	$y + (99 - x)$
2. A la suma anterior se le quita la cifra de las centenas (que en todos los casos será 1 centena = 100 unidades), y esa cifra 1 se suma al resto del número. En realidad se está quitando 100 y sumando 1 al resto del número que algebraicamente es:	$y + (99 - x) - 100 + 1 =$ $y + 99 - x - 100 + 1 =$ $y - x$
3. Este nuevo número se resta al número que anotó originalmente:	$y - (y - x) = y - y + x =$ x

MAQUETA 3

Base: JUEGOS CON NÚMEROS

Tema: Propiedades en la descomposición de números naturales

Nivel: Segundo Grado de la Secundaria Obligatoria. 13/14 años.

«SIEMPRE OBTENIENDO EL MISMO NÚMERO»

El juego consiste en que varios participantes anoten un número de dos cifras. Después se les pide que realicen una serie de operaciones, por las cuales todos van a llegar al mismo número.

Veámoslo.	EJEMPLO NUMÉRICO:
1. Escriban un número de dos cifras:	29
2. A la derecha de este número junten el mismo número:	2929
3. Ahora dividan a este último número entre el número original:	2929 ÷ 29
¿A qué número llegaron?	101

En efecto. Siempre se obtiene como cociente el número 101, no importando cuál sea el número de dos cifras con el que se trabaje.

Veamos por qué ocurre esto.

1. Escribamos un número de dos cifras:	yx
2. Se le junta el mismo número:	$yxyx$
3. Se divide este nuevo número entre el número original:	$yxyx \div yx$

Veamos qué ocurre al trabajar con esta operación:

$$\frac{yxyx}{yx} = \frac{1000y + 100x + 10y + x}{100y + x} = \frac{100(10y + x) + 1(10y + x)}{10y + x} =$$

$$= \frac{(100 + 1)(10y + x)}{10y + x} = 100 + 1 = 101$$

MAQUETA 4

Base: JUEGOS CON NÚMEROS
Tema: Propiedad distributiva.
Nivel: Primer Grado de la Secundaria Obligatoria. 12/13 años.

EL NÚMERO NO DESEADO QUE SE REPITE TRES VECES

Este juego consiste en pedirle a una persona que nos diga cuál es el número de dos cifras que más aborrece (puede ser también el que más le agrada) y, después de algunas operaciones que debe realizar, llegará a un resultado insospechado.

Veamos el juego.	EJEMPLO NUMÉRICO:
1. Anota un número de dos cifras:	48
2. Multiplícalo por 3:	$48 \times 3 = 144$
3. El producto obtenido multiplícalo por 37:	$144 \times 37 = 5328$
4. El nuevo producto multiplícalo por 91:	$5328 \times 91 = 484848$

¡Curioso!, ¿verdad?

Y esto siempre ocurre cuando se multiplica un número de dos cifras por los factores 3, 37 y 91.

Veamos por qué ocurre esto.

En realidad lo que ocurre es que se está trabajando con la descomposición en sumandos de un número especial, ya que:

$3 \times 37 \times 91 = 10101$

Ahora, si a este número lo multiplicamos por otro cualquiera de dos cifras, llamémosle número *yx*, se tiene:

$$yx \times 3 \times 37 \times 91 = yx \times 10101 = yx \times (10\,000 + 100 + 1)$$

$$\begin{array}{rcccc} = yx \times & \left\{\begin{array}{r} 10\,000 \\ 100 \\ 1 \end{array}\right\} + & = & + \left\{\begin{array}{r} yx0000 \\ yx00 \\ yx \end{array}\right\} \\ \hline yx \times & 10\,101 & = & yxyxyx \end{array}$$

Como ves, en esta última parte estás aplicando la propiedad distributiva de la multiplicación con respecto a la adición.

MAQUETA 5

Base: LA MULTIPLICACIÓN Y LA DIVISIÓN EN PAPIROS

Tema: Multiplicación y división de números naturales

Nivel: Primer Grado de la Secundaria Obligatoria. 12/13 años

MULTIPLICACIÓN Y DIVISIÓN EGIPCIA

Los egipcios efectuaban la multiplicación por medio de operaciones sucesivas de desdoblamiento. Hecho éste en el que queda implícito que todo número natural puede ser expresado como una suma de potencias de 2.

Ejemplos:

$12 = 2^2 + 2^3$, $64 = 2^6$, $7 = 2^0 + 2^1 + 2^2$

El algoritmo operatorio consiste en duplicar sucesivamente al multiplicador y tomar, en suma, aquellas que den el multiplicando.

Ejemplos:

1) $24 \times 37 = 888$

	1	37 (multiplicador)
	2	74
	4	148
+	8	296 +
+	16	592 +
	24 (multiplicando)	888 (producto)

2) $46 \times 52 = 2392$

	1	52 (multiplicador)
+	2	104 +
+	4	208 +
+	8	416 +
+	16	832 +
+	32	1664 +
	46 (multiplicando)	2392 (producto)

Los egipcios desarrollaron un algoritmo para efectuar la división con números naturales y que consistía en ir duplicando sucesivamente el divisor y tomar aquellos productos cuya suma den el dividendo.

Con este algoritmo evitaron el uso de tablas de multiplicación y de división. En realidad, este algoritmo es operativamente inverso del de la multiplicación.

Ejemplos:

1) $850 \div 34 = 25$

+	34 (divisor)	1 +
	68	2
	136	4
+	272	8 +
+	544	16 +
	850 (dividendo)	25 (cociente)

2) $847 \div 33$

+	33 (divisor)	1 +
	66	2
	132	4
+	264	8 +
+	528	16 +
	825 (dividendo)	25 (cociente)

MAQUETA 6

Base: PROBLEMA 14 DEL PAPIRO RHIND

Tema: Cálculo del área de un trapecio isósceles

Nivel: Segundo Grado de la Secundaria Obligatoria. 13/14 años

---

CÁLCULO DEL ÁREA DE UN TRAPECIO EN EGIPTO

El papiro Rhind fue escrito hacia 1700 a.n.e. Su autor, el escriba Ahmés, muestra, además de otros 84 problemas más, éste en que se plantea el cálculo de la superficie de un trapecio isósceles. Para ello:

> «Ahmés toma la semisuma de las dos bases, de manera que se convierta en un rectángulo, y la multiplica por 20 para hallar el área...»

Con esta base, sigamos el procedimiento de resolución que establece el escriba, usando la notación simbólica actual.

SIMBOLIZANDO ALGEBRAICAMENTE:	USANDO LOS DATOS DEL PROBLEMA:
1. Llamemos B a la base mayor = 6 b a la base menor = 4 h a la altura = 20	
2. La suma de las bases es: B + b	6 + 4 = 10
3. La semisuma de las bases: $\frac{B+b}{2}$	$\frac{6+4}{2} = \frac{10}{2} = 5$
4. Multiplicando por 20 que es la altura: $\frac{B+b}{2} \cdot h$	$\frac{6+4}{2} \cdot 20 = 5(20) = 100$

Como se aprecia, la relación:

$\frac{B+b}{2} \cdot h$ es equivalente a nuestra fórmula compactada:

$A = \frac{(B+b)h}{2}$, que nos permite calcular el área de un trapecio.

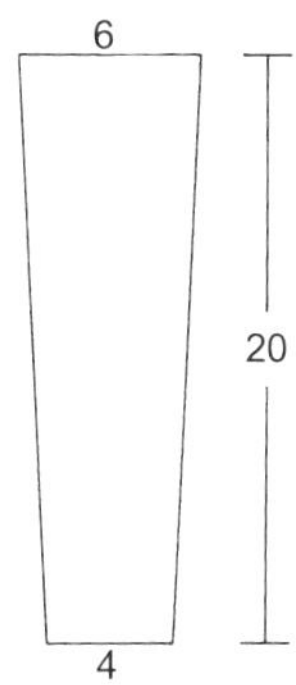

MAQUETA 7

Base: ALGORITMO EN UNA TABLILLA EN CARACTERES CUNEIFORMES
Tema: La raíz cuadrada
Nivel: Primer Grado de la Secundaria Obligatoria. 12/13 años.

LA RAÍZ CUADRADA EN LA MESOPOTAMIA

Hacia el segundo milenio de nuestra era, en Babilonia se tenía un procedimiento algorítmico para obtener la raíz cuadrada de un número.

Veamos:
Este es un procedimiento de aproximaciones sucesivas por promedios.

Sea $\sqrt{a}$.
Sea a_1 una primera aproximación a la raíz cuadrada de $\underline{a}$.
Sea b_1 una segunda aproximación, tal que verifique que $b_1 = a/a_1$.
De aquí se tiene que si a_1 es muy pequeña, b_1 es muy grande y viceversa.

Entonces, la media aritmética $a_2 = \frac{a_2 + b_1}{2}$ es una mejor aproximación.
Si a_2 es muy grande, $b_2 = a/a_2$ es muy pequeña y entonces la media aritmética
$a_3 = \frac{a_2 + b_1}{2}$ es un mejor resultado;
y así hasta el grado de aproximación que se requiera.

EJEMPLO:

Obtengamos $\sqrt{5}$.
1º Partamos de que $a_1 = 1.30$

2º Entonces $b_1 = \frac{a}{a_1} = \frac{5}{1.3} \doteq 3.846$

3º $a_2 = \frac{a_1 + b_1}{2} = \frac{1.3 + 3.846}{2} = 2.573$

4º $b_2 = \frac{a}{a_2} = \frac{5}{2.573} \doteq 1.943$

5º $a_3 = \frac{a_2 + b_2}{2} = \frac{2.573 + 1.943}{2} = 2.258$

6º $b_3 = \frac{a}{a_3} = \frac{5}{2.258} \doteq 2.214$

7º $a_4 = \frac{a_3 + b_3}{2} = \frac{2.258 + 2.214}{2} = 2.236$

Dejando aquí el proceso, llegamos a que $\sqrt{5} \doteq 2.236$
En realidad $\sqrt{5} = 2.23606 \ldots$

MAQUETA 8

Base: TRANSVASES
Tema: Llenado y rellenado de recipientes
Nivel: Primer Grado de la Secundaria Obligatoria. 12/13 años.

SIN DERRAMAR LÍQUIDOS

Este es un problema de capacidad en líquidos.
Se tiene un recipiente de 8 litros de capacidad, lleno de vino (x). Hay que repartir ese líquido en dos recipientes, aunque no queden llenos, de tal suerte que cada uno contenga la mitad, 4 litros. Para ello se cuenta con dos recipientes vacíos: uno con capacidad para 3 litros (y) y el otro para 5 litros (z).
¿Cuáles son los pasos mínimos necesarios para lograrlo?

1º Se tiene el recipiente (x) lleno.

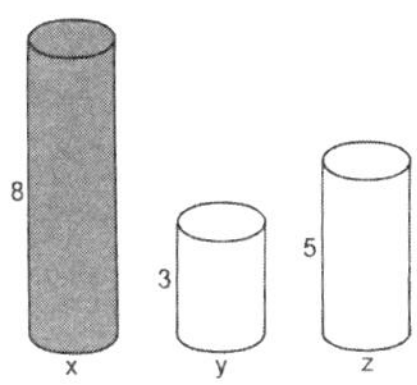

2º Se llena el recipiente (z) con el líquido de (x).

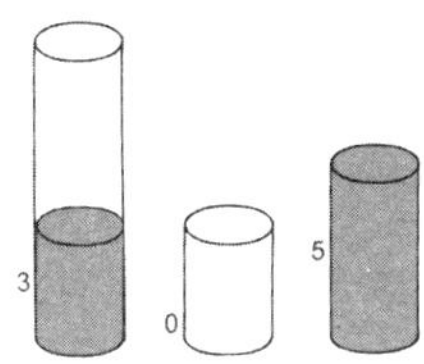

3º Se llena el recipiente (y) con el líquido de (z).

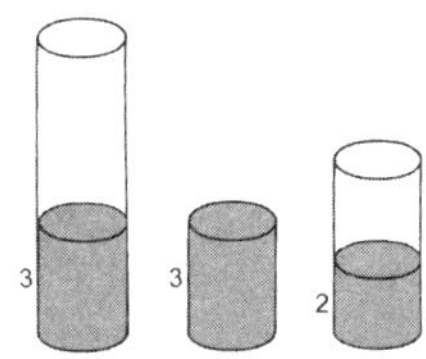

4º Se vacía el líquido (y) en (x). Quedan 6 en (x).

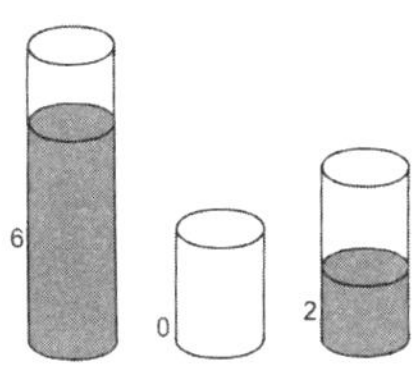

5º Se vacía el líquído de (z) en (y). Quedan 6 en (x) y en 2 en (y).

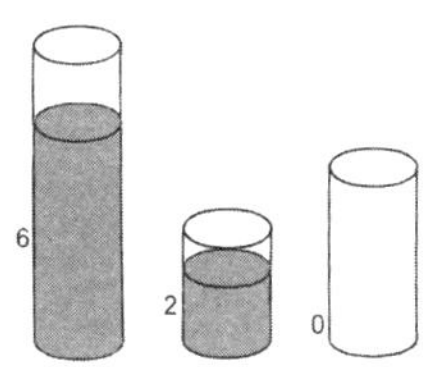

6º Se vacía el líquido de (x) en (z). Quedan 1 en (x), 2 en (y) y 5 en (z).

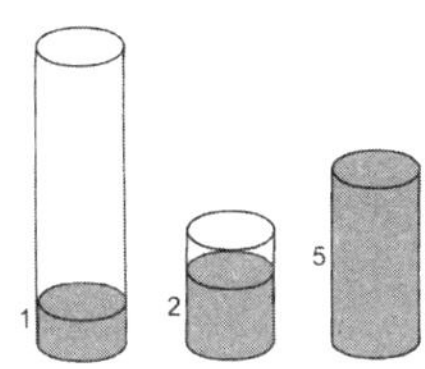

7º Se llena (y) con el líquido de (z). Queda 1 en (x), 3 en (y) y 4 en (z).

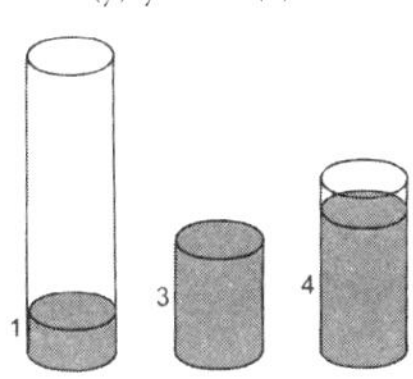

8º Se vacía el líquido de (y) en (x). Quedan 4 en (x) y 4 en (y).

El problema ha sido resuelto

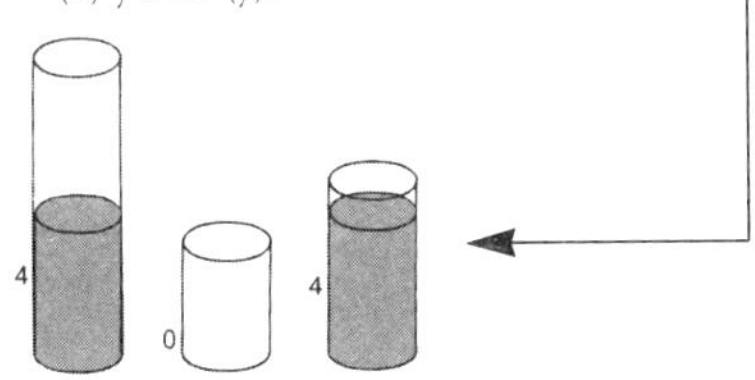

Capítulo VI

EVALUACIÓN. LAS FORMAS PARA APRECIAR

1. Recomendaciones de evaluación

Cada alumno de la educación secundaria tiene características muy diferenciadas del resto de sus condiscípulos y éstas deben ser tomadas en consideración en el proceso educativo. Las experiencias educativas que los alumnos adquieren, combinadas con otras experiencias más, no escolares o extraescolares, llevadas a las concepciones sobre el número, la forma y las relaciones, determinan una personalidad que se deriva en un modo de organizar ideas, relacionar magnitudes, hacer generalizaciones y expresar inferencias, entre otras muchas otras cosas más, que le llevan a tener apreciaciones del mundo, de su entorno, de la sociedad en sus relaciones cuantitativas y a resolver los problemas que día con día se le presentan. Sin embargo, el nivel de competencia de un alumno puede diferir bastante del resto de sus compañeros, expresado en capacidades, habilidades, saberes y actitudes.

Las ideas que tienen los alumnos sobre conceptos matemáticos no siempre son muy precisas y a veces resultan deformadas, manifestándose mediante una serie de errores cuando se manipulan los objetos matemáticos. Es en este punto cuando la labor del maestro es sumamente significativa y su competencia se mostrará en el diseño e implantación de actividades de corrección que permitan al alumno hacer los ajustes conceptuales correspondientes para arribar al concepto en su integridad y plenitud.

Una tarea importante del maestro, al inicio del curso, es detectar todos esos errores a fin de tener una información que le permitan el diseño de estrategias y actividades para eliminarlos y seguir avanzando programáticamente, siempre con la idea de controlar ese avance por medio de evaluaciones sistemáticas y constantes. Es, pues, recomendable hacer un diagnóstico al inicio del curso y cada vez que se inicia un bloque de contenidos. En la misma forma, es recomendable que los alumnos expresen su sentir hacia lo aprendido, los contenidos que han visto, qué han hecho con ellos y determinen una opinión al respecto, que permita al maestro utilizarla para hacer o no las modificaciones pertinentes.

Los errores que cometen los alumnos pueden convertirse en orientaciones correctivas para la actividad en el aula y replantear las actividades a realizar y se conviertan en aprendizajes significativos e importantes cuando han sido depuradas las imprecisiones y cuando los conceptos se han expresado en diversos contextos para los cuales existen significaciones, categorizaciones e interpretaciones que difieren y que pueden llevar a situaciones conflictivas y contradictorias. El que el alumno tome conciencia para cada situación de la aplicabilidad y significado de un concepto, permite enriquecer las posibilidades de recreación de los conceptos y derivarse en actitudes creadoras donde la imaginación y la intuición sean promotoras de aprendizajes significativos.

Para evaluar hay que realizar observaciones sistemáticas de modo que el profesor pueda hacer un juicio valorativo acerca del alumno y del proceso global del aprendizaje. La evaluación puede determinar que el profesor efectúe recuperaciones del aprendizaje o bien profundizar más sobre los contenidos. Toda evaluación debe ser, en un preciso momento, autoevaluación del maestro y del alumno, para corregir desviaciones, depurar contenidos, procedimientos, orientaciones didácticas y que, al final del ciclo de estudios es imprescindible para que pueda llevarle a decisiones vocacionales o de trabajo, en el caso de que tome a este nivel como terminal. En la evaluación deben estar presentes los contenidos conceptuales, los actitudinales y los procedimentales. Recordemos que no se evalúa por evaluar; la evaluación no es un fin sino un medio correctivo y un instrumento para depurar y perfeccionar al trabajo escolar. Esto lleva a la conveniencia de hacer evaluaciones continuas y diferenciadas para cada educando, de establecer criterios definidos de evaluación y de utilizar instrumentos y actividades adecuados para su ejercicio.

Por todo esto, es recomendable:

a) La autoevaluación, ya que lo obliga durante el proceso a observar sus avances y la validez de sus procedimientos y rutinas de estudio. Además le da valor personal, estima e independencia.

b) La observación y evaluación de la actividad del docente que le permitan corregir deficiencias al interior del trabajo de clase.
c) Llevar ficheros sencillos de los alumnos, de doble entrada, en los que se expresen las actividades y observaciones en el aula, realizando regularmente el registro.
d) La entrevista periódica con el alumno, independiente de la participación en clase, con la intención de conocerlo más a fondo y escuchar sus opiniones.
e) La revisión del cuaderno de clase y/o de trabajo, para imbuir pautas de limpieza, orden, sistematización, regularidad y hábitos de trabajo que son, en efecto, evaluables.
f) Actividades de evaluación que determinen el avance del alumno al final de un tema por las que se valore el dominio de procesos, capacidades y actitudes ante el conjunto de los conocimientos. Para ello se pueden aplicar diversos tipos de pruebas, la resolución de problemas concretos, investigaciones sencillas, preguntas para estimar, relacionar conceptos y trabajos monográficos personales y en equipo.
g) Dar a conocer a los alumnos los resultados de estos procesos y su avance, estancamiento o retroceso.

El proceso de la evaluación es una acción sistemática y continua por la que se descubre cómo se van cumpliendo los objetivos del aprendizaje previamente establecidos.

La medición es parte de la evaluación y por ella se expresa cuantitativa y cualitativamente el nivel que tiene un alumno, sea ésta una habilidad, una destreza, un conocimiento, etc.

El proceso evaluativo es la constante que integra el proceso educativo y no corresponde con lo que se conoce como informe o evaluación mensual, semestral o anual.

La evaluación se presenta en tres momentos que a su vez satisfacen propósitos muy concretos:

a) Evaluación inicial o de diagnóstico
b) Evaluación continua
c) Evaluación sumaria.

La evaluación inicial o de diagnóstico se aplica al comenzar el ciclo escolar y pretende conocer en qué situación se encuentra el alumno en los aspectos de la personalidad cognoscitiva, afectiva y psicomotriz, y busca datos en términos de:

a) Antecedentes académicos.
b) Grado de los conocimientos básicos adquiridos.
c) Situación ambiental del alumno.
d) Perfil psicológico del educando.
e) Rasgos de personalidad como son los intereses, aptitudes, capacidades, destrezas, voluntad y afectividad.
f) Grado de madurez.

La evaluación inicial en términos de los conocimientos básicos adquiridos es importante, pues nos determina el grado y nivel de aprendizaje del conjunto de los alumnos, sus errores y el logro de los objetivos educativos para adecuar éstos con los que se determinan al inicio del grado.

Se llama también evaluación inicial a la que se puede obtener al inicio de cada bloque de conocimientos y debe cubrir los tres aspectos de la personalidad.

La evaluación continua se da dentro del propio proceso enseñanza-aprendizaje y es la forma en que se aprecia controladamente el grado de evolución del alumno y se acostumbra a realizarla en momentos especiales del horario de clase, fundamentalmente para reconocer cómo se van logrando los objetivos asignados a la materia. Esta evaluación es diaria y se va desarrollando junto al proceso de aprendizaje, para observar el avance y ambientar el trabajo escolar, de equipo o individual. Uno de sus mecanismos es la observación.

La evaluación sumaria se establece como un juicio de valor que trata de sintetizar todas las apreciaciones y evaluaciones que se han obtenido a través del curso escolar, o al terminar cada unidad didáctica.

Toda evaluación educativa debe tener como características la de ser:

- Integral
- Permanente
- Sistemática
- Cooperativa.

La evaluación recurre a instrumentos específicos para recoger datos de observación como son:

a) Listas de control
b) Escalas estimativas
c) Entrevistas
d) Registros anecdóticos

Son listas de control los registros de doble entrada en los que se plasman un conjunto de rasgos de conductas, secuencias de actividades para los que no se dan apreciaciones cualitativas, a fin de poder contener numerosos rasgos, como son el ser amable, respetuoso, dominante, consecuente, agresivo, etc.

Las escalas estimativas son los reportes donde aparecen un conjunto de rasgos de conducta en el que se registra el grado de cada rasgo, que no debe ser mayor de cinco, donde se evalúan actitudes, cooperación, trabajo en equipo, hábitos, etc.

La escala de valoración descriptiva permite recopilar sucesivamente los objetivos que deben alcanzarse a lo largo de la unidad didáctica (o período de tiempo o bloques, en un curso o en un ciclo) y se le dan valores descriptivos como:

- siempre, a veces, nunca
- mucho, regular, poco
- sí, a veces, no.

Su construcción requiere de:

1. Un ejemplar de la escala para cada alumno.
2. Tener todo tipo de objetivos conceptuales, procedimentales y actitudinales.
3. Cada cuestión planteada debe reflejar un solo objetivo.
4. Las preguntas dobles no se pueden responder.
5. Todos los enunciados positivos irán en un bloque y los negativos en otro.
6. Se debe hacer una escala para cada tema tratado en clase.

Ejemplo de escala estimativa[1]

Nombre del alumno ____________ Grupo: _______. Turno: _______	Siempre	Casi siempre	Algunas veces	Nunca
1. Es capaz de reconocer relaciones directamente proporcionales. 2. Es capaz de distinguir una relación de crecimiento entre magnitudes. 3. Resuelve mediante problemas de proporcionalidad: * la igualdad de razones * la regla de tres * la reducción a la unidad ...				
1. Es capaz de usar la calculadora en cálculos de proporcionalidad. 2. Puede elaborar tablas partiendo de enunciados. 3. Es capaz de aplicar la escala en la resolución de problemas. ...				
1. Tiene interés por el trabajo en el aula. 2. Es capaz de trabajar en equipo. 3. Tiene su cuaderno de trabajo: * en orden * pulcro * al corriente ...				

Los registros anecdóticos son una fuente importante de información acerca de la personalidad del alumno en situaciones de espontaneidad y deben registrarse por medio de fichas.

La forma más común para evaluar al alumno son los diversos tipos de prueba que caen dentro de las llamadas técnicas experimentales. Las pruebas forman un conjunto de reactivos que tienen valor como instrumentos para valorar el aprendizaje en términos de actitudes, hábitos, etc.

---

[1] Fuente: CASANOVA, M. A. (1991): "La evaluación educativa en el área de matemáticas", en revista *De 6 a 10*, Nº 8. México, D. F., noviembre-diciembre, pág. 31.

Recordemos que los exámenes sirven para medir:

a) El grado con el que los educandos hacen suyos los objetivos educativos.
b) La validez de métodos y recursos usados en el proceso.
c) La eficiencia de la labor del docente frente a los alumnos.
d) El adecuamiento y la planeación de contenidos con las experiencias educativas.
e) La validez o insuficiencia del proceso educativo en su conjunto.

Por otro lado, los productos que resultan de la acción educativa no siempre son medibles a través de pruebas objetivas y por ello es necesario seleccionar los mejores y apropiados recursos de evaluación.

No todo lo que se da en el proceso educativo es medible, pero no deben ser los únicos elementos que lleven a dar un juicio de valor por parte del mestro. Por otro lado, si se han de aplicar instrumentos de medición de los conocimientos adquiridos por medio de pruebas, es recomendable que éstas se encuentren bien elaboradas, sus indicaciones sean claras, no sean muy amplias y contengan diversas formas de reactivos ya que pueden poner en juego gran variedad de capacidades del alumno.

Algunos aspectos que son convenientes evaluar son:

- la participación
- el interés
- la responsabilidad
- el orden
- la colaboración
- las intervenciones en clase.

Esto obliga a llevar un registro periódico de los alumnos en relación a sus avances para la consecución de los objetivos y las dificultades encontradas.

Entre muchos de los elementos materiales con los que cuenta el maestro para asignar un valor numérico estimativo sobre las actividades escolares se pueden contar con:

- puntualidad
- orden y limpieza en el trabajo
- trabajo individual

- trabajo en equipo
- intervenciones en clase
- cumplimiento de tareas
- organización de ideas
- percepción de las formas
- uso del lenguaje simbólico
- capacidad de abstracción
- habilidad en la realización de operaciones
- capacidad para el cálculo
- habilidad para las construcciones con regla y compás
- facilidad para proponer estrategias en la demostración.

La evaluación cumple una función formativa en el proceso educativo y es por ello que debe ser componente importante e imprescindible del currículum y sirve para perfeccionarlo regularmente, pues incide en otros elementos más, como son: objetivos, contenidos, métodos, actividades y recursos didácticos. La evaluación permite conocer el nivel de los aprendizajes que tiene el alumno al inicio del curso y así poder programarlo adecuadamente en términos de las necesidades concretas y particulares de los alumnos. Por otro lado, sirve para descubrir los problemas que aparezcan a lo largo del proceso y hacer los ajustes pertinentes para dirigir correctamente al alumno en el desarrollo de sus potencialidades. La evaluación también debe rendir cuentas sobre el dominio de destrezas instrumentales, procedimientos de estudio, adquisición práctica de actitudes, tomas de conciencia y compromisos vitales.

2. Como punto final de la evaluación

Hoy más que nunca es indispensable que el maestro no sea el anotador de una calificación y con ello limite su apreciación hacia la integridad del estudiante. Así como es válido «calificar» un conjunto de conocimientos, es más valioso que el maestro evalúe todos los aspectos o la mayor parte de ellos de la actividad del estudiante. Para ello, el maestro debe ser un constante observador y analista de los sucesos, ocurrencias y desarrollo que se dan en el aula, anotando y exponiendo sus puntos de vista sobre el desempeño significativo de cada alumno y haciéndose una clara idea de cómo se desempeña, a qué nivel, con qué impacto y con qué frecuencia, para poder definir muy bien los valores numéricos (si es que ese es su recurso), en cuanto a los aspectos conceptuales, procedimentales y actitudinales.

Y así como es conveniente saber cuánto aprendió, es muy importante valorar del alumno su iniciativa, participación, capacidad de trabajo en equipo, sus hábitos de trabajo, habilidades y destrezas manuales, intelectuales y sociales.

Junto a esto, de peso fundamental es el que sepamos provocar en el estudiante una actitud crítica tanto a su persona como hacia sus condiscípulos; y a partir de esto poder llegar a una autoevaluación y tomarla en cuenta para la evaluación del aprendizaje. Evidentemente, esto permitirá un contraste, que en ocasiones puede ser severo, entre nuestras opiniones y las de ellos, los involucra en el proceso educativo y les ayuda a conocerse más a partir del punto de vista hacia su persona, juzgando su trabajo, sus aportaciones y la forma en cómo usaron sus recursos de conocimiento para aplicarlos correctamente y saber cómo usaron los recursos que la sociedad, mediante la escuela, puso a su disposición. Hecho esto así, el proceso que se establece es una coevaluación.

Así vistas las cosas, es evidente que hay que reconstruir el actual discurso de la evaluación.

En las tareas evaluativas se deben introducir metodologías participativas de tal manera que la evaluación sea un proceso en el que el alumno y el maestro sean corresponsables y asuman los papeles de jueces de cada una de las partes del proceso.

Se había considerado a la evaluación como el control de aprendizajes, de asignación de notas y/o calificaciones por exigencia social e institucional, manifestándose más como una teoría de la medición hasta llevarla al caso de los objetivos conductuales como conductas unívocas, observables y medibles, concibiendo al aprendizaje como un resultado o un logro alcanzado, en vez de «un proceso que se enfrenta en su dinámica a un conjunto de problemas que demandan solución o que ocasionan la paralización de dicho proceso...».[2]

En sí misma, la evaluación es un problema en el que se determinan nexos importantes entre los diversos conceptos que se manipulan en la didáctica. Con esta premisa, se puede entender que la evaluación como proceso continuo e integrado tiene al aprendizaje como su prin-

---

[2] NARRO FAUSTINO, María Concepción (coordinadora) (1989): *Propuesta pedagógica constructivista* (*Antología*). México, D.F. Secretaría de Educación Pública. Dirección General de Educación General Técnica, pág. 201.

cipal objeto de estudio, ya que es el aprendizaje un conjunto de acciones que se planean a fin de llegar a logros específicos, acciones simbólicas, actividades de destreza, desarrollo de sensibilidades, tomas de conciencia y juicios de valor ante los hechos concretos de nuestra realidad social y en donde el hombre se presenta no como ente disociado, sino como una entidad total, como individuo y como persona.

Es por esto que es deseable que las actividades de aprendizaje se entiendan y desarrollen como acciones de grupo y a través de ellas se descubran las contradicciones entre teoría y práctica, entre la unidad y la diversidad, entre lo estático y lo dinámico y entre la naturaleza y el conocimiento mismo, ya que éste no se encuentra como algo establecido de antemano y acabado, sino que el hecho mismo de aprender es la elaboración fina del conocimiento a través de uno con los demás, en una constante y permanente dialéctica de cuestionamientos.

El acto de enseñar comprometidamente dando sentido y contexto a todas nuestras actividades y al propio conocimiento, determina un aprendizaje significativo que llevará a la transformación del sujeto, tanto del que enseña como del que aprende y donde la enseñanza misma es un acto de aprendizaje en el cual queda establecida la confrontación entre la teoría y la práctica y en donde los alumnos influyen y son determinantes en los procesos de aprendizaje del maestro como un esfuerzo con sentido, con intención, con propósito y con metas a lograr. Y estos esfuerzos deben ser evaluados en términos de eficacia y eficiencia a fin de entablar el contraste entre lo planeado y lo logrado.

> «En un primer momento se puede afirmar que mientras la evaluación constituye un proceso amplio, complejo y profundo, que abarca todo el acontecer de un grupo: sus problemas, miedos, evasiones, ansiedades, satisfacciones, heterogeneidades, etc., que le hacen ser una realidad distinta a las demás, la acreditación se refiere a aspectos más concretos relacionados con ciertos aprendizajes importantes planteados en los planes y programas de estudio y que tiene que ver con el problema de los resultados, con la eficacia de un curso, un seminario, un taller, etc.»[3].

Dada esta complejidad en el proceso de la acción educativa, es recomendable que desde el comienzo de la actividad docente frente

---

[3] NARRO FAUSTINO, María Concepción (coordinadora) (1989): *Propuesta pedagógica constructivista (Antología)*. México, D.F. Secretaría de Educación Pública. Dirección General de Educación General Técnica, pág. 208.

a un grupo, se actúe con mucho cuidado y estricto sentido el análisis de lo que se desea de todos los integrantes a través del tiempo en que se desarrolle la intencionalidad didáctica. Por ello es importante que los alumnos sepan de antemano lo que deseamos que logren, cómo lo logren y con qué recursos deben de contar. Esto es, determinar con ellos y llegar a un consenso de los requisitos que deberán cumplir para que se dé por aprobado el curso en cuestión. Esto obliga a planear la acreditación en términos de la valoración de los objetivos terminales del curso.

> «La acreditación hace referencia a la tarea de constatar ciertas evidencias del aprendizaje, determinadas síntesis relacionadas con los aprendizajes fundamentales que se plantean en el curso, los cuales tienen que ver directamente con la formación del educando y, en última instancia, con la práctica profesional...tiene que ver con resultados muy concretos respecto de los aprendizajes más importantes que se proponen en un programa, y en forma más amplia con determinado plan de estudios de la carrera»[4].

---

[4] NARRO FAUSTINO, María Concepción (coordinadora) (1989): *Propuesta pedagógica constructivista (Antología)*. México, D.F. Secretaría de Educación Pública. Dirección General de Educación General Técnica, pág. 222.

BIBLIOGRAFÍA GENERAL

ADDA, Josette (1987): *Elementos de didáctica de las matemáticas.* México, D.F. Centro de Investigación y de Estudios Avanzados del Instituto Politécnico Nacional.

ARAGÓN BOHÓRQUEZ, Misael y VALIENTE BARDERAS, Santiago (1981): *En el amable mundo de la matemática.* México, D.F. Patria.

ARTIGUE, Michele, DOUADY, Regine y MORENO, Luis (1995): *Ingeniería didáctica en la educación matemática.* México, D.F. Grupo Editorial Iberoamérica.

BALLESTER PEDROSO, Sergio (1995): *La flexibilidad del pensamiento y la sistematización de los conocimientos matemáticos* (folleto). La Habana, Cuba. IPLAE, Pedagogía 95.

BRITO ABRAHANTES, M. (1994): *Cómo desarrollar las asignaturas técnicas con un enfoque problémico.* La Habana, Cuba. Pueblo y Educación.

BROCCOLO, Angelo (1986): *Ideología y educación.* México, D.F. Nueva Imagen.

CASANOVA RODRÍGUEZ, María Antonia (1991): *«La evaluación educativa en el área de matemáticas»,* en Revista «De 6 a 19», No. 8, nov.-dic. de 1991. México D.F.

CASANOVA RODRÍGUEZ, María Antonia (1992): *La evaluación, garantía de calidad para el centro educativo.* Zaragoza, España. Edelvives.

CASTELNUOVO, Emma (1970): *Didáctica de la matemática moderna.* México, D.F. Trillas, Serie de Matemáticas.

CIRIGLIANO, Gustavo F.J., FORCADE, Helba L. e ILLICH, Ivan (1974): *Juicio a la escuela.* Buenos Aires, Argentina. Humanitas.

COOBS, C.H., DAWES, R.M. y TVERSKY (1981): *Introducción a la psicología matemática.* Madrid, España. Alianza Universidad Textos.

DÍAZ GODINA, J., GÓMEZ ALFONSO, B., GUTIÉRREZ RODRÍGUEZ, A., RICO ROMERO, L. y SIERRA VÁZQUEZ, M. (1991): *Área de conocimiento didáctica de la matemática.* Madrid, España. Síntesis.

FARFÁN, Rosa María (1995): *La noción de concepción en didáctica.* México. Centro de Investigación y de Estudios Avanzados del Instituto Politécnico Nacional. Departamento de Matemática Educativa.

FERRERO, Luis (1995): *Tras la pista de la equis.* Problemas para pensar, problemas para investigar. Madrid, España. Ediciones Pedagógicas. Colección Materiales Complementarios en Educación.

FLETCHER, T.J. (1971): *Didáctica de la matemática moderna en la enseñanza media.* Barcelona, España. Teide.

FREIRE, Paulo (1976): *Pedagogía del oprimido.* México, D.F. Siglo XXI.
FREUDENTHAL, H. (1967): *Las matemáticas en la vida cotidiana.* Madrid, España. Ediciones Guadarrama, McGraw Hill. Biblioteca para el Hombre Actual No. 20.
GARCÍA GONZÁLEZ, Enrique y RODRÍGUEZ CRUZ, Héctor M. (1976): *El maestro y los métodos de enseñanza.* México, D.F. Asociación Nacional de Universidades e Institutos de Enseñanza Superior. Programa Nacional de Formación de Profesores. Cuadernos de Metodología de la Enseñanza Superior No. 1.
GUTIÉRREZ, Ángel y JAIME, Adela (1995): *Geometría y algunos aspectos generales de la educación matemática.* México, D.F. Grupo Editorial Iberoamérica.
KASNER, E. y NEWMAN, J. (1975): *Matemáticas e imaginación.* México, D.F. CECSA.
KINSELLA, J.J. (1968): *La matemática en la escuela secundaria.* Buenos Aires, Argentina. Troquel.
KLINE, Morris (1992): *Matemáticas para los estudiantes de humanidades.* México, D.F. Fondo de Cultura Económica-Consejo Nacional de Ciencia y Tecnología.
LOVELL, K. (1969): *Didáctica de las matemáticas* (las bases psicológicas). Madrid, España. Morata.
MAJMUTOV, M.I. (1983): *La enseñanza problémica.* La Habana, Cuba. Pueblo y Educación.
MASON, J., BURTON, L. y STACEY, K. (1989): *Pensar matemáticamente.* Barcelona, España. Ministerio de Educación y Ciencia-Labor.
MINISTERIO DE EDUCACIÓN Y CIENCIA. Subdirección General de Perfeccionamiento del profesorado (1985): *Las matemáticas sí cuentan* (Informe Cockcroft). Madrid, España.
MORENO, Montserrat (1989): *La pedagogía operatoria.* Barcelona, España. Laia.
NARRO FAUSTINO, María Concepción (coordinadora) (1989): *Propuesta pedagógica constructivista (Antología).* México, D.F. Secretaría de Educación Pública. Dirección General de Educación General Técnica.
NARRO FAUSTINO, María Concepción (coordinadora) (1989): *Antología pedagógica.* México, D.F. Secretaría de Educación Pública.
NATIONAL COUNCIL OF TEACHERS OF MATHEMATICS (NCTM). S.A.E.M. (Sociedad Andaluza de Educación Matemática). Traducido por José María Álvarez Falcón y y Jesús Casado Rodrigo (1991): *Estándares curriculares y de evaluación para la educación matemática.* Sevilla, España.
ORTON, A. (1990): *Didáctica de las matemáticas.* Madrid, España. Ministerio de Educación y Ciencia-Morata.
PIAGET, BETH, DIEUDONNE, LICHNEROWICZ, CHOQUET y GATTEGNO (1968): *La enseñanza de las matemáticas.* Madrid, España. Aguilar.
POLYA, G. (1972): *Cómo plantear y resolver problemas.* México, D.F. Trillas.
PONCE, Aníbal (s/f): *Educación y lucha de clases.* México, D.F. Ediciones de Cultura Popular.
RAMO TRAVER, ZACARÍAS y CASANOVA RODRÍGUEZ, María Antonia (1996): *Teoría*

y práctica de la evaluación en la educación secundaria. Madrid, España. Escuela Española.

SÁEZ BREZ, María José (editora) (1995): *Conceptualizando la evaluación en España.* Alcalá de Henares, España. Servicio de Publicaciones de la Universidad de Alcalá. Colección Pautas No. 3.

SECRETARÍA DE EDUCACIÓN PÚBLICA (1984): *La profesionalización de la educación normal superior en México* (documentos 1944-1984). México, D.F. Cuadernos SEP.

SECRETARÍA DE EDUCACIÓN PÚBLICA (1994): *Libro para el maestro. Educación secundaria. Matemáticas.* México, D.F.

SIGUÁN, Miguel y ESTRUCH, Juan (1974): *El precio de la enseñanza en España.* Barcelona, España. Dopesa.

STENHOUSE, L. (1987): *La investigación como base de la enseñanza.* Madrid, España. Morata.

SUÁREZ DÍAZ, Reynaldo (1984): *La educación, su filosofía, su psicología, su método.* México, D.F. Trillas.

SUCHODOLSKI, Bogdan (1975): *La crisis de la educación.* México, D.F. Ediciones de Cultura Popular.

TOMASCHEWSKY, K. (1966): *Didáctica general.* México, D.F. Grijalbo.

TORANZOS, Fausto I. (1963): *Enseñanza de la matemática.* Buenos Aires, Argentina. Kapelusz.

TORRES FERNÁNDEZ, Paul (1995): *La utilidad de los métodos problémicos en la enseñanza de la matemática del nivel medio general* (folleto). La Habana, Cuba. IPLAE, Pedagogía 95.

VALIENTE BARDERAS, Santiago (1995): *Algo acerca de los números.* Lo curioso y lo divertido. México, D.F. Alhambra Mexicana.

VALIENTE BARDERAS, Santiago y RUBIO RAMÍREZ, Santiago (1995): *El hombre y las matemáticas* 1, 2 y 3. México, D.F. Patria.

VILLARREAL CANSECO, Tomás (1981): *Didáctica general.* México, D.F. Oasis. Nueva Biblioteca Pedagógica.

WHEELER, R.E. y WHEELER, E.R. (1982): *Matemáticas, un lenguaje cotidiano.* México, D.F. CECSA.

ZUBIETA RUSSI, Francisco (1972): *La moderna enseñanza dinámica de las matemáticas.* México, D.F. Trillas. Serie de Matemáticas.

Colección AULA ABIERTA

Dirección: Mª ANTONIA CASANOVA

Títulos publicados:

ARRIBAS ANTÓN, M. C., y otros: *¡Clic!, todo es imagen.*
AVILÉS DE TORRES, D. y otros: *Unidades didácticas interdisciplinares (Ciencias Sociales, Ciencias de la Naturaleza, Astronomía y Tecnología).*
BARRIO VALENCIA, J. L., y DOMÍNGUEZ CHILLÓN, G.: *Estudio de caso: La escritura y el ordenador en un aula de educación infantil.*
BEARE, H.; CALDWELL, B. J., y MILLIKAN, R. H.: *Cómo conseguir centros de calidad. Nuevas técnicas de Dirección.*
BEARNE, E. (ed.): *La atención a la diversidad en la escuela primaria.*
BEETLESTONE, F.: *Niños creativos, enseñanza imaginativa.*
BLANCO MÉNDEZ, J. A.: *Programación globalizada de la educación artística.*
BOLÍVAR, A.: *Los centros educativos como organizaciones que aprenden.*
CANO GARCÍA, E.: *Evaluación de la calidad educativa.* (3ª ed.).
CARRASCO, Mª L., y RUIZ, M.: *La reforma educativa está en marcha. ¿Y la tuya?*
CASANOVA, M. A.: *La Sociometría en el aula.*
CASANOVA, M. A.: *Manual de evaluación educativa.* (7ª ed.).
CASTILLO GARCÍA, A. M.; NAVARRO GONZÁLEZ, A.; AVILÉS DE TORRES, D.: *Unidades didácticas para educación plástica y visual.*
COHEN, L., y MANION, L.: *Métodos de investigación educativa.*
CROLL, P.: *La observación sistemática en el aula.*
DAVIS, G. A., y THOMAS, M. A.: *Escuelas eficaces y profesores eficientes.* (2ª ed.).
DEAN, J.: *Supervisión y asesoramiento. Manual para inspectores, asesores y profesorado asesor.*
DE KETELE, J.-M. y X. ROEGIERS: *Metodología para la recogida de información.* (2ª ed.).
DOHERTY, G. D. (ed.): *Desarrollo de sistemas de calidad en la educación.*
DOMÍNGUEZ CHILLÓN, G.: *Los valores en la educación infantil.* (5ª ed.).
DOMÍNGUEZ CHILLÓN, G. y BARRIO VALENCIA, J. L.: *Los primeros pasos hacia el lenguaje escrito.* Una mirada al aula.
FERRERO, L.: *El juego y la Matemática.*
GAIRÍN, J.: *La organización escolar: contexto y texto de actuación.* (3ª ed.).
GALTON, M. y PATRICK, H.: *El currículo en la pequeña escuela primaria.*
GAZIEL, H.; WARNET, M, y CANTÓN MAYO, I.: *La calidad en los centros docentes en el siglo XXI.*

GENTO PALACIOS, S.: *Instituciones educativas para la calidad total.* (2ª ed.).
GÓMEZ DACAL, G.: *Rasgos del alumno, eficiencia docente y éxito escolar.*
GONZÁLEZ DÁVILA, M. y otros: *Aproximación didáctica al estudio de la Naturaleza.*
GORROCHOTEGUI, A. A.: *Manual de liderazgo para directivos escolares.*
GUILLÉN, C. y CASTRO P.: *Manual de autoformación para una didáctica de la lengua-cultura extranjera.* (2ª ed.).
GUTIÉRREZ PÉREZ, J.: *La educación ambiental.*
HERNÁNDEZ PINA, F.; SORIANO AYALA, E.: *Enseñanza y aprendizaje de las matemáticas en Educación Primaria.*
IBÁÑEZ SANDÍN, C.: *El Proyecto de Educación Infantil y su práctica en el aula* (8ª ed.).
JABONERO, M.; NIEVES, M. R.; RUANO, M. I.: *Educación de personas adultas: un modelo de futuro.*
JONES, N. y T. SOUTHGATE (Coords.): *Organización y función directiva en Centros de Integración.*
LANDSHEERE, G. de: *El pilotaje de los sistemas educativos.* (2ª ed.).
LÓPEZ RUPÉREZ, F.: *La gestión de calidad en educación.* (2ª ed.).
LORENZO DELGADO, M.: *El liderazgo educativo en los centros docentes.* (3ª ed.).
MARTÍNEZ RODRÍGUEZ, J. B.: *Negociación del currículum. La relación enseñanza-aprendizaje en el trabajo escolar.*
MENDOZA FILLOLA, A.: *Literatura comparada e intertextualidad.* (2ª ed.).
MILLMAN, J. y DARLING-HAMMOND, L.: *Manual para la evaluación del profesorado.*
OSBORN, A. F., y MILBANK, J. E.: *Efectos de la educación infantil.*
PASTORA, J. F.: *El vocabulario como agente de aprendizaje.* (2ª ed.).
PÉREZ SERRANO, G.: *Investigación cualitativa. Retos e interrogantes. I. Métodos.* (2ª ed.).
— *Investigación cualitativa. Retos e interrogantes. II. Técnicas y análisis de datos.* (3ª ed.).
REYZÁBAL, Mª V.: *La comunicación oral y su didáctica.* (4ª ed.).
REYZÁBAL, Mª V., y TENORIO, P.: *El aprendizaje significativo de la literatura.* (2ª ed.).
RODRÍGUEZ ROJO, M.: *Hacia una didáctica crítica.*
ROJO, I., y SANTAMARÍA, G.: *Qué estudios elegir y dónde cursarlos. Guía del estudiante.*
ROSS EPP, J. y WATKINSON, A. M. (Coords.): *La violencia en el sistema educativo.*
SÁEZ BREZMES, Mª J. (Coord.): *La cultura científica, un reto educativo.*
SANTAMARÍA, G., y ROJO, I.: *Lo que hay que saber sobre la LOGSE.*
SOLER FIÉRREZ, E.: *La visita de inspección.*
SOLER FIÉRREZ, E. (Coord.): *Fundamentos de supervisión educativa.*
VALIENTE BARDERAS, S.: *Didáctica de la matemática.* El libro de los recursos.
VLACHOV, A. D.: *Caminos hacia una educación inclusiva.*
WALFORD, G. (Coord.): *La otra cara de la investigación educativa.*
ZAY, D. (Coord.): *Profesores y agentes sociales en la escuela.*